基礎會計
學習指導書(第二版)

主編 ● 林雙全、李小騰

財經錢線

前　言

本書為《基礎會計》(第二版)教材(林雙全、甘宇、李小騰主編,西南財經大學出版社出版)的配套學習指導書。

本書包括三部分學習內容,由廣州城市職業學院會計專業基礎會計課程組全體教師編寫。第一部分會計原理學習指導由林雙全編寫;第二部分會計從業資格考試分章練習由林雙全、楊蕾、胡美秀、李小騰編寫;第三部分會計從業資格考試綜合練習由林雙全、朱甫明、周荃編寫。全書由林雙全、李小騰統稿。

第一部分是《基礎會計》(第二版)教材核心內容的學習指導。這部分內容對教材內容進行精煉闡述和應用指導,深入淺出,易於理解,方便初學者在較短的時間裡輕鬆掌握會計學原理及其應用。第二部分為會計從業資格考試分章練習。這部分內容根據會計從業資格考試大綱編寫,是考試科目「會計基礎」的配套復習資料。這部分內容雖然各章標題與《基礎會計》(第二版)教材各章節順序不一致,但主要內容幾乎完全覆蓋了《基礎會計》(第二版)教材各章節的知識點,因此可以作為《基礎會計》(第二版)教材學習的配套練習。通過分章練習訓練後,學生既可以鞏固教材理論知識,又可以為參加全國會計從業資格證書統一考試做好充分準備,真正實現「課證融合」,一舉兩得。第三部分為會計從業資格考試綜合練習,主要題型是填空題和綜合題,其中綜合題包括業務題和計算題。填空題概括了《基礎會計》(第二版)教材的主要內容,配有答案,方便學生學習和記憶,主要是奠定應試的理論基礎。綜合題主要涉及帳務處理基本內容,也有些知識點屬於初級財務會計範疇,主要是因為當前的全國會計從業資格考試考核範圍較廣,有些已經超出會計基礎考試大綱的要求,故本書涉及初級財務會計的業務題較多。雖然這些知識點在《基礎會計》(第二版)教材中可能沒有涉及,但應該是參加會計從業資格考試必須準備的內容,學習時不容錯過。計算題涉及科目匯總表、試算平衡表、銀行存款餘額調節表、明細帳、資產負債表、利潤表等知識點;囊括了會計從業資格考試中綜合題或不定項選擇題可能出現的知識

點。經過第三部分的反覆綜合訓練，學生的應試能力能夠得到全面提高。

　　本書是基礎會計課程教學和會計從業資格考試「課證融合」的科研成果，希望能夠對廣大會計專業初學者和準備參加會計從業資格考試的考生有所幫助。

　　由於時間倉促，水平有限，本書不足和錯漏之處懇請讀者批評指正。

編者

2017 年 8 月

目 錄

第一部分

會計原理學習指導 ………………………………………………………（1）

第二部分

會計從業資格考試分章練習 ……………………………………………（27）

  第一章 總論 …………………………………………………（27）

  第二章 會計要素與會計科目 ……………………………………（33）

  第三章 會計等式與復式記帳 ……………………………………（45）

  第四章 會計憑證 ……………………………………………（73）

  第五章 會計帳簿 ……………………………………………（88）

  第六章 帳務處理程序 …………………………………………（105）

  第七章 財產清查 ……………………………………………（116）

  第八章 財務會計報告 …………………………………………（130）

  第九章 會計檔案 ……………………………………………（145）

  第十章 主要經濟業務事項帳務處理 ……………………………（154）

第三部分

會計從業資格考試綜合練習 ……………………………………………………（198）

第一部分　會計原理學習指導

一、會計含義——綜合或零星地核算

會計是什麼？簡言之，會計是算錢的。會——綜合算之；計——零星算之。會計，即匯總地算，零星地算，既算總數，又算細目。

二、核算內容——資金

會計是算錢的，企業的錢是會計核算的內容。會計對象、會計要素和會計科目分別表示不同層次上的錢。會計對象，即第一層次的錢，最籠統、最概括；會計要素，即第二層次的錢，表示錢的種類，是將會計對象分類后的錢；會計科目，即第三層次最具體的錢，指錢的名稱，是將會計要素再進一步細分后的錢。會計對象、會計要素、會計科目指的都是錢。

(一) 會計對象——資金運動

會計算的「錢」就是會計對象，即會計核算的內容。錢多、錢少、錢進、錢出，錢會變化；資金增加、減少、流進、流出，資金會運動。運動的資金，即變化的錢。會計核算的就是企業不斷增減變動的資金。資金運動也就是會計對象。

(二) 會計要素——資金種類

企業的錢分六種，稱六大會計要素。資產、負債、所有者權益、收入、費用、利潤就是企業的六種錢。會計對象與會計要素的關係，如圖1-1所示。

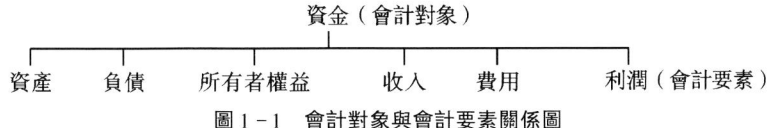

圖1-1　會計對象與會計要素關係圖

(三) 會計科目——資金名稱

會計要素再細分，就是會計科目。再細分，還有很多種會計科目。例如，資產又可分為庫存現金、銀行存款、應收帳款、原材料、固定資產等，而庫存現金、銀行存款、應收帳款、原材料、固定資產就是會計科目，也可稱為錢的名稱。會計對象、會計要素與會計科目的關係如圖1-2所示。

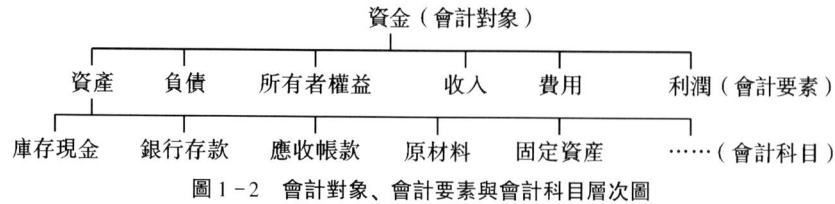

圖 1-2 會計對象、會計要素與會計科目層次圖

如圖 1-2 所示，會計對象可以分為六大會計要素，資產要素可進一步細分為庫存現金等會計科目。負債、所有者權益、收入、費用、利潤等要素細分后所涉及的會計科目列示在表 1-1 中。

表 1-1　　　　　　　　　　　　常用會計科目表

順序號	編號	名稱	順序號	編號	名稱
(一) 資產類			(二) 負債類		
1	1001	庫存現金	70	2001	短期借款
2	1002	銀行存款	77	2101	交易性金融負債
5	1015	其他貨幣資金	79	2201	應付票據
8	1101	交易性金融資產	80	2202	應付帳款
10	1121	應收票據	81	2203	預收帳款
11	1122	應收帳款	82	2211	應付職工薪酬
12	1123	預付帳款	83	2221	應交稅費
13	1131	應收股利	84	2231	應付利息
14	1132	應收利息	85	2232	應付股利
18	1221	其他應收款	86	2241	其他應付款
19	1231	壞帳準備	93	2401	遞延收益
26	1401	材料採購	94	2501	長期借款
27	1402	在途物資	95	2502	應付債券
28	1403	原材料	100	2701	長期應付款
29	1404	材料成本差異	101	2702	未確認融資費用
30	1405	庫存商品	102	2711	專項應付款
31	1406	發出商品	103	2801	預計負債
32	1407	商品進銷差價	104	2901	遞延所得稅負債
33	1408	委託加工物資	(三) 所有者權益類		
34	1411	週轉材料	110	4001	實收資本
40	1471	存貨跌價準備	111	4002	資本公積
41	1501	持有至到期投資	112	4101	盈餘公積
42	1502	持有至到期投資減值準備	114	4103	本年利潤
43	1503	可供出售金融資產	115	4104	利潤分配

表1-1(續)

順序號	編號	名稱	順序號	編號	名稱
44	1511	長期股權投資	(四)	成本類	
45	1512	長期股權投資減值準備	117	5001	生產成本
46	1521	投資性房地產	118	5101	製造費用
47	1531	長期應收款	119	5201	勞務成本
48	1532	未實現融資收益	120	5301	研發成本
50	1601	固定資產	(五)	損益類	
51	1602	累計折舊	124	6001	主營業務收入
52	1603	固定資產減值準備	129	6051	其他業務收入
53	1604	在建工程	131	6101	公允價值變動損益
54	1605	工程物資	132	6111	投資損益
55	1606	固定資產清理	136	6301	營業外收入
62	1701	無形資產	137	6401	主營業務成本
63	1702	累計攤銷	138	6402	其他業務成本
64	1703	無形資產減值準備	139	6403	稅金及附加
65	1711	商譽	149	6601	銷售費用
66	1801	長期待攤費用	150	6602	管理費用
67	1811	遞延所得稅資產	151	6603	財務費用
69	1901	待處理財產損溢	153	6701	資產減值損失
			154	6711	營業外支出
			155	6801	所得稅費用
			156	6901	以前年度損益調整

三、會計等式——資金平衡原理

(一) 基本會計等式

資產 = 負債 + 所有者權益

收入 - 費用 = 利潤

(二) 會計等式變形

資產 = 負債 + 所有者權益 + 利潤

資產 = 負債 + 所有者權益 + 收入 - 費用

資產 + 費用 = 負債 + 所有者權益 + 收入

資產 + 費用 - 負債 - 所有者權益 - 收入 = 0

資產 = 債權人權益 + 所有者權益

資產 = 權益

四、記帳符號——「借」和「貸」

(一) 數學符號與會計符號

數學上用「+」和「-」表示「增加」和「減少」。會計上用「借」和「貸」表示「增加」和「減少」。「借」和「貸」是兩個會計記帳符號,此處沒有任何中文含義。為什麼會計上要用「借」和「貸」表示增減,不像數學用「+」和「-」表示增減呢?原因很簡單,漢字「借」和「貸」可以多維立體地表示增減的含義,「+」和「-」只能單一平面地表示增減的含義。例如,「借」既可以表示資產的增加,又可以表示負債的減少;「貸」既可以表示收入的增加,又可以表示費用的減少。但是,「+」只能表示增加不能表示減少,「-」只能表示減少不能表示增加。會計符號「借」和「貸」內涵的複雜性增加了會計初學者的學習難度,但是在實際應用中可以體現復式借貸記帳法的科學性與應用於企業資金管理的優勢。

(二) 會計要素與記帳符號

如上述會計等式「資產+費用-負債-所有者權益-收入=0」可知,等式中,資產、費用前面符號一致,都是「+」號;負債、所有者權益、收入前面符號一致,都是「-」號。按照習慣,會計上用「借」表示資產的「+」,那麼其他會計要素與會計符號的關係如圖1-3所示。

$$資產+費用-負債-所有者權益-收入=0$$

	資產	費用	負債	所有者權益	收入
借:	+	+	-	-	-
貸:	-	-	+	+	+

圖1-3 會計要素的記帳符號

(三) 記帳符號的含義

「借」和「貸」記帳符號的含義如表1-2所示。

表1-2 「借」和「貸」記帳符號的含義

帳戶類別	借方	貸方	餘額方向
資產類	+	-	借方
負債類	-	+	貸方
所有者權益類	-	+	貸方
成本類	+	-	借方
收入類	-	+	無或貸方
費用類	+	-	無或借方

(四) 用會計符號記錄會計對象的增減

例如,「借:庫存現金 100」意思是「庫存現金增加100元」;「貸:銀行存款

100」意思是「銀行存款減少 100 元」。短期借款減少 200 元可以表示為「借：短期借款　200」，實收資本增加 200 元可以表示為「貸：實收資本　200」。

五、經濟業務——資金的變化類型

（一）企業經濟業務類型

企業經濟業務共有四大類九小類，如圖 1-4 所示。

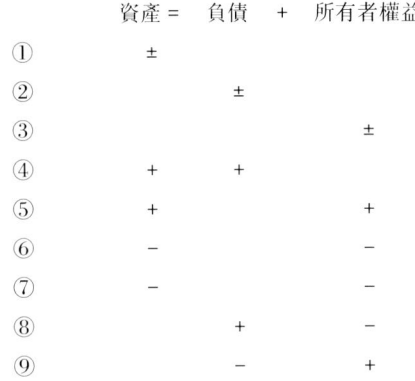

圖 1-4　企業經濟業務類型

（二）企業經濟業務實例

（1）從銀行提取現金 5,000 元。以本企業為會計主體，即站在本企業角度上，本企業庫存現金增加 5,000 元，銀行存款減少 5,000 元。本例一項資產增加，另一項資產減少，屬於①。

（2）簽發銀行承兌匯票 10,000 元，用於償還前欠貨款。本企業應付票據增加 10,000 元，應付帳款減少 10,000 元。本例一項負債增加，另一項負債減少，屬於②。

（3）用盈餘公積金 100,000 元轉增資本金。盈餘公積減少 100,000 元，實收資本增加 100,000 元。本例屬於③。

（4）向銀行貸款 50,000 元，3 個月后還本付息。銀行存款增加 50,000 元，短期借款增加 50,000 元。本例屬於④。

（5）收到投資者投入的機器設備 800,000 元。固定資產增加 800,000 元，實收資本增加 800,000 元。本例屬於⑤。

（6）簽發支票償還到期的長期借款 400,000 元。長期借款減少 400,000 元，銀行存款減少 400,000 元。本例屬於⑥。

（7）為減少經營規模，甲投資者撤資 100,000 元。實收資本減少 100,000 元，銀行存款減少 100,000 元。本例屬於⑦。

（8）計算應該向股東分配的現金股利，共計 600,000 元。未分配利潤減少 600,000 元，應付股利增加 600,000 元。本例屬於⑧。

（9）因無法支付到期的應付債券 50,000 元，同意將其轉作股本。應付債券減少

50,000元，股本增加50,000元。本例屬於⑨。

六、會計分錄——記錄資金的變化情況

會計分錄就是記錄企業資金增減變動情況的形式，由三個要素組成，包括借貸記帳符號、會計科目名稱及涉及的資金金額。

例如，具體會計分錄如下：

借：銀行存款　　　　　　　　　　　　　　　　　　　　　　　　2,000
　　貸：庫存現金　　　　　　　　　　　　　　　　　　　　　　　　2,000

上式是會計語言，可以理解為：銀行存款增加了2,000元，庫存現金減少了2,000元。企業的存款業務剛好就是此類業務。

又如，具體會計分錄如下：

借：應付職工薪酬　　　　　　　　　　　　　　　　　　　　　　30,000
　　貸：銀行存款　　　　　　　　　　　　　　　　　　　　　　　30,000

可以理解為：應付職工薪酬減少了30,000元，銀行存款減少了30,000元。企業發放工資的業務剛好是此類業務。

七、帳務處理——完整記錄資金循環全過程，以南方通用機械廠帳務處理為例

（一）企業簡介

企業名稱：南方通用機械廠。

企業地址：清江市淮海路10號。

納稅性質：一般納稅人。

主要產品：A產品、B產品。

生產規模：年產A產品27,000件、B產品15,000件、產值785萬元、利潤180萬元，職工人數40人。

生產組織：設有兩個基本生產車間：一車間和二車間。其中，一車間耗用甲、乙兩種材料生產A產品，二車間耗用甲、乙兩種材料生產B產品。管理部門和生產車間一般耗用丙材料。

會計機構：在會計核算工作中，企業採用集中核算形式，並配備會計主管郝康、出納員周芬、總帳會計胡健、明細帳會計張山、材料倉庫保管員劉曉。

開戶銀行：中國工商銀行清江市分行淮海路分理處。

帳號：0249008988。

（二）帳務處理程序

企業採用科目匯總表帳務處理程序。

科目匯總表帳務處理程序的主要特點是根據科目匯總表登記總分類帳，它是會計核算中最常用的一種帳務處理程序。科目匯總表帳務處理程序如下：

①根據原始憑證編制記帳憑證；

②根據記帳憑證登記日記帳；

③根據原始憑證或記帳憑證登記各種明細分類帳；
④根據記帳憑證編制科目匯總表；
⑤根據科目匯總表登記總分類帳；
⑥月末，庫存現金日記帳、銀行存款日記帳和各明細分類帳的餘額與有關總分類帳的餘額相核對；
⑦月末，根據總分類帳和明細分類帳的有關資料，編制會計報表。

上述帳務處理程序的工作步驟如圖1-5所示。

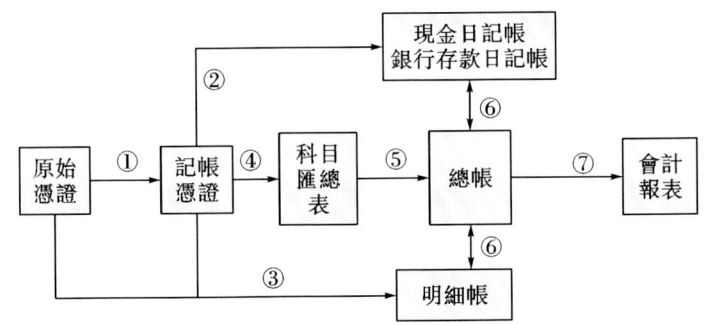

圖1-5 科目匯總表帳務處理程序圖

(三) 期初餘額一覽表

南方通用機械廠期初餘額一覽表如表1-3所示。

表1-3　　　　　　　　　　　　　期初餘額表
201×年12月1日　　　　　　　　　　　　　　　　單位：元

序號	一級科目 (總帳科目)	二級科目 (明細帳科目)／三級科目	期初餘額 借方	期初餘額 貸方	帳戶 參考格式
1	庫存現金	人民幣	3,800		日記帳
2	銀行存款	工商銀行存款	1,087,060		日記帳
3	交易性金融資產	A公司股票	50,000		三欄帳
4	應收票據	商業承兌匯票	5,000		三欄帳
		銀行承兌匯票			三欄帳
5	應收帳款	紅光公司	12,000		三欄帳
		友聯公司	900,000		三欄帳
		新南公司	208,560		三欄帳
6	預付帳款	A日報社	100		三欄帳
7	其他應收款	王雷	900		三欄帳
8	在途物資	甲材料			三欄帳

表1-3(續)

序號	一級科目 (總帳科目)	二級科目 (明細帳科目)/三級科目	期初餘額 借方	期初餘額 貸方	帳戶 參考格式
		乙材料			三欄帳
9	原材料	甲材料	50,900		數量金額帳
		乙材料	2,090		數量金額帳
		丙材料	4,000		數量金額帳
10	庫存商品	A產品	120,000		數量金額帳
		B產品	240,000		數量金額帳
11	長期股權投資	萬連公司	566,700		三欄帳
12	固定資產	生產用固定資產——發電機組			專用格式
		生產用固定資產——鑽床	1,500,000		專用格式
		非生產用固定資產	706,930		專用格式
13	累計折舊	生產用固定資產——發電機組			專用格式
		生產用固定資產——鑽床		350,510	專用格式
		非生產用固定資產		350,000	專用格式
14	無形資產	專利權	100,000		三欄帳
		非專利技術	50,200		三欄帳
15	累計攤銷	專利權		10,000	三欄帳
		非專利技術		8,000	三欄帳
16	長期待攤費用	租賃費	51,000		三欄帳
17	待處理財產損溢	待處理固定資產損溢			三欄帳
18	短期借款	工商銀行淮海路分理處		70,000	三欄帳
19	應付票據	商業承兌匯票		30,000	三欄帳
20	應付帳款	大新公司		50,000	三欄帳
		光大公司		1,000	三欄帳
		東風公司		43,750	三欄帳
21	其他應付款	張山		640	三欄帳
22	應付職工薪酬	職工工資		70,062	多欄帳
23	應交稅費	應交增值稅——進項稅額			專用格式
		應交增值稅——銷項稅額			專用格式
		未交增值稅		90,000	三欄帳
		應交城建稅		6,300	三欄帳

表1－3(續)

序號	一級科目 (總帳科目)	二級科目 (明細帳科目)/三級科目	期初餘額 借方	期初餘額 貸方	帳戶 參考格式
		應交教育費附加		2,700	三欄帳
		應交所得稅			三欄帳
24	應付股利				三欄帳
25	應付利息	淮海分理處 54－67676		1,600	三欄帳
26	長期借款	淮海分理處 54－67676		381,000	三欄帳
27	生產成本	A 產品 (直接材料、直接人工、製造費用)			多欄帳
		B 產品 (直接材料、直接人工、製造費用)			多欄帳
28	製造費用	材料消耗、職工工資、職工 福利費、折舊費、其他費用			多欄帳
29	實收資本	星海電機廠		3,200,000	三欄帳
30	資本公積	其他資本公積		8,860	三欄帳
31	盈餘公積	法定盈餘公積		100,600	三欄帳
32	本年利潤			784,218	三欄帳
33	利潤分配	提取法定盈餘公積			三欄帳
		應付現金股利或利潤			三欄帳
		未分配利潤		100,000	三欄帳
34	主營業務收入	A 產品			三欄帳
		B 產品			三欄帳
35	主營業務成本	A 產品			三欄帳
		B 產品			三欄帳
36	稅金及附加	城建稅			三欄帳
		教育費附加			三欄帳
37	其他業務收入	材料銷售收入			三欄帳
38	其他業務成本	甲材料			三欄帳
39	銷售費用	廣告費			三欄帳
40	管理費用	辦公費、材料消耗、差旅費、 電話費、折舊費、職工工資、 職工福利、無形資產攤銷、 報刊訂閱費、租賃費、其他費用			多欄帳
41	財務費用	借款利息			三欄帳
42	投資收益	大明公司			三欄帳

表1-3(續)

序號	一級科目 (總帳科目)	二級科目 (明細帳科目)/三級科目	期初餘額 借方	期初餘額 貸方	帳戶 參考格式
43	營業外收入	罰款收入			三欄帳
		無法支付的應付款項			三欄帳
44	營業外支出	固定資產盤虧			三欄帳
45	所得稅費用	當期所得稅			三欄帳

(四) 期初資產負債表

南方通用機械廠期初資產負債表如表1-4所示。

表1-4　　　　　　　　　　　　資產負債表

編製單位：南方通用機械廠　　201×年12月31日　　　　　　　　單位：元

資產	期初數	期末數	負債和所有者權益	期初數	期末數
流動資產：			**流動負債：**		
貨幣資金	1,090,860		短期借款	70,000	
交易性金融資產	50,000		應付票據	30,000	
應收票據	5,000		應付帳款	94,750	
應收帳款	1,120,560		預收帳款		
預付帳款	100		應付職工薪酬	70,062	
應收股利			應交稅費	99,000	
應收利息			應付利息	1,600	
其他應收款	900		應付股利		
存貨	416,990		其他應付款	640	
1年內到期的非流動資產			1年內到期的非流動負債		
其他流動資產			其他流動負債		
流動資產合計	2,684,410		**流動負債合計**	366,052	
非流動資產：			**非流動負債：**		
持有至到期投資			長期借款	381,000	
長期股權投資	566,700		應付債券		
長期應收款			其他非流動負債		
固定資產	1,506,420		**非流動負債合計**	381,000	
在建工程			**負債合計**	747,052	
工程物資					

表1-4(續)

資產	期初數	期末數	負債和所有者權益	期初數	期末數
固定資產清理					
無形資產	132,200		**所有者權益：**		
開發支出			實收資本	3,200,000	
商譽			資本公積	8,860	
長期待攤費用	51,000		減：庫存股		
遞延所得稅資產			盈餘公積	100,600	
其他非流動資產			未分配利潤	884,218	
非流動資產合計	2,256,320		**所有者權益合計**	4,193,678	
資產總計	4,940,730		**負債和所有者權益總計**	4,940,730	

(五) 本期經濟業務

南方通用機械廠本期經濟業務如下：

(1) 12月1日，收到紅光公司前欠貨款12,000元。

(2) 12月2日，購入甲材料一批，材料價款254,500元，增值稅稅額43,265元，均已用銀行存款支付。

(3) 12月3日，提取現金900元備用。

(4) 12月3日，王雷預借差旅費900元，已用庫存現金支付。

(5) 12月4日，12月2日採購的甲材料驗收入庫。

(6) 12月4日，預付A日報社明年報刊訂閱費4,800元。

(7) 12月6日，向大新公司購入乙材料一批，材料價款83,600元，增值稅稅額14,212元，款項尚未支付。

(8) 12月6日，用現金購買辦公用品一批，價值200元。

(9) 12月7日，向工商銀行淮海路分理處貸款50,000元，款項已收存銀行，6個月後償還。

(10) 12月10日，12月6日購買的乙材料驗收入庫。

(11) 12月10日，領用甲材料價值143,600元，用於生產A產品，領用甲材料價值34,550元，用於生產B產品，領用乙材料價值75,240元，用於生產B產品；車間領用丙材料價值200元；管理部門領用丙材料價值100元。

(12) 12月10日，轉帳支付上月增值稅90,000元，城建稅6,300元，教育費附加2,700元。

(13) 12月12日，收到黃河公司違約金1,500元。

(14) 12月12日，王雷出差報銷差旅費800元，餘款退回。

(15) 12月13日，銷售A產品一批，價款280,000元，增值稅47,600元；銷售B產品一批，價款144,000元，增值稅24,480元，全部款項已收存銀行。

（16）12月14日，支付市電視臺廣告費12,000元。

（17）12月15日，提取現金35,000元備發工資。

（18）12月15日，用現金發放工資35,000元。

（19）12月18日，向友聯公司銷售原材料一批，價款21,000元，增值稅稅率17%，款項未收。

（20）12月20日，用專利權40,000元向萬連公司投資。

（21）12月22日，用銀行存款支付電話費847.70元。

（22）12月23日，銷售A產品一批，價款140,000元；銷售B產品一批，價款360,000元，增值稅稅率17%，收到銀行承兌匯票一張。

（23）12月25日，寧遠公司商業承兌匯票5,000元到期無法收回。

（24）12月28日，收到星海電機廠投入設備發電機一組，價值130,000元。

（25）12月31日，預提本月借款利息800元。

（26）12月31日，轉帳支付第四季度借款利息2,400元。

（27）12月31日，計提本月固定資產折舊費，其中車間計提8,000元，管理部門計提3,000元。

（28）12月31日，分配本月職工工資，其中生產A產品工人工資12,000元，生產B產品工人工資9,000元，車間管理人員工資8,000元，管理部門人員工資6,000元。

（29）12月31日，攤銷本期應承擔的專利權375元，非專利技術425元，報紙訂閱費100元，租賃費600元。

（30）12月31日，按照本月生產工人工資總額分配製造費用。

（31）12月31日，結轉本月完工產品成本。

（32）12月31日，結轉本月產品銷售成本，其中A產品240,000元，B產品336,000元。

（33）12月31日，結轉本月材料銷售成本15,270元。

（34）12月31日，計提本月應交城建稅與教育費附加。

（35）12月31日，發現盤虧設備鑽床一臺，原價6,000元，已提折舊2,000元。

（36）12月31日，經批准結轉設備盤虧淨損失。

（37）12月31日，結轉無法支付光大公司應付帳款1,000元。

（38）12月31日，收到大明公司投資收益8,000元，存入銀行。

（39）12月31日，結轉本年利潤。

（40）12月31日，計提本期企業所得稅（假設沒有納稅調整項目，所得稅稅率為25%）。

（41）12月31日，結轉企業所得稅。

（42）12月31日，結轉稅后利潤。

（43）12月31日，按稅后利潤的10%計提法定盈餘公積。

（44）12月31日，按剩餘利潤的80%計提應付普通股現金股利。

（45）12月31日，結轉未分配利潤。

(六) 會計循環的應用

會計循環主要步驟包括編制會計分錄、過丁字帳、編制科目匯總表、編制試算平衡表、編制資產負債表與利潤表。

1. 編制會計分錄

南方通用機械廠201×年12月經濟業務會計分錄如表1-5所示。

表1-5　　　　　南方通用機械廠201×年12月經濟業務會計分錄

序號	日期	摘要	會計分錄
1	12月1日	收到前欠貨款	借：銀行存款——工行存款　　　　12,000 　貸：應收帳款——紅光公司　　　　　　12,000
2	12月2日	採購甲材料	借：在途物資——甲材料　　　　254,500 　　應交稅費——應交增值稅（進項稅額）43,265 　貸：銀行存款——工行存款　　　　　297,765
3	12月3日	提現備用	借：庫存現金　　　　　　　　　　　900 　貸：銀行存款　　　　　　　　　　　　　900
4	12月3日	王雷預借差旅費	借：其他應收款——王雷　　　　　　900 　貸：庫存現金　　　　　　　　　　　　　900
5	12月4日	甲材料驗收入庫	借：原材料——甲材料　　　　　254,500 　貸：在途物資——甲材料　　　　　　254,500
6	12月4日	預付報刊訂閱費	借：預付帳款——A日報社　　　　4,800 　貸：銀行存款——工行存款　　　　　　4,800
7	12月6日	賒購乙材料	借：在途物資——乙材料　　　　　83,600 　　應交稅費——應交增值稅（進項稅額）14,212 　貸：應付帳款——大新公司　　　　　97,812
8	12月6日	購買辦公用品	借：管理費用——辦公費　　　　　　200 　貸：庫存現金　　　　　　　　　　　　　200
9	12月7日	6個月銀行借款到帳	借：銀行存款——工行存款　　　　50,000 　貸：短期借款——工行淮海路分理處　50,000
10	12月10日	乙材料驗收入庫	借：原材料——乙材料　　　　　　83,600 　貸：在途物資——乙材料　　　　　　83,600
11	12月10日	領用材料	借：生產成本——A產品　　　　　143,600 　　　　　　——B產品　　　　　109,790 　　製造費用——機物料消耗　　　　200 　　管理費用——材料消耗　　　　　100 　貸：原材料——甲材料　　　　　　178,150 　　　　　　——乙材料　　　　　　75,240 　　　　　　——丙材料　　　　　　　300
12	12月10日	轉帳支付上月稅費	借：應交稅費——未交增值稅　　　90,000 　　　　　　——應交城市建設維護稅　6,300 　　　　　　——應交教育費附加　　2,700 　貸：銀行存款——工行存款　　　　　99,000
13	12月12日	收到黃河公司違約金	借：銀行存款——工行存款　　　　1,500 　貸：營業外收入——罰款收入　　　　　1,500

表1-5(續)

序號	日期	摘要	會計分錄	
14	12月12日	王雷出差報帳	借：管理費用——差旅費 　　庫存現金 　貸：其他應收款——王雷	800 100 900
15	12月13日	銷售產品貨款已收	借：銀行存款——工行存款 　貸：主營業收入——A產品 　　　　　　　　——B產品 　　　應交稅費——應交增值稅（銷項稅額）	496,080 280,000 144,000 72,080
16	12月14日	支付市電視臺廣告費	借：銷售費用——廣告費 　貸：銀行存款——工行存款	12,000 12,000
17	12月15日	提取現金備發工資	借：庫存現金 　貸：銀行存款——工行存款	35,000 35,000
18	12月15日	現發工資	借：應付職工薪酬——職工工資 　貸：庫存現金	35,000 35,000
19	12月18日	賒銷原材料	借：應收帳款——友聯公司 　貸：其他業務收入——材料銷售收入 　　　應交稅費——應交增值稅（銷項稅額）	24,570 21,000 3,570
20	12月20日	向萬連公司投資	借：長期股權投資——萬連公司 　貸：無形資產——專利權	40,000 40,000
21	12月22日	支付電話費	借：管理費用——電話費 　貸：銀行存款——工行存款	847.70 847.70
22	12月23日	銷售產品收到匯票一張	借：應收票據——銀行承兌匯票 　貸：主營業務收入——A產品 　　　　　　　　——B產品 　　　應交稅費——應交增值稅（銷項稅額）	585,000 140,000 360,000 85,000
23	12月25日	結轉到期商業承兌匯票	借：應收帳款——寧遠公司 　貸：應收票據——商業承兌匯票	5,000 5,000
24	12月28日	星海電機廠投入設備	借：固定資產——生產用固定資產——發電機組 　貸：實收資本——星海電機廠	130,000 130,000
25	12月31日	預提本月利息	借：財務費用——借款利息 　貸：應付利息——淮海分理處54-67676	800 800
26	12月31日	支付第四季度借款利息	借：應付利息——淮海分理處54-67676 　貸：銀行存款——工行存款	2,400 2,400
27	12月31日	計提固定資產折舊	借：製造費用——折舊費 　　管理費用——折舊費 　貸：累計折舊——生產用固定資產 　　　　　　——非生產用固定資產	8,000 3,000 8,000 3,000
28	12月31日	分配本月職工工資	借：生產成本——A產品 　　　　　　——B產品 　　製造費用——職工工資 　　管理費用——職工工資 　貸：應付職工薪酬——職工工資	12,000 9,000 8,000 6,000 35,000

表1-5(續)

序號	日期	摘要	會計分錄
29	12月31日	本月費用攤銷	借：管理費用——無形資產攤銷　　800 　　　　——報刊訂閱費　　　　100 　　　　——租賃費　　　　　　600 　貸：累計攤銷——專利權　　　　375 　　　　——非專利技術　　　　425 　　　預付帳款——報刊訂閱費　　100 　　　長期待攤費用——租賃費　　600
30	12月31日	結轉本月製造費用	借：生產成本——A產品　　9,240 　　　　——B產品　　6,960 　貸：製造費用——材料消耗　　200 　　　　——折舊費　　　　8,000 　　　　——職工工資　　　8,000
		計算解析	本月發生製造費用總額 = 200 + 8,000 + 8,000 = 16,200（元） 製造費用分配率 = 16,200 / (12,000 + 9,000) ≈ 0.77 A產品應承擔的製造費用 = 0.77 × 12,000 = 9,240（元） B產品應承擔的製造費用 = 16,200 - 9,240 = 6,960（元）
31	12月31日	結轉本月完工產品成本	借：庫存商品——A產品　　164,840 　　　　——B產品　　125,750 　貸：生產成本——A產品　　164,840 　　　　——B產品　　125,750
		計算解析	A產品生產成本 = 143,600 + 12,000 + 9,240 = 164,840（元） B產品生產成本 = 109,790 + 9,000 + 6,960 = 125,750（元）
32	12月31日	結轉本月產品銷售成本	借：主營業務成本——A產品　　240,000 　　　　——B產品　　336,000 　貸：庫存商品——A產品　　240,000 　　　　——B產品　　336,000
33	12月31日	結轉本月材料銷售成本	借：其他業務成本——甲材料　　15,270 　貸：原材料——甲材料　　　　　15,270
34	12月31日	計提本月應交城建稅與教育費附加	借：稅金及附加——城建稅　　　7,222.11 　　　　——教育費附加　　3,095.19 　貸：應交稅費——應交城建稅　　7,222.11 　　　　——應交教育費附加　3,095.19
		計算解析	本月發生的進項稅額合計 = 43,265 + 14,212 = 57,477（元） 本月發生的銷項稅額合計 = 72,080 + 3,570 + 85,000 = 160,650（元） 本月應交增值稅 = 銷項稅額 - 進項稅額 　　　　　　　 = 160,650 - 57,477 = 103,173（元） 本月應交城建稅 = 103,173 × 7% = 7,222.11（元） 本月應交教育費附加 = 103,173 × 3% = 3,095.19（元）
35	12月31日	發現盤虧設備一臺	借：待處理財產損溢——待處理固定資產損溢　4,000 　　累計折舊——生產用固定資產——鑽床　　2,000 　貸：固定資產——生產用固定資產——鑽床　　6,000
36	12月31日	結轉設備盤虧淨額	借：營業外支出——固定資產盤虧　　4,000 　貸：待處理財產損溢——待處理固定資產損溢　4,000

表1-5(續)

序號	日期	摘要	會計分錄
37	12月31日	結轉無法支付應付帳款	借：應付帳款——光大公司　　　　1,000 　貸：營業外收入——無法支付的應付款項　1,000
38	12月31日	收到投資收益款	借：銀行存款——工行存款　　　　8,000 　貸：投資收益——大明公司　　　　8,000
39-1	12月31日	結轉本年利潤	借：主營業務收入——A產品　　　420,000 　　　　　　　　——B產品　　　504,000 　　其他業務收入——材料銷售收入　21,000 　　投資收益——大明公司　　　　　8,000 　　營業外收入——罰款收入　　　　1,500 　　　　　　　——無法支付的應付款項　1,000 　貸：本年利潤　　　　　　　　　955,500
39-2	12月31日	結轉本年利潤	借：本年利潤　　　　　　　　　　630,835 　貸：主營業務成本——A產品　　　240,000 　　　　　　　　——B產品　　　336,000 　　稅金及附加——城建稅　　　　7,222.11 　　　　　　　——教育費附加　　3,095.19 　　其他業務成本——甲材料　　　15,270 　　銷售費用——廣告費　　　　　12,000 　　管理費用——辦公費　　　　　　　200 　　　　　　——材料消耗　　　　　　100 　　　　　　——差旅費　　　　　　　800 　　　　　　——電話費　　　　　　847.70 　　　　　　——折舊費　　　　　　3,000 　　　　　　——職工工資　　　　　6,000 　　　　　　——無形資產攤銷　　　　800 　　　　　　——報刊訂閱費　　　　　100 　　　　　　——租賃費　　　　　　　600 　　財務費用——借款利息　　　　　　800 　　營業外支出——固定資產盤虧　4,000
40	12月31日	計算本月應交所得稅	借：所得稅費用——當期所得稅　81,166.25 　貸：應交稅費——應交所得稅　81,166.25
		計算解析	利潤總額 = 955,500 - 630,835 = 324,665（元） 所得稅 = 324,665 × 25% = 81,166.25（元）
41	12月31日	結轉企業所得稅	借：本年利潤　　　　　　　　　81,166.25 　貸：所得稅費用　　　　　　　81,166.25
42	12月31日	結轉稅后利潤	借：本年利潤　　　　　　　　　243,498.75 　貸：利潤分配——未分配利潤　243,498.75
		計算解析	稅后利潤 = 324,665 - 81,166.25 = 243,498.75（元）
43	12月31日	提取法定盈餘公積	借：利潤分配——提取法定盈餘公積　24,349.88 　貸：盈餘公積——法定盈餘公積　　24,349.88
		計算解析	法定盈餘公積 = 243,498.75 × 10% 　　　　　　= 24,349.88（元）
44	12月31日	計算應付投資者利潤	借：利潤分配——應付現金股利或利潤　175,319.09 　貸：應付股利　　　　　　　　　175,319.09

表1-5(續)

序號	日期	摘要	會計分錄
		計算解析	應付投資者利潤 = (243,498.75 - 24,349.88) × 80% = 175,319.09 （元）
45	12月31日	結轉未分配利潤	借：利潤分配——未分配利潤　　　　　　199,668.97 　貸：利潤分配——提取法定盈餘公積　　24,349.88 　　　　　　——應付現金股利或利潤　　175,319.09
		計算解析	結轉后企業的未分配利潤 = 243,498.75 - 199,668.97 = 43,829.78 （元）

2. 過丁字帳

（1）1~15日丁字帳過帳如下：

庫存現金

(3)	900	(4)	900
(14)	100	(8)	200
(17)	35,000	(18)	35,000
	36,000		36,100

銀行存款

(1)	12,000	(2)	297,765
(9)	50,000	(3)	900
(13)	1,500	(4)	4,800
(15)	496,080	(12)	99,000
		(16)	12,000
		(17)	35,000
	559,580		449,465

應收帳款

| | | (1) | 12,000 |
| | | | 12,000 |

預付帳款

| (6) | 4,800 | | |
| | 4,800 | | |

在途物資

(2)	254,500	(5)	254,500
(7)	83,600	(10)	83,600
	338,100		338,100

原材料

(5)	254,500	(11)	253,690
(10)	83,600		
	338,100		253,690

其他應收款

| (4) | 900 | (14) | 900 |
| | 900 | | 900 |

短期借款

| | | (9) | 50,000 |
| | | | 50,000 |

應付帳款		
	(7)	97,812
		97,812

應付職工薪酬		
(18) 35,000		
35,000		

應交稅費			
(2)	43,265	(15)	72,080
(7)	14,212		
(12)	99,000		
156,477		72,080	

生產成本		
(11)	253,390	
	253,390	

製造費用		
(11)	200	
	200	

主營業務收入		
	(15)	424,000
		424,000

銷售費用		
(16)	12,000	
	12,000	

管理費用		
(8)	200	
(11)	100	
(14)	800	
	1,100	

營業外收入		
	(13)	1,500
		1,500

（2）15～31日丁字帳過帳如下：

銀行存款			
(38)	8,000	(21)	847.70
		(26)	2,400
	8,000		3,247.70

應收帳款		
(19)	24,570	
(23)	5,000	
	29,570	

應收票據			
(22)	585,000	(23)	5,000
	585,000		5,000

預付帳款		
	(29)	100
		100

原材料				庫存商品			
		(33)	15,270	(31)	290,590	(32)	576,000
			15,270		290,590		576,000

長期股權投資				固定資產			
(20)	40,000			(24)	130,000	(35)	6,000
	40,000				130,000		6,000

累計折舊				無形資產			
(35)	2,000	(27)	11,000			(20)	40,000
	2,000		11,000				40,000

累計攤銷				長期待攤費用			
		(29)	800	(29)	600		
			800		600		

待處理財產損溢				應付帳款			
(35)	4,000	(36)	4,000	(37)	1,000		
	4,000		4,000		1,000		

應付職工薪酬				應交稅費			
		(28)	35,000			(19)	3,570
			35,000			(22)	85,000
						(34)	10,317.30
						(40)	81,166.25
							180,053.55

應付股利				應付利息			
		(44)	175,319.09	(26)	2,400	(25)	800
			175,319.09		2,400		800

生產成本				製造費用			
(28)	21,000	(31)	290,590	(27)	8,000	(30)	16,200
(30)	16,200			(28)	8,000		
	37,200		290,590		16,000		16,200

實收資本				盈餘公積			
		(24)	130,000			(43)	24,349.88
			130,000				24,349.88

本年利潤				利潤分配			
(39)	630,835	(39)	955,500	(43)	24,349.88	(42)	243,498.75
(40)	81,166.25			(44)	175,319.09	(45)	199,668.97
(42)	243,498.75			(45)	199,668.97		
	955,500		955,500		399,337.94		443,167.72

主營業務收入				其他業務收入			
(39)	924,000	(22)	500,000	(39)	21,000	(19)	21,000
	924,000		500,000		21,000		21,000

主營業務成本				其他業務成本			
(32)	576,000	(39)	576,000	(33)	15,270	(39)	15,270
	576,000		576,000		15,270		15,270

稅金及附加				銷售費用			
(34)	10,317.30	(39)	10,317.30			(39)	12,000
	10,317.30		10,317.30				12,000

管理費用				財務費用			
(21)	847.70	(39)	12,447.70	(25)	800	(39)	800
(27)	3,000.00				800		800
(28)	6,000.00						
(29)	1,500.00						
	11,347.70		12,447.70				

	投資收益				營業外收入		
(39)	8,000	(38)	8,000	(39)	2,500	(37)	1,000
	8,000		8,000		2,500		1,000

	營業外支出				所得稅費用		
(36)	4,000	(39)	4,000	(40)	81,166.25	(41)	81,166.25
	4,000		4,000		81,166.25		81,166.25

3. 編制科目匯總表

(1) 1~15 日科目匯總表如表 1-6 所示。

表 1-6   科目匯總表

201×年 12 月 1 日至 15 日   單位：元

會計科目	借方	貸方
庫存現金	36,000	36,100
銀行存款	559,580	449,465
應收帳款		12,000
預付帳款	4,800	
在途物資	338,100	338,100
原材料	338,100	253,690
其他應收款	900	900
短期借款		50,000
應付帳款		97,812
應付職工薪酬	35,000	
應交稅費	156,477	72,080
生產成本	253,390	
製造費用	200	
主營業務收入		424,000
銷售費用	12,000	
管理費用	1,100	
營業外收入		1,500
合計	1,735,647	1,735,647

（2）16～31日科目匯總表如表1-7所示。

表1-7　　　　　　　　　　　　科目匯總表
201×年12月16日至31日　　　　　　　　　　　　單位：元

會計科目	借方	貸方
銀行存款	8,000	3,247.70
應收帳款	29,570	
應收票據	585,000	5,000
預付帳款		100
原材料		15,270
庫存商品	290,590	576,000
長期股權投資	40,000	
固定資產	130,000	6,000
累計折舊	2,000	11,000
無形資產		40,000
累計攤銷		800
長期待攤費用		600
待處理財產損溢	4,000	4,000
應付帳款	1,000	
應付職工薪酬		35,000
應交稅費		180,053.55
應付股利		175,319.09
應付利息	2,400	800
生產成本	37,200	290,590
製造費用	16,000	16,200
實收資本		130,000
盈餘公積		24,349.88
本年利潤	955,500	955,500
利潤分配	399,337.94	443,167.72
主營業務收入	924,000	500,000
其他業務收入	21,000	21,000
主營業務成本	576,000	576,000
其他業務成本	15,270	15,270
稅金及附加	10,317.30	10,317.30

表1-7(續)

會計科目	借方	貸方
銷售費用		12,000
管理費用	11,347.70	12,447.70
財務費用	800	800
投資收益	8,000	8,000
營業外收入	2,500	1,000
營業外支出	4,000	4,000
所得稅費用	81,166.25	81,166.25
合計	4,154,999.19	4,154,999.19

4. 編制試算平衡表

試算平衡表編制如表1-8所示。

表1-8　　　　　　　　　　　　　試算平衡表

201×年12月31日　　　　　　　　　　　　　　　單位：元

會計科目	期初餘額 借方	期初餘額 貸方	本期發生額 借方	本期發生額 貸方	期末餘額 借方	期末餘額 貸方
庫存現金	3,800		36,000	36,100	3,700	
銀行存款	1,087,060		567,580	452,712.70	1,201,927.30	
交易性金融資產	50,000				50,000	
應收票據	5,000		585,000	5,000	585,000	
應收帳款	1,120,560		29,570	12,000	1,138,130	
預付帳款	100		4,800	100	4,800	
其他應收款	900		900	900	900	
在途物資			338,100	338,100		
原材料	56,990		338,100	268,960	126,130	
庫存商品	360,000		290,590	576,000	74,590	
長期股權投資	566,700		40,000		606,700	
固定資產	2,206,930		130,000	6,000	2,330,930	
累計折舊	-700,510		2,000	11,000	-709,510	
無形資產	150,200			40,000	110,200	
累計攤銷	-18,000			800	-18,800	
長期待攤費用	51,000			600	50,400	
待處理財產損溢			4,000	4,000		
短期借款		70,000		50,000		120,000
應付票據		30,000				30,000

表1-8(續)

會計科目	期初餘額 借方	期初餘額 貸方	本期發生額 借方	本期發生額 貸方	期末餘額 借方	期末餘額 貸方
應付帳款		94,750	1,000	97,812		191,562
應付職工薪酬		70,062	35,000	35,000		70,062
應交稅費		99,000	156,477	252,133.55		194,656.55
應付股利				175,319.09		175,319.09
應付利息		1,600	2,400	800		
其他應付款		640				640
長期借款		381,000				381,000
生產成本			290,590	290,590		
製造費用			16,200	16,200		
實收資本		3,200,000		130,000		3,330,000
資本公積		8,860				8,860
盈餘公積		100,600		24,349.88		124,949.88
本年利潤		784,218	955,500	955,500		784,218
利潤分配		100,000	399,337.94	443,167.72		143,829.78
主營業務收入			924,000	924,000		
其他業務收入			21,000	21,000		
主營業務成本			576,000	576,000		
其他業務成本			15,270	15,270		
稅金及附加			10,317.30	10,317.30		
銷售費用			12,000	12,000		
管理費用			12,447.70	12,447.70		
財務費用			800	800		
投資收益			8,000	8,000		
營業外收入			2,500	2,500		
營業外支出			4,000	4,000		
所得稅費用			81,166.25	81,166.25		
合計	4,940,730	4,940,730	5,890,646.19	5,890,646.19	5,555,097.30	5,555,097.30

5. 編制資產負債表

資產負債表編制如表1-9所示。

表1-9　　　　　　　　　　　　　　資產負債表

編製單位：南方通用機械廠　　　　201×年12月31日　　　　　　　　　單位：元

資產	期初數	期末數	負債和所有者權益	期初數	期末數
流動資產：			**流動負債：**		

表1-9(續)

資產	期初數	期末數	負債和所有者權益	期初數	期末數
貨幣資金	1,090,860	1,205,627.30	短期借款	70,000	120,000
交易性金融資產	50,000	50,000	應付票據	30,000	30,000
應收票據	5,000	585,000	應付帳款	94,750	191,562
應收帳款	1,120,560	1,138,130	預收帳款		
預付帳款	100	4,800	應付職工薪酬	70,062	70,062
應收股利			應交稅費	99,000	194,656.55
應收利息			應付利息	1,600	
其他應收款	900	900	應付股利		175,319.09
存貨	416,990	200,720	其他應付款	640	640
1年內到期的非流動資產			1年內到期的非流動負債		
其他流動資產			其他流動負債		
流動資產合計	2,684,410	3,185,177.30	**流動負債合計**	366,052	782,239.64
非流動資產：			**非流動負債：**		
持有至到期投資			長期借款	381,000	381,000
長期股權投資	566,700	606,700	應付債券		
長期應收款			其他非流動負債		
固定資產	1,506,420	1,621,420	**非流動負債合計**	381,000	381,000
在建工程			**負債合計**	747,052	1,163,239.64
工程物資					
固定資產清理					
無形資產	132,200	91,400	**所有者權益：**		
開發支出			實收資本	3,200,000	3,330,000
商譽			資本公積	8,860	8,860
長期待攤費用	51,000	50,400	減：庫存股		
遞延所得稅資產			盈餘公積	100,600	124,949.88
其他非流動資產			未分配利潤	884,218	928,047.78
非流動資產合計	2,256,320	2,369,920	**所有者權益合計**	4,193,678	4,391,857.66
資產總計	4,940,730	5,555,097.30	**負債和所有者權益總計**	4,940,730	5,555,097.30

6. 編制利潤表

利潤表編制如表1-10所示。

表1-10　　　　　　　　　　　　　利潤表

編製單位：南方通用機械廠　　　201×年12月　　　　　　　　　　　　單位：元

項目	行次	本期金額	上期金額
一、營業收入		945,000	
減：營業成本		591,270	
稅金及附加		10,317.30	
銷售費用		12,000	

表1-10(續)

項目	行次	本期金額	上期金額
管理費用		12,447.70	
財務費用		800	
資產減值損失			
加：公允價值變動淨收益			
投資收益		8,000	
其中：對聯營企業和合營企業的投資收益			
二、營業利潤		326,165	
加：營業外收入		2,500	
減：營業外支出		4,000	
其中：非流動資產處置損失			
三、利潤總額		324,665	
減：所得稅費用		81,166.25	
四、淨利潤		243,498.75	
五、每股收益			
（一）基本每股收益			
（二）稀釋每股收益			

第二部分　會計從業資格考試分章練習

第一章　總論

一、本章考點

1. 會計概述
（1）會計概念及特徵；
（2）會計的基本職能；
（3）會計對象和會計核算的具體內容。
2. 會計基本假設
（1）會計主體；
（2）持續經營；
（3）會計分期；
（4）貨幣計量。
3. 會計基礎和會計信息質量要求
（1）會計基礎；
（2）會計信息質量的八大要求。
4. 會計核算七大方法
5. 會計核算三項工作
6. 會計核算基本程序的四個環節

二、本章習題

（一）單選題

1. 會計的基本職能是（　　）。
　　A. 核算與監督　　　　　　B. 預測和決策
　　C. 計劃和控制　　　　　　D. 考核和評價
2. 在可以預見的未來，會計主體將會按當前的規模和狀態持續經營下去，不會停業，也不會大規模削減業務。這屬於（　　）假設。
　　A. 貨幣計量　　　　　　　B. 會計分期
　　C. 持續經營　　　　　　　D. 會計主體
3. 會計主要的計量單位是（　　）。

A. 貨幣 B. 勞動量
C. 實物 D. 價格

4. 下列選項中，不屬於會計核算三項工作的是（　　）。
   A. 記帳 B. 算帳
   C. 報帳 D. 查帳

5. 企業會計核算的基礎是（　　）。
   A. 收付實現制 B. 永續盤存制
   C. 權責發生制 D. 實地盤存制

6. 形成權責發生制和收付實現制不同的記帳基礎，進而出現應收應付、折舊和攤銷等會計處理方法所依據的會計基本假設是（　　）。
   A. 貨幣計量 B. 會計分期
   C. 持續經營 D. 會計主體

7. 在中國，會計期間分為年度、半年度、季度和月度，它們均按（　　）確定。
   A. 公歷起訖日期 B. 農歷起訖日期
   C. 7月制起訖日期 D. 4月制起訖日期

8. 持續經營從（　　）上對會計核算進行了有效界定。
   A. 空間 B. 時間
   C. 空間和時間 D. 內容

9. 會計能夠按公認的會計準則和制度的要求，通過確認、計量、記錄與報告，從數量上綜合反映各單位已經發生或完成的經濟活動，以達到揭示會計事項的本質、提供財務以及其他相關經濟信息的目的的功能稱為（　　）職能。
   A. 會計控製 B. 會計預測
   C. 會計核算 D. 會計監督

10. 企業固定資產可以按照其價值和使用情況，確定採用某一方法計提折舊，它所依據的會計核算基本假設是（　　）。
    A. 貨幣計量 B. 會計分期
    C. 持續經營 D. 會計主體

11. 會計按照一定的目的和要求，利用會計反映所提供的會計信息，對會計主體的經濟活動進行控制，使之達到預期目標的功能稱為（　　）職能。
    A. 會計決策 B. 會計核算
    C. 會計監督 D. 會計分析

12. 界定從事會計工作和提供會計信息的空間範圍的會計基本假設是（　　）。
    A. 貨幣計量 B. 會計分期
    C. 持續經營 D. 會計主體

13. （　　）作為會計核算基本假設，就是將一個會計主體持續經營的生產活動劃分為一個個連續的、長短相同的期間。
    A. 持續經營 B. 會計年度
    C. 會計分期 D. 會計主體

14. 會計核算和監督的內容是特定主體的（　　）。
    A. 經濟資源　　　　　　　　　B. 資金運動
    C. 實物運動　　　　　　　　　D. 經濟活動
15. 下列選項中，不屬於會計核算具體內容的是（　　）。
    A. 制訂企業計劃　　　　　　　B. 收入的計算
    C. 資本的增減　　　　　　　　D. 財務成果的計算
16. 某企業201×年12月發生了如下經濟業務：
（1）預付下年度房租20,000元。
（2）收到12月份銷售商品貨款25,000元，款項已存入銀行。
（3）購買1,000元的辦公用品。
（4）預收購貨方訂金12,000元，貨物尚未發送。
該企業以權責發生制為核算基礎時，12月份的收支淨額為（　　）元。
    A. 24,000　　　　　　　　　　B. 16,000
    C. 4,000　　　　　　　　　　 D. 36,000
17. 對企業已經發生的交易或者事項，不得提前或延後進行會計確認、計量和報告是會計信息質量（　　）原則的要求。
    A. 可比性　　　　　　　　　　B. 重要性
    C. 謹慎性　　　　　　　　　　D. 及時性
18. 企業按照銷售合同銷售商品但又簽訂了售後回購協議，不確認收入遵循的是（　　）原則。
    A. 重要性　　　　　　　　　　B. 謹慎性
    C. 實質重於形式　　　　　　　D. 相關性
19. 「企業應當以實際發生的交易或事項為依據進行會計確認、計量和報告，如實反映符合確認和計量要求的各項會計要素及其他相關信息，保證會計信息的真實可靠、內容完整。」這一表述所體現的會計信息質量要求是（　　）。
    A. 可靠性　　　　　　　　　　B. 相關性
    C. 重要性　　　　　　　　　　D. 可比性
20. 會計日常核算的工作起點是（　　）。
    A. 填制會計憑證　　　　　　　B. 財產清查
    C. 設置會計科目　　　　　　　D. 登記會計帳簿
21. 下列不屬於會計核算內容的是（　　）。
    A. 用盈餘公積轉增實收資本　　B. 制定下年度財務預算
    C. 將現金存入銀行　　　　　　D. 賒銷貨物
22. 屬於會計核算內容的是（　　）。
    A. 採購計劃的制訂　　　　　　B. 財務管理制度的制定
    C. 財務成果的計算和處理　　　D. 勞動定額的制定

【參考答案】

1. A	2. C	3. A	4. D	5. C
6. B	7. A	8. B	9. C	10. C
11. C	12. D	13. C	14. B	15. A
16. A	17. D	18. C	19. A	20. A
21. B	22. C			

(二) 多選題

1. 會計基本假設包括（　　）。
   A. 會計主體　　　　　　　　B. 持續經營
   C. 會計分期　　　　　　　　D. 貨幣計量

2. 會計核算的內容包括（　　）。
   A. 款項和有價證券的收付　　B. 財物的收發、增減和使用
   C. 債權、債務的發生和結算　D. 資本的增減
   E. 收入、支出、費用、成本的計算　F. 財務成果的計算和處理
   G. 需要辦理會計手續、進行會計核算的企業事項

3. 下列屬於會計信息質量要求的是（　　）。
   A. 可靠性　　　　　　　　　B. 相關性
   C. 可理解性　　　　　　　　D. 可比性
   E. 實質重於形式　　　　　　F. 重要性
   G. 謹慎性　　　　　　　　　H. 及時性

4. 會計核算程序的四個環節包括（　　）。
   A. 確認　　　　　　　　　　B. 計量
   C. 記錄　　　　　　　　　　D. 報告

5. 會計核算的方法包括（　　）。
   A. 設置帳戶　　　　　　　　B. 復式記帳
   C. 填制和審核會計憑證　　　D. 登記會計帳簿
   E. 成本計算　　　　　　　　F. 財產清查
   G. 編制會計報告

6. 會計的基本特徵包括（　　）。
   A. 以貨幣為主要計量單位
   B. 擁有一系列專門方法
   C. 具有核算和監督的基本職能
   D. 對經濟活動的管理具有連續性、全面性、系統性和綜合性

7. 下列選項中，可以作為一個會計主體進行核算的有（　　）。
   A. 銷售部門　　　　　　　　B. 分公司
   C. 母公司　　　　　　　　　D. 企業集團

8. 下列屬於會計核算基礎的有（　　）。

A. 權責發生制 B. 收付實現制
C. 實地盤存制 D. 永續盤存制

9. 會計核算職能是指會計能夠按照公認的會計準則和制度的要求通過（   ），從數量上綜合反映各單位已經發生或完成的經濟活動，以達到揭示會計事項的本質、提供財務以及其他相關經濟信息的目的。

A. 確認 B. 報告
C. 計量 D. 核對

10. 下列說法中，正確的有（   ）。

A. 會計人員只能核算和監督所在主體的經濟業務，不能核算和監督其他主體的經濟業務
B. 會計主體可以是企業中的一個特定部分，也可以是幾個企業組成的企業集團
C. 會計主體一定是法律主體
D. 會計主體假設界定了從事會計工作和提供會計信息的空間範圍

11. 下列說法中，正確的有（   ）。

A. 在境外設立的中國企業向境內報送的財務報告應當折算為人民幣
B. 業務收支以外幣為主的單位可以選擇某種外幣為記帳本位幣
C. 會計核算過程中採用貨幣為主要計量單位
D. 中國企業的會計核算只能以人民幣為記帳本位幣

【參考答案】
1. ABCD　　2. ABCDEFG　　3. ABCDEFGH　　4. ABCD　　5. ABCDEF
6. ABCD　　7. ABCD　　8. AB　　9. ABC　　10. ABD
11. ABC

（三）判斷題

1. 會計核算和會計監督是會計的基本職能，而會計監督又是會計最基本的職能。（   ）
2. 合夥經營的企業是會計主體。（   ）
3. 會計主體所核算的生產經營活動也包括其他企業或投資者個人的其他生產經營活動。（   ）
4. 持續經營就是假設企業可以長盛不衰，即使破產清算，也不應該改變會計核算辦法。（   ）
5. 會計主體是進行會計核算的基本前提之一，一個企業可以根據具體情況確定一個或若干個會計主體。（   ）
6. 會計主體不一定是法律主體，但法律主體一定是會計主體。（   ）
7. 企業會計的對象就是企業的資金運動。（   ）
8. 會計有會計核算與會計監督兩個基本職能。（   ）
9. 會計主體為會計核算界定了空間範圍，持續經營為會計核算確定了時間範圍。（   ）

10. 中國企業會計採用的計量單位只有一種，即貨幣計量。（ ）
11. 會計核算的各種方法是相互獨立的，一般按會計部門的分工，由不同的會計人員來獨立處理。（ ）
12. 凡是會計主體能夠以貨幣表現的經濟活動，都是會計核算和監督的內容，也就是會計的對象。（ ）
13. 按照實質重於形式的要求，企業融資租入的固定資產應視同自有固定資產核算。（ ）

【參考答案】
1. × 2. √ 3. × 4. × 5. √
6. √ 7. √ 8. √ 9. √ 10. ×
11. × 12. √ 13. √

【解析】
10. 貨幣是會計核算的主要計量單位，但不是唯一的計量單位。
11. 會計核算的各種方法是連續地、完整地、系統地聯繫在一起的。

(四) 不定項選擇題

1. 屬於會計中期的會計期間有（ ）。
   A. 年度　　　　　　　　B. 半年度
   C. 季度　　　　　　　　D. 月度
2. 除法律、行政法規和國家統一的會計制度另有規定者外，企業不得自行調整資產的帳面價值，這一規定符合（ ）。
   A. 重要性原則　　　　　B. 實質重於形式原則
   C. 客觀性原則　　　　　D. 歷史成本原則
3. 按照謹慎性原則，下述會計處理正確的有（ ）。
   A. 估計入帳可能取得的收益　B. 估計入帳可能發生的損失
   C. 估計入帳可能取得的資產　D. 估計入帳可能發生的負債
4. 企業確認收入和費用的會計核算基礎是（ ）。
   A. 收付實現制　　　　　B. 永續盤存制
   C. 權責發生制　　　　　D. 實地盤存制
5. 下列關於會計核算具體內容的表述中，不正確的是（ ）。
   A. 款項和有價證券的收付　B. 財物的收發增減和使用
   C. 債權債務的發生和結算　D. 債權是收付款項的權利
6. 會計信息質量的可比性要求強調的一致是指（ ）。
   A. 會計處理方法一致　　B. 收入和費用應一致
   C. 會計指標口徑一致　　D. 企業前後各期一致
7. 下列各項中，屬於企業會計核算一般要求的有（ ）。
   A. 按照企業會計準則的要求確定會計核算方法
   B. 根據實際發生的經濟業務事項進行會計核算

C. 不得違反國家規定，私設會計帳簿登記、核算

D. 中國境內企業會計記錄的文字必須使用中文

【參考答案】

1. BCD　　2. D　　3. BD　　4. C　　5. D

6. ACD　　7. ABC

【解析】

5. 債權是收取款項的權利。

6. 同一企業不同時期可比，要求企業前後各期一致；不同企業相同會計期間可比，要求採用規定的會計政策，確保會計信息口徑一致、相互可比。

7. 會計記錄的文字應當使用中文，在中國境內的外商投資企業等的會計記錄可以同時使用一種外國文字。

第二章　會計要素與會計科目

一、本章考點

1. 會計要素的定義
2. 資產負債表要素
3. 利潤表要素
4. 會計要素的計量
5. 會計科目的定義和分類
6. 會計科目的設置原則
7. 常用會計科目

二、本章習題

（一）單選題

1. 下列選項中，不屬於流動資產的是（　　）。
   A. 存貨　　　　　　　　　　B. 現金
   C. 應收帳款　　　　　　　　D. 長期股權投資

2. 下列選項中，屬於資產類帳戶的是（　　）。
   A.「利潤分配」　　　　　　B.「實收資本」
   C.「累計折舊」　　　　　　D.「營業成本」

3. 下列選項中，屬於所有者權益的是（　　）。
   A. 股票投資　　　　　　　　B. 債券投資
   C. 盈餘公積　　　　　　　　D. 應付債券

4. 下列選項中，不屬於損益類帳戶的是（　　）。
   A.「主營業務收入」　　　　B.「營業外收入」

C.「所得稅費用」　　　　　　D.「應交稅費」

5. 下列選項中，不屬於非流動負債的是（　　）。
   A. 長期應付款　　　　　　B. 長期借款
   C. 應付帳款　　　　　　　D. 應付債券

6. 201×年3月31日，A公司銀行存款帳戶結餘金額為13萬元，3月份增加25萬元，減少17萬元，201×年3月1日A公司銀行存款帳戶的結存餘額應是（　　）萬元。
   A. 21　　　　　　　　　　B. －29
   C. 5　　　　　　　　　　 D. 0

7. 下列說法中，正確的是（　　）。
   A. 收入是指企業銷售商品、提供勞務及讓渡資產使用權等活動中形成的經濟利益的總流入
   B. 所有者權益增加一定表明企業獲得了收入
   C. 狹義的收入包括營業外收入
   D. 收入按照性質不同，分為銷售收入、勞務收入和讓渡資產使用權收入

8. 下列選項中，不屬於收入要素的是（　　）。
   A. 營業外收入　　　　　　B. 出租固定資產取得的收入
   C. 提供勞務取得的收入　　D. 銷售商品取得的收入

9. 會計科目是指對（　　）的具體內容進行分類核算的項目。
   A. 會計要素　　　　　　　B. 會計帳戶
   C. 會計信息　　　　　　　D. 經濟業務

10. 會計科目按其所（　　）不同分為總分類科目和明細分類科目。
    A. 反映的會計對象
    B. 歸屬的會計要素
    C. 提供信息的詳細程度及其統馭關係
    D. 反映的經濟業務

11. 下列說法中，不正確的是（　　）。
    A. 所有者權益反映了所有者對企業資產的剩餘索取權
    B. 所有者權益的金額等於資產減去負債后的餘額
    C. 所有者權益也稱為股東權益
    D. 所有者權益包括實收資本（或股本）、資本公積、盈餘公積和留存收益等

12. 下列選項中，不屬於所有者權益的是（　　）。
    A. 實收資本　　　　　　　B. 資本公積
    C. 盈餘公積　　　　　　　D. 營業利潤

13. 下列選項中，屬於企業資產的是（　　）。
    A. 應付帳款　　　　　　　B. 融資租入的設備
    C. 預收帳款　　　　　　　D. 即將購入的原材料

14. 下列選項中，符合會計要素收入定義的是（　　）。
    A. 出售材料的收入　　　　　　B. 出售無形資產淨收益
    C. 出售固定資產淨收益　　　　D. 向購貨方收取的增值稅銷項稅額
15. 下列內容中，不屬於期間費用的是（　　）。
    A. 管理費用　　　　　　　　　B. 製造費用
    C. 銷售費用　　　　　　　　　D. 財務費用
16. 下列選項中，屬於所有者權益的是（　　）。
    A. 長期借款　　　　　　　　　B. 銀行存款
    C. 預收帳款　　　　　　　　　D. 實收資本
17. 企業在日常活動中形成的、會導致所有者權益增加的、與所有者投入資本無關的經濟利益的總流入稱為（　　）。
    A. 利潤　　　　　　　　　　　B. 資產
    C. 利得　　　　　　　　　　　D. 收入
18. 下列不屬於企業資產的是（　　）。
    A. 預收帳款　　　　　　　　　B. 融資租入的固定資產
    C. 機器設備　　　　　　　　　D. 專利權
19. 下列不屬於流動資產的是（　　）。
    A. 預收帳款　　　　　　　　　B. 預付帳款
    C. 應收帳款　　　　　　　　　D. 應收票據
20. （　　）原則不是設置會計科目的原則。
    A. 實用性　　　　　　　　　　B. 相關性
    C. 權責發生制　　　　　　　　D. 合法性
21. 「預付帳款」科目按其所歸屬的會計要素不同，屬於（　　）類科目。
    A. 資產　　　　　　　　　　　B. 負債
    C. 所有者權益　　　　　　　　D. 成本
22. 下列會計科目中，屬於所有者權益類科目的是（　　）。
    A. 「營業外收入」　　　　　　B. 「生產成本」
    C. 「應收帳款」　　　　　　　D. 「利潤分配」
23. 下列會計科目中，不屬於資產類科目的是（　　）。
    A. 「應收帳款」　　　　　　　B. 「累計折舊」
    C. 「預收帳款」　　　　　　　D. 「預付帳款」
24. 「營業外支出」科目按其所歸屬的會計要素不同，屬於（　　）類科目。
    A. 資產　　　　　　　　　　　B. 負債
    C. 成本　　　　　　　　　　　D. 損益
25. 企業在對會計要素進行計量時，一般應當採用（　　）。
    A. 歷史成本　　　　　　　　　B. 可變現淨值
    C. 重置成本　　　　　　　　　D. 現值
26. 「應付帳款」科目按其所歸屬的會計要素不同，屬於（　　）類科目。

A. 資產 B. 負債
C. 所有者權益 D. 成本

27. 總分類科目一般按（　　）進行設置。
   A. 企業管理的需要 B. 國家統一會計制度的規定
   C. 會計核算的需要 D. 經濟業務的種類不同

28. 下列會計科目中，屬於負債類科目的是（　　）。
   A. 「資本公積」 B. 「預付帳款」
   C. 「生產成本」 D. 「預收帳款」

29. 對會計要素具體內容進行總括分類、提供總括信息的會計科目稱為（　　）。
   A. 二級科目 B. 明細分類科目
   C. 備查科目 D. 總分類科目

30. 在（　　）計量下，資產按照現在購買相同或者相似資產所需支付的現金或者現金等價物的金額計量。
   A. 歷史成本 B. 重置成本
   C. 可變現淨值 D. 公允價值

31. 在下列項目中，與「製造費用」科目屬於同一類科目的是（　　）科目。
   A. 「固定資產」 B. 「其他業務成本」
   C. 「生產成本」 D. 「主營業務成本」

32. 下列會計科目中，屬於損益類科目的是（　　）。
   A. 「主營業務成本」 B. 「生產成本」
   C. 「製造費用」 D. 「其他應收款」

33. 「應交稅費」科目屬於（　　）類會計科目。
   A. 所有者權益 B. 負債
   C. 成本 D. 損益

34. 「財務費用」科目按照其所歸屬的會計要素不同，屬於（　　）類科目。
   A. 資產 B. 負債
   C. 成本 D. 損益

35. 二級科目是介於（　　）之間的科目。
   A. 總分類科目與明細分類科目 B. 總帳與明細帳
   C. 總分類科目 D. 明細分類科目

36. 「管理費用」科目按其所歸屬的會計要素不同，屬於（　　）類科目。
   A. 資產 B. 負債
   C. 成本 D. 損益

37. 所設置的會計科目應符合單位自身特點，滿足單位實際需要，這一點符合（　　）原則。
   A. 實用性 B. 合法性
   C. 謹慎性 D. 相關性

38. 下列選項中，不屬於所有者權益類科目的是（　　）。

A. 應付股利　　　　　　　　B. 盈餘公積
C. 資本公積　　　　　　　　D. 實收資本

【參考答案】

1. D	2. C	3. C	4. D	5. C
6. C	7. D	8. A	9. A	10. C
11. D	12. D	13. B	14. A	15. B
16. D	17. D	18. A	19. A	20. C
21. A	22. D	23. C	24. D	25. A
26. B	27. B	28. D	29. D	30. B
31. C	32. A	33. B	34. D	35. A
36. D	37. A	38. A		

【解析】

7. 收入是指企業在日常活動中形成的、會導致所有者權益的增加、與所有者投入資本無關的經濟利益的總流入。所有者權益增加不一定表明企業獲得了收入，比如投資者對企業進行投資、企業的實收資本（或股本）增加，則所有者權益也增加。狹義的收入指的是企業的營業收入，不包括營業外收入。

11. 所有者權益包括實收資本（或股本）、資本公積、盈餘公積和未分配利潤等，盈餘公積和未分配利潤又統稱為留存收益。

(二) 多選題

1. 負債按流動性可分為（　　）。
   A. 流動負債　　　　　　　　B. 短期負債
   C. 非流動負債　　　　　　　D. 長期負債

2. 下列選項中，屬於流動負債的是（　　）。
   A. 短期借款　　　　　　　　B. 應付職工薪酬
   C. 專項應付款　　　　　　　D. 預付帳款

3. 下列選項中，不屬於會計計量屬性的有（　　）。
   A. 生產成本　　　　　　　　B. 重置成本
   C. 銷售成本　　　　　　　　D. 公允價值

4. 下列收到的各項款項中，屬於收入的有（　　）。
   A. 出租固定資產收到的租金　B. 銷售商品收到的增值稅
   C. 出售原材料收到的價款　　D. 出售無形資產收到的價款

5. 下列選項中，屬於按照會計科目歸屬的會計要素不同進行的分類有（　　）。
   A. 明細分類科目　　　　　　B. 總分類科目
   C. 損益類科目　　　　　　　D. 成本類科目

6. 下列選項中，屬於費用要素特徵的有（　　）。
   A. 由企業過去的交易或事項形成的
   B. 應當是企業在日常活動中發生的

37

C. 應當會導致企業經濟利益的流出，該流出不包括向所有者分配的利潤
D. 應當最終會導致所有者權益的減少

7. 下列選項中，屬於資產要素項目的有（　　）。
   A. 應收帳款　　　　　　　　B. 在途物資
   C. 預收帳款　　　　　　　　D. 預付帳款

8. 下列選項中，屬於資產特徵的有（　　）。
   A. 資產是由過去或現在的交易或事項所形成的
   B. 資產應為企業擁有或者控制的資源
   C. 資產預期會給企業帶來未來經濟利益
   D. 資產一定具有具體的實物形態

9. 下列選項中，影響利潤金額計量的有（　　）。
   A. 資產　　　　　　　　　　B. 收入
   C. 費用　　　　　　　　　　D. 直接計入所有者權益的利得或損失

10. 下列選項中，屬於負債要素特徵的有（　　）。
    A. 負債是由現在的交易或事項所引起的償債義務
    B. 負債是由過去的交易或事項所形成的
    C. 負債是由將來的交易或事項所引起的償債義務
    D. 負債的清償預期會導致經濟利益流出企業

11. 下列選項中，屬於所有者權益的有（　　）。
    A. 本年利潤　　　　　　　　B. 資本公積
    C. 盈餘公積　　　　　　　　D. 實收資本

12. 下列選項中，屬於負債項目的有（　　）。
    A. 短期借款　　　　　　　　B. 預收帳款
    C. 預付帳款　　　　　　　　D. 應交稅費

13. 下列選項中，屬於所有者權益來源的有（　　）。
    A. 所有者投入的資本
    B. 直接計入所有者權益的利得或損失
    C. 留存收益
    D. 收入

14. 下列會計科目中，不屬於成本類科目的有（　　）。
    A. 「生產成本」　　　　　　B. 「主營業務成本」
    C. 「製造費用」　　　　　　D. 「銷售費用」

15. 下列會計科目中，屬於資產類科目的有（　　）。
    A. 「預收帳款」　　　　　　B. 「預付帳款」
    C. 「應收帳款」　　　　　　D. 「應付帳款」

16. 會計科目按其所歸屬的會計要素不同，分為資產類、負債類、（　　）五大類。
    A. 所有者權益類　　　　　　B. 損益類
    C. 成本類　　　　　　　　　D. 費用類

17. 下列會計科目中，屬於損益類科目的有（　　）。
    A.「營業外支出」　　　　　　B.「本年利潤」
    C.「銷售費用」　　　　　　　D.「稅金及附加」
18. 下列有關明細分類科目的表述中，正確的有（　　）。
    A. 明細科目也稱一級會計科目
    B. 明細科目是對總分類科目進一步分類的科目
    C. 明細科目是對會計要素具體內容進行總括分類的科目
    D. 明細科目是能夠提供更加詳細、更加具體的會計信息的科目
19. （　　）統稱為留存收益。
    A. 利潤　　　　　　　　　　　B. 未分配利潤
    C. 資本公積　　　　　　　　　D. 盈餘公積
20. 下列選項中，屬於會計科目設置原則的有（　　）。
    A. 相關性　　　　　　　　　　B. 實用性
    C. 合法性　　　　　　　　　　D. 真實性
21. 下列選項中，屬於會計計量屬性的有（　　）。
    A. 歷史成本　　　　　　　　　B. 可變現淨值
    C. 公允價值　　　　　　　　　D. 現值
22. 下列會計科目中，屬於負債類科目的有（　　）。
    A.「長期借款」　　　　　　　B.「應交稅費」
    C.「累計折舊」　　　　　　　D.「應付利息」

【參考答案】
1. AC   2. AB   3. AC   4. AC   5. CD
6. BCD   7. ABD   8. BC   9. BC   10. BD
11. ABCD   12. ABD   13. ABC   14. BD   15. BC
16. ABC   17. ACD   18. BD   19. BD   20. ABC
21. ABCD   22. ABD

【解析】
13. 收入不一定帶來所有者權益的增加。

(三) 判斷題
　　1. 資產是企業擁有或控制的具有實物形態的經濟資源，該資源預期會給企業帶來未來經濟利益。　　　　　　　　　　　　　　　　　　　　　　　　　（　　）
　　2. 收入、費用和利潤三項會計要素表現相對靜止狀態的資金運動，能夠反映企業的財務狀況。　　　　　　　　　　　　　　　　　　　　　　　　　（　　）
　　3. 企業非日常活動形成的經濟利益總流入也屬於收入要素的構成內容。（　　）
　　4. 各企業、單位應根據各自經濟業務的實際需要自行設置總帳科目。（　　）
　　5. 負債是過去的交易或事項所引起的潛在義務。　　　　　　　　　（　　）
　　6. 在公允價值計量下，資產和負債按照在公平交易中，熟悉情況的交易雙方自願

進行資產交換或者債務清償的金額計量。（　）
　　7. 所有者權益是企業投資者對企業資產的所有權。（　）
　　8. 資產按實物形態可分為流動資產和非流動資產。（　）
　　9. 實收資本代表一個企業的實力，是創辦企業的「本錢」，它反映企業所有者投入企業的外部資金來源。（　）
　　10. 總分類科目對所屬的明細分類科目起著統馭和控製作用，明細分類科目是對其總分類科目的詳細和具體說明。（　）
　　11. 累計折舊和壞帳準備等反映資產價值損耗或損失的帳戶屬於損益類帳戶。（　）
　　12. 某企業某工序上有甲、乙兩臺機床，其中甲機床型號較老，自乙機床投入使用後，一直未再使用但已不具備轉讓價值；乙機床是甲機床的替代產品，目前承擔該工序的全部生產任務。那麼甲機床不應確認為企業的固定資產。（　）
　　13. 只要是由過去的交易或事項形成的、並由企業擁有或控製的資源，均應確認為企業的一項資產。（　）
　　14. 企業處置固定資產發生的淨損失，應該確認為企業的費用。（　）
　　15. 利潤是收入與費用配比相抵後的差額，是經營成果的最終要素。（　）
　　16. 所有者權益是指企業投資人對企業淨資產的所有權。（　）
　　17. 資產是指由企業現時的交易或者事項形成的、由企業擁有或者控製的、預期會給企業帶來經濟利益的資源。（　）
　　18. 所有者權益與企業特定的、具體的資產並無直接關係，不與企業任何具體的資產項目發生對應關係。（　）
　　19. 資產包括固定資產和流動資產兩部分。（　）
　　20. 只要企業擁有某項財產物資的所有權就能將其確認為資產。（　）
　　21. 按照中國的會計準則的規定，負債不僅指現時已經存在的債務責任，還包括某些將來可能發生的、偶然事項形成的債務責任。（　）
　　22. 總分類科目與其所屬的明細分類科目的核算內容相同，所不同的是前者提供的信息比後者更加詳細。（　）
　　23. 二級科目（子目）不屬於明細分類科目。（　）
　　24. 明細分類科目對總分類科目起著補充說明和統馭控製的作用。（　）
　　25. 預付帳款屬於資產類科目，而製造費用屬於成本類科目。（　）
　　26. 企業只能使用國家統一的會計制度規定的會計科目，不能自行制定會計科目。（　）
　　27. 成本類科目包括製造費用、生產成本及主營業務成本等科目。（　）
　　28. 設置會計科目的相關性原則是指所設置的會計科目應當符合國家統一的會計制度的規定。（　）

【參考答案】

1. ×	2. ×	3. ×	4. ×	5. ×
6. √	7. ×	8. ×	9. √	10. √

11. ×	12. √	13. ×	14. ×	15. √
16. √	17. ×	18. √	19. ×	20. ×
21. ×	22. ×	23. ×	24. ×	25. √
26. ×	27. ×	28. ×		

【解析】

11. 累計折舊和壞帳準備屬於資產類帳戶。

14. 企業處置固定資產發生的淨損失，應該確認為企業的損失，用「營業外支出」科目核算。

18. 所有者權益與企業特定的、具體的資產並無直接關係，不與企業任何具體的資產項目發生對應關係。所有者權益只是在整體上、在抽象的意義上與企業的資產保持數量關係。

（四）不定項選擇題

1. 屬於流動資產的是（　　）。
   A. 預付帳款　　　　　　　　B. 無形資產
   C. 短期借款　　　　　　　　D. 預收帳款
2. 不屬於讓渡資產使用權的行為是（　　）。
   A. 對外貸款　　　　　　　　B. 對外投資
   C. 對外銷售　　　　　　　　D. 對外出租
3. 按收入來源分類，工業企業對外出租取得的租金收入屬於（　　）。
   A. 商品銷售收入　　　　　　B. 提供勞務收入
   C. 讓渡資產使用權收入　　　D. 轉讓無形資產收入
4. 收入的確認必然具體表現為一定會計期間的（　　）。
   A. 現金流入　　　　　　　　B. 銀行存款流入
   C. 其他資產增加　　　　　　D. 流動負債增加
5. 作為會計要素的「收入」包括（　　）。
   A. 主營業務收入　　　　　　B. 營業外收入
   C. 投資收益　　　　　　　　D. 其他業務收入
6. 對於工業企業，屬於其他業務收入的有（　　）。
   A. 從事證券投資取得的收入　B. 銷售原材料取得的收入
   C. 轉讓無形資產所有權取得的收入　D. 出租固定資產取得的收入
7. 費用的確認可能會引起（　　）。
   A. 資產增加　　　　　　　　B. 資產減少
   C. 負債減少　　　　　　　　D. 所有者權益增加
8. 財務成果的計算和處理一般包括（　　）。
   A. 利潤的計算　　　　　　　B. 所得稅的計算
   C. 利潤分配　　　　　　　　D. 虧損彌補
9. 某公司201×年3月初資產總額為160萬元，負債總額為60萬元。3月1日購入

設備一臺，價值為10萬元，款項未付。上述經濟業務發生後（　　）。
  A. 資產與所有者權益總額分別為170萬元與110萬元
  B. 資產與負債總額分別為170萬元與70萬元
  C. 負債與所有者權益總額分別為60萬元與100萬元
  D. 資產與負債總額分別為160萬元與70萬元

10. 乙企業銷售產品，但貨款尚未收到。該業務發生後，會引起乙企業（　　）。
  A. 資產與權益項目同金額增加
  B. 資產與權益項目同金額減少
  C. 資產項目之間有增有減，金額相等
  D. 權益項目之間有增有減，金額相等

11. 某企業201×年9月份資產增加200萬元，負債減少100萬元，其他因素忽略不計，則該企業的權益將（　　）。
  A. 增加100萬元　　　　　　　B. 減少100萬元
  C. 增加300萬元　　　　　　　D. 減少300萬元

12. 某企業月初資產總額為300萬元，本月發生下列經濟業務：賒購材料10萬元；用銀行存款償還短期借款20萬元；收到購貨單位償還的欠款15萬元存入銀行。該企業月末資產總額為（　　）萬元。
  A. 310　　　　　　　　　　　B. 290
  C. 295　　　　　　　　　　　D. 305

13. 不同時涉及財務狀況要素和經營成果要素變動的經濟業務是（　　）。
  A. 購貨退回　　　　　　　　　B. 銷貨退回
  C. 結轉已銷產品的生產成本　　D. 用現金購買廠部辦公用品

14. 不會引起會計等式兩邊同時發生變動的業務是（　　）。
  A. 產品已銷售貨款尚未收到　　B. 收回應收帳款
  C. 向銀行借款存入開戶銀行　　D. 以現金發放工資

15. 企業繳納應交的稅金100萬元會導致（　　）。
  A. 資產和權益同增　　　　　　B. 資產增加、權益減少
  C. 資產減少、權益增加　　　　D. 資產和權益同減

16. 當所有者權益某項目增加時，可能導致的相應變化有（　　）。
  A. 資產增加　　　　　　　　　B. 負債增加
  C. 負債減少　　　　　　　　　D. 所有者權益另一項目減少

17. 下列選項中，能夠引起資產與權益同時增加的經濟業務有（　　）。
  A. 投資者追加投入機器設備一臺　B. 用銀行存款支付應付帳款
  C. 接受其他企業捐贈的設備一臺　D. 預收客戶訂金存入銀行

18. 應交稅費屬於（　　）類帳戶。
  A. 資產　　　　　　　　　　　B. 負債
  C. 所有者權益　　　　　　　　D. 損益

19. 下列選項中，屬於成本類科目的有（　　）。

A.「主營業務成本」 B.「生產成本」
C.「製造費用」 D.「銷售費用」

20. 下列選項中，屬於資產類科目的有（   ）。
    A.「預收帳款」 B.「應收帳款」
    C.「壞帳準備」 D.「資本公積」

21. 會計帳戶劃分為左右兩個基本部分，一部分反映增加，另一部分反映減少，這取決於帳戶的（   ）。
    A. 性質 B. 方向
    C. 餘額 D. 結構

22. 只進行總分類核算，不進行明細分類核算的帳戶是（   ）。
    A. 實收資本 B. 短期借款
    C. 累計折舊 D. 預付帳款

23. 某企業 3 月份「應收帳款」科目餘額為 400 萬元，3 月份收回貨款 80 萬元，用銀行存款歸還借款 40 萬元，收到客戶交來預付款 8 萬元，向供應商預付貨款 5 萬元。如果該企業不單獨設置「預收帳款」科目和「預付帳款」科目，則 3 月末「應收帳款」總帳科目餘額為（   ）萬元。
    A. 307 B. 320
    C. 312 D. 480

24. 企業資金運動的動態會計要素是（   ）。
    A. 資產、費用和利潤 B. 負債、收入和利潤
    C. 資產、費用和權益 D. 收入、費用和利潤

25. 下列等式中，屬於會計基本等式的擴展等式的是（   ）。
    A. 資產＝權益
    B. 資產＝負債＋所有者權益
    C. 資產＝負債－所有者權益
    D. 資產＝負債＋所有者權益＋收入－費用

26. 會計科目和帳戶之間的區別主要在於（   ）。
    A. 反映的經濟內容不同
    B. 記錄資產和權益的增減變動情況不同
    C. 記錄資產和權益的結果不同
    D. 帳戶有結構而會計科目無結構

27. 帳戶分為「借方」和「貸方」兩個方向，但究竟哪個方向登記增加或者減少則根據（   ）而定。
    A. 經濟業務的內容 B. 經濟業務的性質
    C. 帳戶的性質 D. 帳戶的結構

28. A 企業某帳戶本期期初餘額為 5,600 元，本期期末餘額為 5,700 元，本期減少發生額為 800 元，則該帳戶本期增加發生額為（   ）元。

A. 900 B. 10,500
C. 700 D. 12,100

29. 下列選項中，屬於營業外支出的項目是（　　）。
    A. 對外捐贈支出　　　　　　　　B. 固定資產盤虧或毀損
    C. 存貨正常耗損　　　　　　　　D. 處置固定資產淨損失

30. 下列各項中，屬於企業留存收益的是（　　）。
    A. 實收資本　　　　　　　　　　B. 資本公積
    C. 盈餘公積　　　　　　　　　　D. 未分配利潤

31. 下列會計要素中，應採用歷史成本計量屬性的是（　　）。
    A. 資產　　　　　　　　　　　　B. 負債
    C. 收入　　　　　　　　　　　　D. 費用

32. 對會計要素進行計量時，在保證所確定的會計要素金額能夠取得並可靠計量下才能使用的計量方法是（　　）。
    A. 歷史成本　　　　　　　　　　B. 重置成本
    C. 可變現淨值　　　　　　　　　D. 公允價值

33. 企業確定可變現淨值時，應當考慮的因素有（　　）。
    A. 資產按照其正常對外銷售所能收到的現金
    B. 該資產至完工時估計要發生的成本
    C. 該資產銷售時估計將要發生的銷售費用
    D. 該資產銷售時估計將要發生的相關稅金

【參考答案】

1. A	2. C	3. C	4. ABC	5. AD
6. BD	7. B	8. ABCD	9. B	10. A
11. C	12. B	13. A	14. B	15. D
16. ACD	17. ACD	18. B	19. BC	20. BC
21. A	22. C	23. C	24. D	25. D
26. D	27. C	28. A	29. ABD	30. CD
31. AB	32. BCD	33. ABCD		

【解析】

2. 對外銷售讓渡所有權不屬於讓渡資產使用權的行為。

12. 月末資產總額 = 300 + 10 − 20 + 15 − 15 = 290（萬元）

13. 購貨業務同時涉及財務狀況要素，不同時涉及財務狀況要素和經營成果要素。

17. B 選項涉及資產與權益同時減少。

32. 企業在對會計要素進行計量時一般採用歷史成本。採用重置成本、可變現淨值、現值、公允價值計量的，應當保證所確定的會計要素金額能夠取得並可靠計量。

33. 可變現淨值是指在正常生產經營過程中以預計售價減去進一步加工成本和銷售所必需的預計稅金、費用後的淨值。

第三章 會計等式與復式記帳

一、本章考點

1. 會計等式
（1）資產＝負債＋所有者權益；
（2）收入－費用＝利潤；
（3）會計等式之間的勾稽關係。
2. 復式記帳
（1）會計帳戶及其基本結構；
（2）復式記帳法；
（3）借貸記帳法；
（4）總分類帳與明細分類帳的平行登記。

二、本章習題

（一）單選題

1. 下列會計分錄情況中，屬於簡單會計分錄的是（　　）。
　　A．一借一貸　　　　　　B．一借多貸
　　C．一借多貸　　　　　　D．多借多貸
2. 應付帳款帳戶的期初餘額為 8,000 元，本期借方發生額為 12,000 元，期末貸方餘額為 6,000 元，則本期貸方發生額為（　　）元。
　　A．10,000　　　　　　　B．4,000
　　C．2,000　　　　　　　 D．14,000
3. 如果某總分類帳戶的期末餘額在借方，其所屬明細分類帳戶的期末餘額（　　）。
　　A．可能在借方，也可能在貸方　　B．必定在借方
　　C．必定在貸方　　　　　　　　　D．既不在借方，又不在貸方
4. 復式記帳要求對每一交易或事項都以（　　）。
　　A．相等的金額同時在一個或一個以上相互聯繫的帳戶中進行登記
　　B．相等的金額同時在兩個或兩個以上相互聯繫的帳戶中進行登記
　　C．不等的金額同時在兩個或兩個以上相互聯繫的帳戶中進行登記
　　D．相等的金額在總分類帳和兩個以上相互聯繫的帳戶中進行登記
5. 對某項交易或事項表明其應借應貸帳戶及其金額紀錄稱為（　　）。
　　A．會計記錄　　　　　　B．會計分錄
　　C．會計帳簿　　　　　　D．會計報表
6. 某公司原材料總帳帳戶下設甲材料和乙材料兩個明細帳戶。201×年 3 月末，原

材料總帳帳戶為借方餘額450,000元，甲材料明細帳戶為借方餘額200,000元，則乙材料明細帳戶為（　　）。

  A. 借方餘額650,000元　　　　　　B. 貸方餘額250,000元

  C. 借方餘額250,000元　　　　　　D. 貸方餘額650,000元

7. 關於餘額試算平衡表，下列表述中不正確的是（　　）。

  A. 全部帳戶的期初餘額合計等於全部帳戶的期末餘額合計

  B. 全部帳戶的借方期初餘額合計等於全部帳戶的貸方期初餘額合計

  C. 全部帳戶的借方發生額合計等於全部帳戶貸方發生額合計

  D. 全部帳戶的借方期末餘額合計等於全部帳戶的貸方期末餘額合計

8. 「營業外收入」帳戶屬於（　　）。

  A. 收入類帳戶　　　　　　　　　　B. 所有者權益類帳戶

  C. 損益類帳戶　　　　　　　　　　D. 負債類帳戶

9. 某公司「原材料」總帳帳戶下設「甲材料」和「乙材料」兩個明細帳戶。201×年5月，「原材料」總帳帳戶的借方發生額為8,000元，貸方發生額為6,000元。其中，A材料借方發生額為3,000元，B材料貸方發生額為2,000元。下列表述中正確的是（　　）。

  A. B材料借方發生額為4,000元，A材料貸方發生額為5,000元

  B. B材料貸方發生額為5,000元，A材料借方發生額為4,000元

  C. B材料借方發生額為8,000元，A材料貸方發生額為6,000元

  D. B材料借方發生額為5,000元，A材料貸方發生額為4,000元

10. 某企業201×年4月本期試算平衡表中，期初餘額借、貸方合計均為98,000元，本期發生額借、貸方合計為53,000元，下列表述中正確的是（　　）。

  A. 借方和貸方期末餘額合計均為98,000元

  B. 借方和貸方期末餘額合計均為53,000元

  C. 借方和貸方期末餘額合計均為0元

  D. 根據上述資料無法計算借方和貸方期末餘額合計數

11. 某企業201×年6月30日有關資料如下：資產總額695,000元，負債總額335,000元，實收資本200,000元，資本公積20,000元，盈餘公積14,000元，則未分配利潤為（　　）元。

  A. 146,000　　　　　　　　　　　　B. 160,000

  C. 360,000　　　　　　　　　　　　D. 126,000

12. 能夠通過試算平衡查找的錯誤是（　　）。

  A. 重複登記某項經濟業務　　　　　B. 漏記某項經紀業務

  C. 應借應貸帳戶的借貸方向顛倒　　D. 應借應貸帳戶的借貸金額不符

13. 某公司「盈餘公積」科目年初餘額為100萬元，本年提取法定盈餘公積135萬元，用盈餘公積轉增實收資本80萬元。假定不考慮其他因素，則下列表述中不正確的是（　　）。

A. 所有者權益總額維持不變
B. 所有者權益總額增加 55 萬元
C. 「盈餘公積」科目年末餘額為 155 萬元
D. 「實收資本」科目增加 80 萬元

14. 某公司應付帳款總帳下設 M 公司和 N 公司兩個明細帳戶。201×年 2 月末，應付帳款帳戶為貸方餘額 64,000 元，M 公司明細帳戶為貸方餘額 70,000 元，則 N 公司明細帳戶為（　　）。

  A. 貸方餘額 134,000 元   B. 借方餘額 134,000 元
  C. 借方餘額 6,000 元   D. 貸方餘額 6,000 元

15. 201×年 12 月 31 日，丙公司應付帳款帳戶為貸方餘額 260,000 元，其所屬明細帳戶的貸方餘額合計為 330,000 元，所屬明細帳戶的借方餘額合計為 70,000 元；預付帳款帳戶為借方餘額 150,000 元，其所屬明細帳戶的借方餘額合計為 200,000 元，所屬明細帳戶的貸方餘額為 50,000 元。丙公司資產負債表中，應付帳款和預付帳款兩個項目的期末數分別應為（　　）。

  A. 380,000 元和 270,000 元   B. 330,000 元和 200,000 元
  C. 530,000 元和 120,000 元   D. 260,000 元和 150,000 元

16. 應收帳款帳戶的餘額等於（　　）。
  A. 期初餘額＋本期借方發生額－本期貸方發生額
  B. 期初餘額－本期借方發生額－本期貸方發生額
  C. 期初餘額＋本期借方發生額＋本期貸方發生額
  D. 期初餘額－本期借方發生額＋本期貸方發生額

17. 所有者權益在數量上等於（　　）。
  A. 全部資產減去全部負債后的淨額
  B. 所有者的投資
  C. 實收資本與資本公積之和
  D. 實收資本與未分配利潤之和

18. 期末資產類帳戶的餘額一般在（　　）。
  A. 借方   B. 貸方
  C. 無餘額   D. 借方或貸方

19. 根據資產與權益的恒等關係以及借貸記帳法的記帳規則，檢查所有帳戶記錄是否正確的過程稱為（　　）。
  A. 記帳   B. 試算平衡
  C. 對帳   D. 結帳

20. 下列帳戶中，期末無餘額的帳戶有（　　）。
  A.「實收資本」   B.「應付帳款」
  C.「固定資產」   D.「管理費用」

21. 借貸記帳法的發生額試算平衡公式是（　　）。

A. 每個會計科目的借方發生額＝每個會計科目的貸方發生額
B. 全部會計科目期初借方餘額之和＝全部會計科目期初貸方餘額之和
C. 全部會計科目借方發生額之和＝全部會計科目貸方發生額之和
D. 全部會計科目期末借方餘額之和＝全部會計科目期末貸方餘額之和

22. 在借貸記帳法下，帳戶的貸方用來登記（　　）。
    A. 大部分收入類帳戶的減少額
    B. 大部分所有者權益類帳戶的增加額
    C. 大部分負債類帳戶的減少額
    D. 大部分成本類帳戶的增加額

23. 下列經濟業務中，借記資產類帳戶，貸記負債類帳戶的是（　　）。
    A. 賒購原材料　　　　　　　　B. 收到其他企業的欠款
    C. 從銀行提取現金備用　　　　D. 以銀行存款償還債務

24. 下列關於借貸記帳法的表述中，正確的是（　　）。
    A. 試算平衡只有餘額試算平衡法一種
    B. 借貸記帳法是復式記帳法的一種
    C. 在借貸記帳法下，負債類帳戶增加額登記在借方，減少額登記在貸方
    D. 在借貸記帳法下，「借」代表增加，「貸」代表減少

25. 年末結轉後，利潤分配帳戶的餘額表示（　　）。
    A. 未分配利潤　　　　　　　　B. 淨利潤
    C. 未彌補虧損　　　　　　　　D. 利潤總額

26. 負債和所有者權益類帳戶的期末餘額一般在（　　）。
    A. 借方　　　　　　　　　　　B. 貸方
    C. 無餘額　　　　　　　　　　D. 借方或貸方

27. 某企業本月發生管理費用開支合計58萬元，月末結平管理費用帳戶，則管理費用帳戶（　　）。
    A. 月末借方餘額為58萬元　　　B. 本月月末餘額為0元
    C. 月末貸方餘額為58萬元　　　D. 以上都不對

28. 在借貸記帳法下，成本類帳戶的期末餘額一般在（　　）。
    A. 借方　　　　　　　　　　　B. 增加方
    C. 貸方　　　　　　　　　　　D. 減少方

29. 目前，中國採用的復式記帳法主要是（　　）。
    A. 單式記帳法　　　　　　　　B. 增加記帳法
    C. 收付記帳法　　　　　　　　D. 借貸記帳法

30. 在借貸記帳法下，所有者權益類帳戶的期末餘額等於（　　）。
    A. 期初餘額－本期借方發生額－本期貸方發生額
    B. 期初餘額－本期借方發生額＋本期貸方發生額
    C. 期初餘額＋本期借方發生額－本期貸方發生額

D. 期初餘額＋本期借方發生額＋本期貸方發生額

31. 某企業201×年10月1日，「本年利潤」帳戶的期初貸方餘額為20萬元，表明（　　）。

　　A. 該企業201×年12月份的淨利潤為20萬元

　　B. 該企業201×年9月份的淨利潤為20萬元

　　C. 該企業201×年1～9月份的淨利潤為20萬元

　　D. 該企業201×年全年的淨利潤為20萬元

32. 復式記帳法對於每項經濟業務都以相等的金額在（　　）中進行登記。

　　A. 一個帳戶　　　　　　　　　B. 兩個帳戶

　　C. 全部帳戶　　　　　　　　　D. 兩個或兩個以上的帳戶

33. 帳戶發生額試算平衡方法是根據（　　）來確定的。

　　A. 借貸記帳法的記帳規則　　　B. 資產＝負債＋所有者權益

　　C. 收入－費用＝利潤　　　　　D. 平行登記原則

34. A公司月初應付帳款餘額為80萬元，本月購入材料一批，貨款為30萬元，款項尚未支付，另支付上期購買商品的欠款50萬元。本月應付帳款的餘額為（　　）萬元。

　　A. 借方60　　　　　　　　　　B. 貸方100

　　C. 借方100　　　　　　　　　 D. 貸方60

35. 復式記帳法是以（　　）為記帳基礎的一種記帳方法。

　　A. 試算平衡　　　　　　　　　B. 資產和權益平衡關係

　　C. 會計科目　　　　　　　　　D. 經濟業務

36. 下列關於生產成本帳戶的表述中，正確的是（　　）。

　　A. 生產成本帳戶肯定無餘額

　　B. 生產成本帳戶期末若有餘額，肯定在借方

　　C. 生產成本帳戶的餘額表示已完工產品的成本

　　D. 生產成本帳戶的餘額表示本期發生的生產費用總額

37. 某企業資產總額為100萬元，發生下列三筆經濟業務：第一，向銀行借款20萬元存入銀行。第二，用銀行存款償還債務5萬元。第三，收回應收帳款4萬元存入銀行。此三筆業務發生後其資產總額為（　　）萬元。

　　A. 115　　　　　　　　　　　　B. 119

　　C. 111　　　　　　　　　　　　D. 71

38. 下列會計分錄中，屬於複合會計分錄的是（　　）。

　　A. 借：生產成本　　　　　　　　　　　　　　　　200,000

　　　　　貸：製造費用　　　　　　　　　　　　　　200,000

　　B. 借：銀行存款　　　　　　　　　　　　　　　　50,000

　　　　　貸：實收資本——A公司　　　　　　　　　 20,000

　　　　　　　——B公司　　　　　　　　　　　　　30,000

49

C. 借：原材料——甲材料　　　　　　　　　　　　15,000
　　　　　　　　——乙材料　　　　　　　　　　　　10,000
　　　　　貸：銀行存款　　　　　　　　　　　　　　25,000
　　D. 借：管理費用　　　　　　　　　　　　　　　　3,000
　　　　　　製造費用　　　　　　　　　　　　　　　5,000
　　　　　貸：累計攤銷　　　　　　　　　　　　　　8,000

39. 某企業原材料總分類帳戶的本期借方發生額為 50 萬元，貸方發生額為 30 萬元，其所屬的三個明細分類帳中，甲材料本期借方發生額為 20 萬元，貸方發生額為 9 萬元；乙材料借方發生額為 15 萬元，貸方發生額為 11 萬元；丙材料的本期借貸發生額分別為（　　）。
　　A. 借方發生額為 15 萬元，貸方發生額為 50 萬元
　　B. 借方發生額為 15 萬元，貸方發生額為 10 萬元
　　C. 借方發生額為 85 萬元，貸方發生額為 10 萬元
　　D. 借方發生額為 85 萬元，貸方發生額為 50 萬元

40. 甲公司月末編制的試算平衡表中，全部帳戶的本月借方發生額合計為 136 萬元，除實收資本帳戶以外的本月貸方發生額合計為 120 萬元，則實收資本帳戶（　　）。
　　A. 本月貸方發生額為 16 萬元　　　B. 本月借方發生額為 16 萬元
　　C. 本月借方餘額為 16 萬元　　　　D. 本月貸方餘額為 16 萬元

41. 下列關於本年利潤帳戶的表述中，正確的是（　　）。
　　A. 借方登記轉入的營業收入、營業外收入等金額
　　B. 貸方登記轉入的營業成本、營業外支出等金額
　　C. 年度終了結帳後，該帳戶無餘額
　　D. 全年的任何一個月月末都不應有餘額

42. 對同一經濟業務，應當在同一會計期間內，既登記相應的總分類科目，又登記所屬的有關明細分類科目的方法稱為（　　）。
　　A. 借貸記帳法　　　　　　　　　　B. 試算平衡
　　C. 復式記帳法　　　　　　　　　　D. 平行登記

43. 期末收入類帳戶的餘額一般在（　　）。
　　A. 借方　　　　　　　　　　　　　B. 貸方
　　C. 無餘額　　　　　　　　　　　　D. 借方或貸方

44. 對某項經濟業務事項標明應借應貸帳戶及其金額的記錄稱為（　　）。
　　A. 對應關係　　　　　　　　　　　B. 對應帳戶
　　C. 會計分錄　　　　　　　　　　　D. 帳戶

45. 下列關於累計折舊帳戶的表述中，正確的是（　　）。
　　A. 累計折舊帳戶的借方登記折舊的增加額
　　B. 累計折舊帳戶的借方登記折舊的減少額
　　C. 累計折舊帳戶期末借方餘額
　　D. 累計折舊帳戶是無形資產帳戶的調整帳戶

46. 當一筆經濟業務只涉及負債要素發生增減變化時，會計等式兩邊的金額（　　）。
  A. 一方增加，一方減少　　　　B. 不變
  C. 同減　　　　　　　　　　　D. 同增

47. 下列等式中，不正確的是（　　）。
  A. 資產＝負債＋所有者權益＝權益
  B. 期末資產＝期末負債＋期初所有者權益
  C. 期末資產＝期末負債＋期初所有者權益＋所有者權益本期發生額
  D. 債權人權益＋所有者權益＝負債＋所有者權益

48. 一個企業的資產總額與權益總額（　　）。
  A. 只有在期末時相等　　　　　B. 有時相等
  C. 必然相等　　　　　　　　　D. 不會相等

49. 下列經濟業務中，會引起資產類項目和所有者權益類項目同時增加的是（　　）。
  A. 賒購原材料
  B. 接受投資者投入的現金資產
  C. 賒銷商品時
  D. 用銀行存款歸還企業的銀行短期借款

50. 最基本的會計等式是（　　）。
  A. 收入－費用＝利潤
  B. 資產＝負債＋所有者權益
  C. 期初餘額＋本期增加額－本期減少額＝期末餘額
  D. 資產＝負債＋所有者權益＋（收入－費用）

51. 某企業月初權益總額為 200 萬元，假定本月僅發生一筆以銀行存款 20 萬元償還短期借款的業務，則該企業月末資產總額為（　　）萬元。
  A. 180　　　　　　　　　　　　B. 200
  C. 190　　　　　　　　　　　　D. 240

52. 下列經濟業務中，能引起資產和負債同時減少的是（　　）。
  A. 把現金存入銀行　　　　　　B. 賒購材料一批
  C. 用銀行存款償還銀行借款　　D. 收到某企業的欠款並存入銀行

53. 某公司的資產總額為 20 萬元，負債總額為 5 萬元，以銀行存款 2 萬元償還短期借款，並以銀行存款 2 萬元購買設備。上述業務入帳後該公司的負債總額為（　　）萬元。
  A. 2　　　　　　　　　　　　　B. 3
  C. 25　　　　　　　　　　　　D. 15

54. 投資人投入的資金和債權人投入的資金，投入企業後，形成企業的（　　）。
  A. 成本　　　　　　　　　　　B. 費用

C. 資產　　　　　　　　　　　　D. 負債

55. 一項資產增加，一項負債增加的經濟業務發生后會引起資產與權益原來的金額（　　）。

　　A. 發生不等額變動　　　　　　B. 發生同減的變動
　　C. 發生同增的變動　　　　　　D. 不會變動

56. 某企業所有者權益總額為 700 萬元，負債總額為 200 萬元。那麼該企業的資產總額為（　　）萬元。

　　A. 900　　　　　　　　　　　 B. 100
　　C. 500　　　　　　　　　　　 D. 以上答案都不對

57. 帳戶的餘額按照表示的時間不同可以分為（　　）。

　　A. 期初餘額和本期增加發生額
　　B. 期初餘額和本期減少發生額
　　C. 本期增加發生額和本期減少發生額
　　D. 期初餘額和期末餘額

58. 下列帳戶中，期末一般無餘額的是（　　）帳戶。

　　A. 庫存商品　　　　　　　　　B. 生產成本
　　C. 本年利潤　　　　　　　　　D. 利潤分配

59. 某帳戶的期初餘額為 900 元，期末餘額為 5,000 元，本期減少發生額為 600 元，則本期增加發生額為（　　）元。

　　A. 3,500　　　　　　　　　　 B. 300
　　C. 4,700　　　　　　　　　　 D. 5,300

60. 損益類帳戶的期末餘額一般（　　）。

　　A. 在借方　　　　　　　　　　B. 在貸方
　　C. 無法確定方向　　　　　　　D. 為 0 元

61. 一個帳戶的增加發生額與該帳戶的期末餘額一般都應在該帳戶的（　　）。

　　A. 借方　　　　　　　　　　　B. 貸方
　　C. 相同方向　　　　　　　　　D. 相反方向

【參考答案】

1. A	2. A	3. A	4. B	5. B
6. C	7. A	8. C	9. D	10. D
11. D	12. D	13. B	14. C	15. A
16. A	17. A	18. A	19. B	20. D
21. C	22. B	23. A	24. B	25. A
26. B	27. A	28. A	29. D	30. A
31. C	32. D	33. A	34. D	35. B
36. B	37. A	38. D	39. B	40. A
41. C	42. D	43. C	44. C	45. B
46. B	47. B	48. C	49. B	50. B

51. A　　52. C　　53. B　　54. C　　55. C
56. A　　57. D　　58. C　　59. C　　60. D
61. C

(二) 多選題

1. 根據借貸記帳法的會計科目結構，帳戶貸方登記的內容有（　　）。
   A. 收入的增加額　　　　　　B. 所有者權益的增加額
   C. 費用的增加額　　　　　　D. 負債的增加額

2. 下列等式中，正確的有（　　）。
   A. 期初餘額＝本期增加發生額＋期末餘額－本期減少發生額
   B. 期初餘額＝本期增加發生額－期末餘額－本期減少發生額
   C. 期初餘額＝本期減少發生額＋期末餘額－本期增加發生額
   D. 期末餘額＝本期增加發生額＋期初餘額－本期減少發生額

3. 會計分錄的基本要素包括（　　）。
   A. 會計科目　　　　　　　　B. 記帳符號
   C. 記帳時間　　　　　　　　D. 金額

4. 下列關於借貸記帳法的說法中，正確的有（　　）。
   A. 應該根據帳戶反映的經濟業務的性質確定記入帳戶的方向
   B. 可以進行發生額試算平衡和餘額試算平衡
   C. 以「有借必有貸，借貸必相等」作為記帳規則
   D. 以「借」「貸」作為記帳符號

5. 企業用銀行存款償還所欠貨款，引起（　　）。
   A. 資產增加　　　　　　　　B. 資產減少
   C. 負債增加　　　　　　　　D. 負債減少

6. 會計分錄包括（　　）。
   A. 簡單分錄　　　　　　　　B. 複合分錄
   C. 單式分錄　　　　　　　　D. 混合分錄

7. 下列會計分錄形式中，屬於複合會計分錄的有（　　）。
   A. 一借一貸　　　　　　　　B. 一借多貸
   C. 一貸多借　　　　　　　　D. 多借多貸

8. 總分類帳戶餘額試算平衡表中的平衡關係有（　　）。
   A. 全部會計科目的本期借方發生額合計＝全部會計科目本期貸方發生額合計
   B. 全部會計科目的期初借方餘額合計＝全部會計科目期末貸方餘額合計
   C. 全部會計科目的期初借方餘額合計＝全部會計科目期初貸方餘額合計
   D. 全部會計科目的期末借方餘額合計＝全部會計科目期末貸方餘額合計

9. 在借貸記帳法下，當借記「銀行存款」科目時，下列會計科目可能成為其對應科目的有（　　）。
   A. 實收資本　　　　　　　　B. 庫存現金

C. 預付帳款　　　　　　　　　　D. 本年利潤

10. 總帳與明細帳平行登記的要點包括（　　　）。
    A. 所屬會計期間相同
    B. 借貸方向相同
    C. 記入總分類科目的金額與記入所屬明細分類科目金額合計數相等
    D. 所依據會計憑證相同

11. 在借貸記帳法下，帳戶的貸方應登記（　　　）。
    A. 負債、收入的增加數　　　　B. 負債、收入的減少數
    C. 資產、成本的減少數　　　　D. 資產、成本的增加數

12. 對於資產、成本帳戶而言（　　　）。
    A. 增加記借方　　　　　　　　B. 增加記貸方
    C. 減少記貸方　　　　　　　　D. 期末無餘額

13. 年末結帳後，下列會計科目中，一定沒有餘額的有（　　　）。
    A. 本年利潤　　　　　　　　　B. 生產成本
    C. 應付帳款　　　　　　　　　D. 主營業務收入

14. 收到投資者投入的固定資產 20 萬元，正確的說法有（　　　）。
    A. 借記「固定資產」科目 20 萬元
    B. 貸記「實收資本」科目 20 萬元
    C. 貸記「固定資產」科目 20 萬元
    D. 借記「實收資本」科目 20 萬元

15. 總分類帳戶與其所屬的明細分類帳戶平行登記的結果必然是（　　　）。
    A. 總分類會計科目期末餘額＝所屬的明細分類會計科目期末餘額之和
    B. 總分類會計科目本期貸方發生額＝所屬明細分類會計科目本期貸方發生額之和
    C. 總分類會計科目期初餘額＝所屬明細分類會計科目期初餘額之和
    D. 總分類會計科目本期借方發生額＝所屬明細分類會計科目本期借方發生額之和

16. 經濟業務發生後，一般可以編制的會計分錄有（　　　）。
    A. 多借多貸　　　　　　　　　B. 一借多貸
    C. 一貸多借　　　　　　　　　D. 一借一貸

17. 借貸記帳法的試算平衡方法包括（　　　）。
    A. 增加額試算平衡法　　　　　B. 減少額試算平衡法
    C. 發生額試算平衡法　　　　　D. 餘額試算平衡法

18. 下列經濟業務中，會使資產和權益總額同時增加的有（　　　）。
    A. 用銀行存款 500,000 元購入一臺機器設備
    B. 償還購入材料的欠款 3,000 元
    C. 收到投資者投入的資金 80,000 元並存入銀行
    D. 購入一批價值 500,000 元的原材料，款項未付

19. 下列會計等式中，正確的有（   ）。
    A. 資產 = 負債 + 所有者權益
    B. 資產 = 負債 + 所有者權益 +（收入 – 費用）
    C. 資產 = 負債 + 所有者權益 + 利潤
    D. 資產 – 負債 = 所有者權益 + 利潤

20. 資產與負債和所有者權益的恒等關係是（   ）。
    A. 復式記帳法的理論依據
    B. 總帳與明細帳平行登記的理論依據
    C. 設置會計帳戶的理論依據
    D. 編制資產負債表的依據

21. 下列經濟業務中，會引起企業資產總額和負債總額同時發生減少變化的有（   ）。
    A. 用現金支付職工薪酬
    B. 從某企業購買材料一批，貨款未付
    C. 將資本公積轉增資本
    D. 用銀行存款償還所欠貨款

22. 下列公式中，屬於會計等式的有（   ）。
    A. 本期借方發生額合計 = 本期貸方發生額合計
    B. 本期借方餘額合計 = 本期貸方餘額合計
    C. 資產 = 負債 + 所有者權益
    D. 收入 – 費用 = 利潤

23. 企業的收入可能會導致（   ）。
    A. 庫存現金的增加　　　　B. 銀行存款的增加
    C. 企業其他資產的增加　　D. 企業負債的減少

24. 下列經濟業務中，能引起資產和負債同時增加的有（   ）。
    A. 從銀行借款存入企業的存款帳戶
    B. 用銀行存款償還所欠貨款
    C. 企業賒購材料一批
    D. 收到投資人的資金存入銀行

25. 下列經濟業務中，屬於資產內部要素增減變動的有（   ）。
    A. 購買一批材料，款項尚未支付
    B. 購買一批材料，以銀行存款支付貨款
    C. 從銀行提現備用
    D. 接受現金捐贈，款項存入銀行

26. 下列經濟業務中，能引起會計等式左右兩邊會計要素變動的有（   ）。
    A. 收到某單位前欠貨款存入銀行
    B. 以銀行存款償還銀行借款

C. 收到某單位投入機器設備一臺
D. 以銀行存款購買材料

27. 企業向銀行借款，存入銀行，這項業務引起（　　）要素同時增加。
   A. 資產　　　　　　　　　　　　B. 負債
   C. 所有者權益　　　　　　　　　D. 收入

28. 下列經濟業務中，會使企業資產總額和權益總額同時發生增減變化的有（　　）。
   A. 向銀行借入半年期的借款，已轉入本企業銀行存款帳戶
   B. 賒購設備一臺，設備已經交付使用
   C. 收到某投資者投資，款項已存入銀行
   D. 用資本公積轉增實收資本

29. 根據會計等式可知，下列經濟業務中，不會發生的有（　　）。
   A. 資產增加，負債減少，所有者權益不變
   B. 資產不變，負債增加，所有者權益增加
   C. 資產有增有減，權益不變
   D. 債權人權益增加，所有者權益減少，資產不變。

30. 下面關於損益類科目的說法中，正確的有（　　）。
   A. 收入類帳戶的增加額記入借方
   B. 費用類帳戶的增加額記入借方
   C. 一般情況下期末無餘額
   D. 年末要結轉到本年利潤帳戶。

31. 不會影響借貸雙方平衡關係的記帳錯誤有（　　）。
   A. 從開戶銀行提取現金 500 元，記帳時重複登記一次
   B. 收到現金 100 元，但沒有登記入帳
   C. 收到某公司償還欠款的轉帳支票 5,000 元，但會計分錄的借方科目錯記為「庫存現金」
   D. 到開戶銀行存入現金 1,000 元，但編製記帳憑證時誤為借記「庫存現金」，貸記「銀行存款」

32. 總分類帳戶和明細分類帳戶平行登記的要點包括（　　）。
   A. 登記次數相同　　　　　　　　B. 登記會計期間相同
   C. 登記方向相同　　　　　　　　D. 登記金額相等

33. 某企業 201×年 5 月 1 日資產總額為 300 萬元，負債總額為 200 萬元。201×年 5 月資產增加 50 萬元，資產減少 40 萬元；所有者權益增加 60 萬元，所有者權益減少 30 萬元。下列關於該企業 201×年 5 月 31 日幾個指標的表述，正確的有（　　）。
   A. 資產總額為 310 萬元　　　　　B. 所有者權益總額為 310 萬元
   C. 負債總額為 180 萬元　　　　　D. 所有者權益總額為 130 萬元

34. 能夠引起資產與負債（或所有者權益）項目同時等額增加的經濟業務有（　　）。

A. 購入價值 10,000 元的固定資產，貨款暫欠
B. 收到投資者投入的存款 80,000 元
C. 從銀行提取現金 5,000 元
D. 用銀行存款支付前欠貨款 20,000 元

【參考答案】

1. ABD	2. CD	3. ABD	4. ABCD	5. BD
6. AB	7. BCD	8. CD	9. AB	10. ABCD
11. AC	12. AC	13. AD	14. AB	15. ABCD
16. ABCD	17. CD	18. CD	19. ABCD	20. ACD
21. AD	22. CD	23. ABCD	24. AC	25. BC
26. BC	27. AB	28. ABC	29. AB	30. BCD
31. ABCD	32. BCD	33. ACD	34. AB	

(三) 判斷題

1. 明細帳戶應根據總帳帳戶設置。（　　）
2. 複合會計分錄應由幾個簡單會計分錄合併而成。（　　）
3. 當採購員預借差旅費時，資產總額就會減少。（　　）
4. 企業應當根據國家統一會計制度的規定和單位交易或事項的具體內容設置明細帳。（　　）
5. 二級科目是介於總帳科目和明細科目之間的科目，通常可以對明細科目較多的總帳科目開設二級科目。（　　）
6. 如果採用發生額試算平衡法，試算表借貸不相等，可以肯定帳戶記錄有錯誤，如果採用餘額試算平衡法，試算表借貸不相等，不一定說明帳戶記錄有錯誤。（　　）
7. 201×年1月1日 ABC 公司負債總額為40萬元，所有者權益總額為60萬元。1月份該公司銷售產品一批，取得價款10萬元存入銀行（不考慮增值稅），其成本為7萬元。不考慮其他因素，則201×年1月31日該公司資產總額為110萬元。（　　）
8. 根據「有借必有貸，借貸必相等」的規則，任一帳戶的借方發生額必然等於其貸方發生額。（　　）
9. 根據收付實現制的要求，當期已經實現的收入和已經發生或應當負擔的費用，無論是否收付，都不應當作為當期的收入和費用計入利潤表。（　　）
10. 平行登記是指對同一交易或事項，既要在借方登記，又要在貸方登記，並且登記的依據和期間相同，金額相等。（　　）
11. 「收入－費用＝利潤」等式反映了企業一定期間的經營成果，是編制資產負債表的基礎。（　　）
12. 在會計處理中，只能編制一借一貸、一借多貸、一貸多借的會計分錄，而不能編制多借多貸的會計分錄，以避免對應關係混亂。（　　）
13. 運用單式記帳法記錄經濟業務，既可以反映每項經濟業務的來龍去脈，又可以檢查每筆業務是否合理、合法。（　　）

14. 餘額試算平衡是由「資產＝負債＋所有者權益」的恒等關係決定的。（   ）

15. 一個會計主體一定期間的全部帳戶的借方發生額合計與貸方發生額合計一定相等。（   ）

16. 借貸記帳法的記帳規則為「有借必有貸，借貸必相等」，即對於每一筆經濟業務都只要在帳戶中以借方和貸方相等的金額進行登記。（   ）

17. 平行登記時，總分類帳戶登記在借方，其所屬明細分類帳戶可以登記在貸方。（   ）

18. 在借貸記帳法下，借方表示增加，貸方表示減少。（   ）

19. 帳戶的對應關係是指總帳與明細帳之間的關係。（   ）

20. 「製造費用」帳戶和「管理費用」帳戶都應當在期末轉入「本年利潤」帳戶。（   ）

21. 借貸記帳法下，負債類帳戶與所有者權益類帳戶通常都有餘額，而且在借方。（   ）

22. 企業可以將不同類型的經濟業務合併在一起，這樣可以形成複合會計分錄。（   ）

23. 核算期間費用的各帳戶期末結轉入「本年利潤」帳戶後應無餘額。（   ）

24. 企業以銀行存款償還短期借款，該業務會引起資產與負債同時減少。（   ）

25. 對於每一個帳戶來說，期初餘額只可能在帳戶的一方，即借方或貸方。（   ）

26. 通過平行登記可以使總分類帳戶與其所屬明細分類帳戶保持統馭關係，便於核對與檢查，糾正錯誤與遺漏。（   ）

27. 某企業銀行存款期初借方餘額為 10 萬元，本期借方發生額為 5 萬元，本期貸方發生額為 3 萬元，則期末餘額為借方 12 萬元。（   ）

28. 複合會計分錄是指多借多貸形式的會計分錄。（   ）

29. 資產類帳戶的基本結構是借方登記資產的增加額，貸方登記資產的減少額，期末餘額一般在借方。（   ）

30. 無論發生什麼經濟業務，會計等式始終保持平衡關係。（   ）

31. 復式記帳法是以資產與權益平衡關係作為記帳基礎，對於每一筆經濟業務，都要在兩個或兩個以上相互聯繫的帳戶中進行登記，系統地反映資金運動變化的結果的一種記帳方法。（   ）

32. 發生額試算平衡是根據資產與權益的恒等關係，檢驗本期發生額記錄是否正確的方法。（   ）

33. 在借貸記帳法下，負債類帳戶與成本類帳戶的結構截然相反。（   ）

34. 「本年利潤」帳戶的餘額如果在借方，表示自年初至本期末累計發生的虧損。（   ）

35. 在借方記帳法下，損益類帳戶的借方登記減少數，貸方登記增加數，期末一般無餘額。（   ）

36. 企業如果在一定期間內發生了虧損，則期末所有者權益必定減少。（   ）

37. 「收入－費用＝利潤」這一會計等式是復式記帳法的理論基礎，也是編制資產負債表的依據。（　）

38. 資產、負債和所有者權益的平衡關係是企業資金運動處於相對靜止狀態下出現的，如果考慮收入、費用等動態要素，則資產與權益總額的平衡關係必然被破壞。（　）

39. 經濟業務的發生可能引起資產與權益總額發生變化，但是不會破壞會計基本等式的平衡關係。（　）

40. 帳戶中上期的期末餘額轉入本期即為本期的期初餘額。（　）
41. 帳戶的簡單格式分為左、右兩方，左方表示增加，右方表示減少。（　）
42. 帳戶的餘額總是和帳戶的增加額方向一致。（　）
43. 目前，企業的總分類帳戶一般是根據國家有關會計制度規定的會計科目設置的。（　）
44. 一級帳戶又稱總分類帳戶，簡稱總帳，總帳以下的帳戶稱為明細帳。（　）
45. 帳戶的本期發生額是動態資料，而期末餘額與期初餘額是靜態資料。（　）
46. 負債類帳戶分為左、右兩方，左方登記增加，右方登記減少。（　）
47. 如果某一帳戶的期初餘額為 20,000 元，本期增加發生額為 10,000 元，本期減少發生額為 4,000 元，則期末餘額為 6,000 元。（　）

【參考答案】

1. ×	2. ×	3. ×	4. √	5. √
6. ×	7. ×	8. ×	9. ×	10. ×
11. ×	12. ×	13. ×	14. √	15. √
16. ×	17. ×	18. ×	19. ×	20. ×
21. ×	22. ×	23. √	24. ×	25. ×
26. √	27. √	28. ×	29. ×	30. ×
31. √	32. ×	33. √	34. ×	35. ×
36. ×	37. ×	38. ×	39. ×	40. √
41. ×	42. √	43. √	44. √	45. √
46. ×	47. ×			

（四）不定項選擇題

1. 經濟業務發生後，必須在有關帳戶中進行連續、系統地登記，借以反映和監督某一特定單位經濟活動的方法是（　）。

　　A. 借貸記帳法　　　　　　B. 復式記帳法
　　C. 單式記帳法　　　　　　D. 收付記帳法

2. 復式記帳法的優點包括（　）。

　　A. 能夠全面反映經濟業務內容和資金運動的來龍去脈
　　B. 能夠進行試算平衡，檢查帳戶記錄是否正確
　　C. 能夠直觀展示資金的增減變化

D. 能夠防止會計舞弊
3. 借貸記帳法的理論依據是（　　）。
   A. 資產＝負債＋所有者權益
   B. 收入－費用＝利潤
   C. 借方發生額＝貸方發生額
   D. 期初餘額＋本期增加數－本期減少數＝期末餘額
4. 不會引起會計等式兩邊同時發生變動的業務是（　　）。
   A. 產品已銷售貨款尚未收到
   B. 收回應收帳款
   C. 向銀行借款存入開戶銀行
   D. 以現金發放工資
5. 當所有者權益某項目增加時，可能導致的相應變化有（　　）。
   A. 資產增加   B. 負債增加
   C. 負債減少   D. 所有者權益另一項目減少
6. 與資產類帳戶記帳方向相同的帳戶是（　　）。
   A. 收入類帳戶   B. 費用類帳戶
   C. 利潤類帳戶   D. 權益類帳戶
7. 期末餘額一定在貸方的帳戶是（　　）。
   A. 利潤分配   B. 實收資本
   C. 本年利潤   D. 材料成本差異
8. 在借貸記帳法下，借方登記的內容包括（　　）。
   A. 資產增加   B. 所有者權益減少
   C. 收入增加   D. 負債增加
9. 期末一般無餘額的帳戶有（　　）。
   A. 「管理費用」   B. 「銷售費用」
   C. 「銀行存款」   D. 「應收帳款」
10. 發生額試算平衡的依據是（　　）。
    A. 資產＝負債＋所有者權益
    B. 利潤＝收入－支出
    C. 「有借必有貸，借貸必相等」
    D. 期末餘額＝期初餘額＋本期增加額－本期減少額
11. 下列錯誤中，會影響本期發生額借貸平衡關係的是（　　）。
    A. 漏記或重記某一項經濟業務
    B. 顛倒記帳方向
    C. 金額無誤但所用科目有誤
    D. 借方金額數字錯位
12. 某企業月末編制的試算平衡表借方餘額合計為 150,000 元，貸方餘額合計為

180,000 元。經認真檢查，漏記了一個帳戶的餘額。漏記的帳戶（　　）。

  A．為借方餘額　 B．為貸方餘額
  C．餘額為 15,000 元　 D．餘額為 30,000 元

13. 屬於借貸記帳法試算平衡內容的有（　　）。

  A．借方發生額試算平衡　 B．貸方發生額試算平衡
  C．期初餘額試算平衡　 D．期末餘額試算平衡

14. 不會引起借貸不平衡的錯誤有（　　）。

  A．漏記一張記帳憑證未登記入帳
  B．記入賒購業務的記帳憑證中，僅將應付帳款登記入帳
  C．存貨被高估 3,000 元，管理費用同時被低估 3,000 元
  D．從銀行提取現金的記帳憑證被重複登記兩次

15. 具有雙重性質的結算帳戶到底屬於資產類還是負債類，可根據（　　）的方向來判斷。

  A．平均發生額　 B．借方發生額
  C．貸方發生額　 D．期末餘額

16. 存在應借應貸關係的帳戶稱之為（　　）。

  A．聯繫帳戶　 B．對等帳戶
  C．對應帳戶　 D．平衡帳戶

17. 可能與本年利潤帳戶借方發生對應關係的帳戶有（　　）。

  A．「銷售費用」　 B．「製造費用」
  C．「管理費用」　 D．「財務費用」

18. 會計分錄的構成要素包括（　　）。

  A．帳戶名稱　 B．記帳方向
  C．應記金額　 D．對應關係

19. 平行登記是同時在（　　）之間登記同一經濟業務的方法。

  A．總帳及所屬明細帳　 B．匯總憑證及有關帳戶
  C．各有關總分類帳戶　 D．各有關明細分類帳戶

20. 總分類帳戶和明細分類帳戶平行登記的要點包括（　　）。

  A．登記的次數　 B．登記的會計期間相同
  C．登記的方向相同　 D．登記的金額相同

21. 下列錯誤中，能通過試算平衡查找的有（　　）。

  A．某項經濟業務未入帳
  B．某項經濟業務重複記帳
  C．應借應貸帳戶中借貸方向顛倒
  D．應借應貸帳戶中借貸金額不等

22. 下列帳戶中，不具有對應關係的是（　　）。

  A．銀行存款帳戶與應交稅費帳戶
  B．固定資產帳戶與銷售費用帳戶

C. 本年利潤帳戶與利潤分配帳戶

D. 預收帳款帳戶與主營業務收入帳戶

23. 某企業資產總額為 100 萬元，負債為 20 萬元，在以銀行存款 30 萬元購進材料，並以銀行存款 10 萬元償還借款後，資產總額為（　　）萬元。

  A. 60   B. 90

  C. 50   D. 40

24.「壞帳準備」帳戶期初貸方餘額為 5,000 元，本期貸方發生 6,000 元，期末貸方餘額為 8,000 元，則該帳戶本期借方發生額為（　　）元。

  A. 9,000   B. 13,000

  C. 2,000   D. 3,000

25. 下列各項說法中，不正確的有（　　）。

  A. 從某個企業看，其全部借方帳戶與全部貸方帳戶之間互為對應帳戶

  B. 從某項會計分錄看，其借方帳戶與貸方帳戶之間互為對應帳戶

  C. 通過試算平衡，若企業全部帳戶的借貸方金額合計相等，則帳戶記錄正確

  D. 企業不能編制多借多貸的會計分錄

26. 現代企業使用的復式記帳法的特點是（　　）。

  A. 在各個帳戶中進行記錄

  B. 在相互關聯的帳戶中進行紀錄

  C. 以相同的金額在借方與貸方中進行登記

  D. 將發生額登記在帳戶中

27. 下列經濟業務中，應確認為債權的有（　　）。

  A. 預收銷貨款   B. 預付購貨款

  C. 應收銷貨款   D. 預支差旅費

28. 企業賒購原材料 10 萬元，這項業務引起（　　）的增減變化。

  A. 資產   B. 負債

  C. 所有者權益   D. 成本

29. 下列表述中，不正確的是（　　）。

  A. 開戶單位收入的現金一般應於當日送存開戶銀行

  B. 開戶單位收入的現金，一般情況下不可以坐支

  C. 到外地採購大額貨物時，不得直接支付現金

  D. 不得「白條抵庫」

30. 企業用不符合法律法規規定的單據頂替庫存現金，這種行為稱為（　　）。

  A. 白條抵庫   B. 坐支現金

  C. 挪用公款   D. 公款私存

31. 根據《支付結算辦法》的規定，有明確金額起點的支付結算方式是（　　）。

  A. 支票   B. 銀行匯票

  C. 銀行本票   D. 托收承付

32. 下列各項中，不屬於支票特點的是（　　）。

A. 個人不得使用　　　　　　　B. 日期、金額及收款人不得更改
C. 一律記名　　　　　　　　　D. 提示付款期限為出票日起 10 日內

33. 下列表述中，錯誤的有（　　）。
    A. 單位和個人各種款項的結算均可使用匯兌結算方式
    B. 每筆托收承付結算的起點金額為 1,000 元
    C. 托收承付結算方式不驗單付款的承付期為 5 天
    D. 無論單位還是個人都可憑已承兌商業匯票、債券、存單等付款人債務證明辦理委託收款，收取同城或異地款項。

34. 下列票據中，可以背書轉讓的有（　　）。
    A. 現金支票　　　　　　　　B. 轉帳支票
    C. 銀行本票　　　　　　　　D. 銀行匯票

35. 為將一批商品及時銷售出去，某企業決定在原定價格的基礎上優惠 10%。該價格優惠屬於（　　）。
    A. 銷售折讓　　　　　　　　B. 銷售退回
    C. 商業折扣　　　　　　　　D. 現金折扣

36. 應記入「財務費用」帳戶的有（　　）。
    A. 商業折扣　　　　　　　　B. 現金折扣
    C. 銷售折讓　　　　　　　　D. 銷售退回

37. 甲企業向乙企業銷售產品一批，貨款為 10,000 元（不含增值稅），增值稅稅率為 17%，同時用銀行存款代墊運雜費 300 元，款項尚未收到。甲企業編制的會計分錄的貸方應包括（　　）。
    A. 主營業務收入——乙企業　10,000
    B. 應交稅費——應交增值稅（銷項稅額）　1,700
    C. 應收帳款——乙企業　300
    D. 銀行存款　300

38. A 公司對甲生產車間採取定額備用金管理制度。該車間報銷日常管理費用支出時，正確的會計分錄是（　　）。
    A. 借：其他應收款　　　　　B. 借：製造費用
       貸：庫存現金　　　　　　　　貸：庫存現金
    C. 借：製造費用　　　　　　D. 借：庫存現金
       貸：其他應收款　　　　　　　貸：其他應收款

39. 甲公司為增值稅一般納稅人，201×年 10 月 29 日從外地購入 A 材料 23 噸，貨款 20,000 元，增值稅稅款 3,400 元，並以現金支付運費 1,500 元。假定運費的增值稅稅率為 11%，則 A 材料的採購成本為（　　）元。
    A. 20,000　　　　　　　　　B. 21,335
    C. 21,500　　　　　　　　　D. 23,400

40. 屬於存貨的有（　　）。
    A. 已採購但尚未入庫的低值易耗品

B. 委託外單位加工而發出的包裝物

C. 已銷售但客戶尚未提貨的產成品

D. 製造產品剩下的邊角料

41. 應記入「管理費用」帳戶借方的有（　　）。

　　A. 經批准轉銷的存貨定額內損耗

　　B. 專設銷售機構人員的工資

　　C. 經批准轉銷的因計量差錯造成的存貨短缺

　　D. 經批准轉銷的盤盈存貨成本

42. 固定資產盤虧經批准後應記入（　　）帳戶。

　　A.「管理費用」　　　　　　B.「待處理財產損溢」

　　C.「營業外支出」　　　　　D.「營業外收入」

43. 某企業201×年4月初應計提折舊的固定資產原值為4,000萬元，4月份新增固定資產原值300萬元，報廢固定資產原值200萬元；5月份新增固定資產原值800萬元，報廢固定資產原值600萬元。另外，原始價值100萬元仍在繼續使用的一項固定資產在上年末已經提足折舊。5月份應計提折舊的固定資產原值是（　　）萬元。

　　A. 3,400　　　　　　　　　B. 4,800

　　C. 4,200　　　　　　　　　D. 4,100

44. 對車間管理部門使用的固定資產計提折舊費，應借記（　　）科目，貸記「累計折舊」科目。

　　A.「管理費用」　　　　　　B.「製造費用」

　　C.「銷售費用」　　　　　　D.「生產成本」

45. 固定資產應提折舊總額等於（　　）。

　　A. 固定資產原值－清理費用

　　B. 固定資產原值＋清理費用

　　C. 固定資產原值＋預計淨殘值

　　D. 固定資產原值－預計淨殘值

46. 對於增值稅一般納稅人企業，構成固定資產價值的項目有（　　）。

　　A. 購買固定資產支付的關稅

　　B. 建造期間發生的借款利息

　　C. 建造固定資產耗用自產產品的生產成本

　　D. 購買固定資產支付的增值稅

47. 直接進行產品生產的工人工資應分配記入（　　）科目。

　　A.「管理費用」　　　　　　B.「生產成本——基本生產成本」

　　C.「製造費用」　　　　　　D.「生產成本——輔助生產成本」

48. 不屬於其他應付款核算範圍的是（　　）。

　　A. 暫收其他單位的款項

　　B. 經營租入固定資產的應付租金

C. 出借包裝物收取的押金

D. 購入固定資產的應付款項

49. 甲公司於201×年裝修辦公樓，裝修費共計50,000元。合同規定，項目完工后支付款項95%，另外5%於項目完工1年后支付。甲公司先支付了47,500元，但在1年后按合同支付2,500元餘款時，被銀行退回，原因是裝修公司已經撤銷。對於該筆無法支付的款項，甲公司應借記「應付帳款」科目，貸記（　　）科目。

  A.「營業外收入」   B.「資本公積」

  C.「其他業務收入」   D.「管理費用」

50. 對於預收貨款的會計處理，下列做法中可以選擇採用的有（　　）。

  A. 單獨設「預收帳款」帳戶，預收貨款時記入該帳戶貸方

  B. 不單設「預收帳款」帳戶，預收貨款時記入「應付帳款」帳戶貸方

  C. 不單設「預收帳款」帳戶，預收貨款時記入「應收帳款」帳戶貸方

  D. 不單設「預收帳款」帳戶，預收貨款時記入「其他應收款」帳戶貸方

51. 應通過應付帳款帳戶借方核算的經濟業務有（　　）。

  A. 開出商業匯票抵付應付帳款 B. 支付賠款

  C. 衝銷無法支付的應付帳款   D. 支付租金

52. 不屬於視同銷售業務的是（　　）。

  A. 自產產品用於集體福利

  B. 將產品無償捐贈給他人

  C. 將原材料用於在建工程

  D. 用產成品對外投資

53. 不屬於應交增值稅明細帳戶專欄的是（　　）。

  A.「未交增值稅」   B.「已交稅金」

  C.「轉出未交增值稅」   D.「轉出多交增值稅」

54. A公司被核定為增值稅一般納稅人，適用的增值稅稅率為17%。A公司為B公司加工零部件10,000個，每個收取加工費70.2元（含稅價）。對於該筆業務，A公司應確認的「應交稅金——應交稅費（銷項稅額）」為（　　）元。

  A. 10,200   B. 11,934

  C. 119,340   D. 102,000

55. 下列會計分錄中，屬於一般納稅人繳納增值稅的有（　　）。

  A. 借：應交稅費——應交增值稅（已交稅金）

    貸：銀行存款

  B. 借：應交稅費——未交增值稅（已交稅金）

    貸：銀行存款

  C. 借：應交稅費——應交增值稅

    貸：銀行存款

  D. 借：應交稅費——未交增值稅

    貸：銀行存款

56. 某公司發生的下列業務不能用現金支付的是（　　　）。
    A. 購買辦公用品 900 元
    B. 向個人收購農副產品 50,000 元
    C. 從某公司購入工業產品 20,000 元
    D. 支付職工差旅費 10,000 元

57. 邊遠地區和交通不便地區的開戶單位，其庫存現金限額可以按最多不得超過（　　）天日常零星開支所需的現金核定。
    A. 30　　　　　　　　　　　　B. 20
    C. 15　　　　　　　　　　　　D. 10

58. 某企業銷售商品一批，該批商品的標價為 10,000 元，適用的增值稅稅率為 17%，購買方享受的商業折扣為 20%，貨款尚未收到。該企業確認的應收帳款入帳價值為（　　　）元。
    A. 8,000　　　　　　　　　　　B. 9,360
    C. 10,000　　　　　　　　　　D. 11,700

59. 在途物資帳戶借方發生額核算的內容是（　　　）。
    A. 已入庫材料的實際成本　　　B. 在途材料的實際成本
    C. 已入庫材料的計劃成本　　　D. 在途材料的計劃成本

60. 企業購買材料時，採用銀行承兌匯票結算材料貨款，則支付的銀行承兌手續費，應記入（　　　）帳戶。
    A.「材料成本」　　　　　　　B.「應付票據」
    C.「管理費用」　　　　　　　D.「財務費用」

61. 採用加權平均法確定發出材料的實際成本時，不影響本期加權平均單價的因素是（　　　）。
    A. 期初結存材料的數量　　　　B. 期末結存材料的數量
    C. 期初結存材料的成本　　　　D. 本期增加材料的成本

62. 下列各項中，不應計入交易性金融資產初始成本的有（　　　）。
    A. 取得交易性金融資產時支付的稅金
    B. 取得交易性金融資產時支付的手續費
    C. 實際支付的價款中包含的已宣告但尚未領取的現金股利
    D. 取得交易性金融資產時支付的買價

63. 下列關於短期借款帳戶的說法中，正確的有（　　　）。
    A. 屬於負債類帳戶
    B. 借方登記償還借款的本金數額
    C. 貸方登記取得借款的本金數額
    D. 期末借方餘額表示尚未償還的借款本金數額

64. 企業當年實現的淨利潤可以進行分配的有（　　　）。
    A. 提取法定盈餘公積　　　　　B. 向企業職工分配股利
    C. 提取任意盈餘公積　　　　　D. 向投資者分配現金股利

65. 為了核算企業利潤分配的過程、去向和結果，企業應設置的帳戶有（　　）。
    A.「利潤分配」　　　　　　　　B.「管理費用」
    C.「盈餘公積」　　　　　　　　D.「資本公積」

66. 按照規定，企業提取的法定盈餘公積和任意盈餘公積的主要用途有（　　）。
    A. 擴大企業生產經營　　　　　B. 彌補企業虧損
    C. 盈餘公積轉增資本　　　　　D. 向投資者分配

67. 下列關於未分配利潤會計處理的表述中，正確的有（　　）。
    A. 未分配利潤應當通過利潤分配帳戶進行會計處理
    B. 向投資者分配利潤後，剩餘部分可以按照規定提取任意盈餘公積
    C. 年末結帳後，未分配利潤明細帳戶貸方餘額為未分配利潤金額
    D. 未分配利潤是企業留待以後年度進行分配的結存利潤

68. 甲公司201×年8月1日資產總額為500萬元，8月份發生下列經濟業務：
①向某公司購入材料200,000元已驗收入庫，貨款未付；
②辦公室主任張明因出差預借現金4,000元；
③以銀行存款歸還銀行借款500,000元；
④生產車間領用材料100,000元投入生產；
⑤收到某股東追加投入資本500,000元存入銀行；
⑥以銀行存款發放工資800,000元；
⑦已到期的應付票據25,000元因無力支付轉為應付帳款；
⑧銀行借款500,000元轉為股本。
要求：根據上述資料，回答（1）～（5）題。
(1) 資金進入企業的業務序號有（　　）。
    A. ①　　　　　　　　　　　　B. ②
    C. ⑤　　　　　　　　　　　　D. ⑥
(2) 資金占用形態變化的業務序號有（　　）。
    A. ①　　　　　　　　　　　　B. ②
    C. ③　　　　　　　　　　　　D. ④
(3) 資金權益變化的業務序號有（　　）。
    A. ⑤　　　　　　　　　　　　B. ⑥
    C. ⑦　　　　　　　　　　　　D. ⑧
(4) 資金退出企業的業務序號有（　　）。
    A. ③　　　　　　　　　　　　B. ④
    C. ⑤　　　　　　　　　　　　D. ⑥
(5) 甲公司8月末的資產總額為（　　）萬元。
    A. 580　　　　　　　　　　　B. 440
    C. 500　　　　　　　　　　　D. 550

69. 201×年3月1日，某公司應收帳款帳戶借方餘額為560,000元，兩個所屬明細

帳戶的餘額分別為「W企業借方餘額300,000元」和「M企業借方餘額260,000元」。3月10日，該公司收到W企業歸還的帳款200,000元，存入銀行；3月16日，該公司向M企業銷售商品一批，開出的增值稅專用發票上標明價款100,000元，增值稅17,000元，商品已發出，款項尚未收到。

要求：根據上述資料回答（1）~（3）題。

(1) 關於201×年3月10日該公司的應收帳款，下列表述正確的有（　　）。
　　A. 應收帳款——W企業明細帳借方餘額為100,000元
　　B. 應收帳款——W企業明細帳借方餘額為300,000元
　　C. 應收帳款總帳借方餘額為360,000元
　　D. 應收帳款所有明細帳借方餘額之和為360,000元

(2) 關於201×年3月份該公司應收帳款明細帳發生額，下列表述正確的有（　　）。
　　A.「應收帳款——W企業」明細帳借方發生額200,000元
　　B.「應收帳款——W企業」明細帳貸方發生額200,000元
　　C.「應收帳款——M企業」明細帳借方發生額100,000元
　　D.「應收帳款——M企業」明細帳貸方發生額117,000元

(3) 關於201×年3月份該公司應收帳款總帳，下列表述正確的有（　　）。
　　A.「應收帳款」總帳本月借方發生額為317,000元
　　B.「應收帳款」總帳本月借方發生額為117,000元
　　C.「應收帳款」總帳本月貸方發生額為200,000元
　　D.「應收帳款」總帳3月末借方餘額為477,000元

70. 某公司201×年1月末簡要資產負債表如表2-1所示。

表2-1　　　　　　　　　　　資產負債表（簡式）
　　　　　　　　　　　　　　201×年1月31日　　　　　　　　　　　單位：元

資產	金額	負債及所有者權益	金額
銀行存款	80,000	應付帳款	10,000
原材料	60,000	應付票據	20,000
固定資產	200,000	實收資本	300,000
		資本公積	10,000
合計	340,000	合計	340,000

201×年2月，該公司發生下列經濟業務：
①以銀行存款20,000元購買生產用設備；
②將到期無力償還的應付票據10,000元轉為應付帳款；
③將資本公積6,000元轉增實收資本；
④購進生產用材料8,000元，款項尚未支付。

要求：根據上述資料，回答（1）~（4）題（不考慮其他因素和各種稅費）。
(1) 下列表述中，正確的有（　　）。
　A. 以銀行存款 20,000 元購買生產用設備，會引起資產內部的一增一減
　B. 將到期無力償還的應付票據 10,000 元轉為應付帳款，會引起負債內部的一增一減
　C. 將資本公積 6,000 元轉增資本，會引起所有者權益內的一增一減
　D. 購進生產用材料 8,000 元，款項尚未支付，會引起資產與負債同時增加
(2) 關於該公司 2 月末有關帳戶的餘額，正確的有（　　）。
　A. 「固定資產」借方餘額 220,000 元
　B. 「應付帳款」貸方餘額 28,000 元
　C. 「實收資本」貸方餘額 306,000 元
　D. 「資本公積」借方餘額 4,000 元
(3) 關於該公司資產總額和淨資產總額的表述，正確的有（　　）。
　A. 2 月末的資產總額為 348,000 元
　B. 2 月末的資產總額為 342,000 元
　C. 2 月末的淨資產總額為 310,000 元
　D. 2 月末的淨資產總額為 308,000 元
(4) 關於該公司 2 月份各帳戶的發生額合計，正確的有（　　）。
　A. 借方發生額合計為 348,000 元
　B. 借方發生額合計為 44,000 元
　C. 貸方發生額合計為 348,000 元
　D. 貸方發生額合計為 44,000 元

71. 某企業於 201×年 12 月份結帳後，有關帳戶的部分資料如表 2-2 所示。

表 2-2　　　　　某企業有關帳戶資料（部分）

201×年 12 月 31 日　　　　　　　　　單位：元

帳戶	期初餘額 借	期初餘額 貸	本期發生額 借	本期發生額 貸	期末餘額 借	期末餘額 貸
應收帳款	E		5,500	16,300	77,500	
生產成本	18,000		F	45,000	15,000	
庫存商品	100,000		G	60,000	H	
主營業務成本			I	J		
實收資本		500,000		K		560,000

要求：根據上述資料，回答（1）~（4）題。
(1) 字母 E 和 F 的金額分別為（　　）元。
　A. 77,500　　　　　　　　　　　　B. 7,500

C. 88,300　　　　　　　　　　　　D. 42,000

(2) 字母 G 和 H 的金額分別為（　　）元和（　　）元。

A. 45,000　　　　　　　　　　　　B. 427,500

C. 467,500　　　　　　　　　　　　D. 85,000

(3) 字母 I 和 J 的金額分別為（　　）元。

A. 45,000 和 60,000　　　　　　　 B. 45,000 和 45,000

C. 60,000 和 60,000　　　　　　　 D. 85,000 和 85,000

(4) 字母 K 的金額為（　　）元。

A. 30,000　　　　　　　　　　　　B. 50,000

C. 60,000　　　　　　　　　　　　D. 80,000

72. 某公司應收帳款總分類帳共設金星公司和宏偉公司兩個明細帳，201×年7月份尚未完成的總帳和明細帳如表2-3、表2-4、表2-5所示。

表2-3　　　　　　　　　　　應收帳款總分類帳　　　　　　　　　　單位：元

201×年		憑證編號	摘要	借方	貸方	借或貸	餘額
月	日						
7	1	略	期初餘額			D	E
	5	收字第8號	收到金星公司和宏偉公司款項				
	10	轉字第266號	向宏偉公司銷售產品一批，貨款尚未收到				
	18	轉字第288號	應收金星公司款項無法收回，經批准確認為壞帳				
	23		宏偉公司到期商業匯票無法支付，轉為應收帳款				
	31		月結			F	G

表2-4　　　　　　　　　　　應收帳款明細分類帳

金星公司　　　　　　　　　　　　　　　　　　　　　　　　單位：元

201×年		憑證編號	摘要	借方	貸方	借或貸	餘額
月	日						
7	1	略	期初餘額			借	500,000
	5	收字第8號	收到償還的貨款45萬元				
	18	轉字第288號	應收款項5萬元無法收回，經批准確認為壞帳				
	31		月結			H	I

70

表 2－5　　　　　　　　　　應收帳款明細分類帳
　　　　　　　　　　　　　　宏偉公司　　　　　　　　　　單位：元

201×年		憑證編號	摘要	借方	貸方	借或貸	餘額
月	日						
7	1	略	期初餘額			借	900,000
	5	收字第 8 號	收到償還的貨款30 萬元				
	10	轉字第 266 號	賒銷產品，應收 11.7 萬元				
	23	轉字第 300 號	到期商業匯票 20 萬元轉為應收帳款				
	31		月結				

要求：根據上述資料，回答（1）～（3）題。

(1) 字母 D 和 E 的內容依次為（　　）和（　　）元。
　　A. 借　　　　　　　　　　　B. 貸
　　C. 1,400,000　　　　　　　 D. 400,000

(2) 字母 F 和 G 的內容依次為（　　）和（　　）元。
　　A. 借　　　　　　　　　　　B. 貸
　　C. 717,000　　　　　　　　 D. 917,000

(3) 字母 H 和 I 的內容依次為（　　）和（　　）元。
　　A. 借　　　　　　　　　　　B. 平
　　C. 0　　　　　　　　　　　 D. 5

【參考答案】

1. B	2. AB	3. A	4. B	5. ACD
6. B	7. B	8. AB	9. AB	10. C
11. D	12. AD	13. CD	14. ACD	15. D
16. C	17. ACD	18. ABC	19. A	20. BCD
21. D	22. B	23. B	24. D	25. ACD
26. BCD	27. BCD	28. AB	29. C	30. A
31. D	32. A	33. BC	34. BCD	35. C
36. B	37. ABD	38. B	39. B	40. ABD
41. C	42. C	43. D	44. B	45. D
46. ABC	47. B	48. D	49. A	50. AC
51. AC	52. C	53. A	54. D	55. AD
56. C	57. C	58. B	59. B	60. D
61. B	62. ABC	63. ABC	64. ACD	65. AC
66. ABC	67. ACD			

68. (1) C　　(2) BD　　(3) CD　　(4) A　　(5) B
69. (1) AC　　(2) B　　(3) BCD
70. (1) ABCD　(2) AC　　(3) AC　　(4) BD
71. (1) CD　　(2) AD　　(3) C　　(4) C
72. (1) AC　　(2) AD　　(3) BC

【解析】

3.「資產＝負債＋所有者權益」是借貸記帳法的理論依據。

13. 試算平衡分為餘額試算平衡和發生額試算平衡。其中，餘額試算平衡按時間又分為期初餘額試算平衡和期末餘額試算平衡。

29. 到外地採購大額貨物時，採購人員必須隨身攜帶的差旅費可以直接支付現金。

30. 白條抵庫是指用不符合制度的憑證頂替庫存現金。

31. 托收承付結算每筆的金額起點為10,000元，新華書店系統每筆金額起點為1,000元。

32. 支票是單位或個人簽發的，委託辦理支票存款業務的銀行在見票時無條件支付確定的金額給收款人或者持票人的票據。

33. 選項B，托收承付結算每筆的金額起點為10,000元；選項C，採用托收承付結算方式時，驗單付款承付期為3天，驗貨付款承付期為10天。

34. 現金支票只能用於支取現金。

43. 5月份應計提折舊的固定資產原值＝4,000＋300－200＝4,100（萬元）

45. 應計折舊總額是指應當計提折舊的固定資產的原價扣除其預計淨殘值後的餘額。

48. 購入固定資產的應付款項屬於應付帳款核算範圍。

53. 未交增值稅屬於應交稅費帳戶的明細帳。

54. 企業銷售貨物、提供應稅勞務時，如果定價時為含稅銷售價格，應還原為不含稅價格作為銷售收入，並按不含稅銷售額計算銷項稅額。其計算公式如下：

不含稅銷售額＝含稅銷售額÷（1＋適用稅率）

當期銷項稅額＝當期應稅收入×適用稅率

根據本題資料，當期銷項稅額＝（70.20×10,000）÷（1＋17%）×17%
＝102,000（元）

55. 企業當月繳納當月的增值稅，通過「應交稅費——應交增值稅（已交稅金）」科目核算；當月繳納以前各月未交的增值稅，通過「應交稅費——未交增值稅」科目核算。

58. 商業折扣在交易發生時即已確定，應收帳款的入帳金額按扣除商業折扣後的實際金額確定。

根據本題資料，應收帳款的入帳價值＝10,000×（1－20%）×117%＝9,360（元）

59. 在途物資帳戶用於核算企業購入尚未到達或尚未驗收入庫的各種物資的實際成本，其借方登記企業購入的在途物資的實際成本。

61. 加權平均法是以期初存貨數量和本期收入存貨數量為權數來計算存貨的加權平均單價，並據以計算發出存貨和期末結存存貨實際成本的一種計價方法。

63. 短期借款帳戶期末貸方餘額表示尚未償還的借款本金數額。

64. 企業實現的淨利潤不得向企業職工分配股利。

68. 資金占用形態的變化是指企業的資金在企業生產經營過程中分佈使用和存在形態的變化。這類交易或事項的發生會引起資產項目之間的此增彼減，但資產總額與權益總額都不會發生變化，不破壞會計基本等式。例如，從銀行提取現金 2,000 元。

資金權益的變化是指資金權益不同項目的增減變化。這類交易或事項的發生會引起不同負債項目的此增彼減、不同所有者權益項目的此增彼減或者負債項目與所有者權益項目的此增彼減，但權益總額和資產總額都不會發生變化，不破壞會計基本等式的平衡關係。例如，資本公積轉增資本。

以銀行存款發放工資不屬於資金退出企業，因為工資結轉到產品成本或費用，前者形成資產，后者則通過產品的銷售得到彌補，資金仍在企業流轉。

第四章　會計憑證

一、本章考點

1. 會計憑證概述
（1）會計憑證的含義和作用；
（2）會計憑證的種類。
2. 原始憑證
（1）原始憑證的種類；
（2）原始憑證的基本內容；
（3）原始憑證的填制要求；
（4）原始憑證的審核；
（5）原始憑證錯誤的更正；
（6）原始憑證填制與審核實例。
3. 記帳憑證
（1）記帳憑證的種類；
（2）記帳憑證的基本內容；
（3）記帳憑證的填制要求；
（4）記帳憑證的審核；
（5）記帳憑證填制與審核實例。
4. 會計憑證的傳遞和保管
（1）會計憑證的傳遞；
（2）會計憑證的保管。

二、本章習題

(一) 單選題

1. 乙公司向甲公司購買材料一批。乙公司在付款時發現，發票的正確金額應該是 5,000元，甲公司卻誤填為 50,000 元。正確的做法是（　　）。
   A. 由甲公司更正，並在更正處加蓋甲公司的印章
   B. 由乙公司更正，並在更正處加蓋甲公司的印章
   C. 甲公司有權拒絕重新開具發票
   D. 由甲公司重新開具發票

2. 發料匯總表屬於（　　）。
   A. 分錄憑證　　　　　　　　B. 匯總憑證
   C. 聯合憑證　　　　　　　　D. 單式憑證

3. 下列選項中，屬於自製憑證的是（　　）。
   A. 材料請購單　　　　　　　B. 購貨合同
   C. 收料單　　　　　　　　　D. 火車票

4. 出納人員根據收款憑證或根據付款憑證付款后，為避免重收重付，應（　　）。
   A. 在憑證上加蓋「收訖」或「付訖」戳記
   B. 由收款人員或付款人員在備查簿上簽名
   C. 由出納人員在備查簿登記
   D. 由出納人員在憑證上劃線註銷

5. 出納人員付出貨幣資金的依據是（　　）。
   A. 收款憑證　　　　　　　　B. 付款憑證
   C. 轉帳憑證　　　　　　　　D. 原始憑證

6. 經濟業務發生或完成時取得或填制的憑證是（　　）。
   A. 原始憑證　　　　　　　　B. 記帳憑證
   C. 收款憑證　　　　　　　　D. 付款憑證

7. 記帳憑證的主要作用是對原始憑證進行分類整理，按照復式記帳的要求，運用會計科目，編制會計分錄，據以（　　）。
   A. 歸納匯總　　　　　　　　B. 詳細審查
   C. 登記帳簿　　　　　　　　D. 金額計算

8. 原始憑證不得外借，其他單位如有特殊原因需要使用時，經本單位領導批准後方可（　　）。
   A. 外借　　　　　　　　　　B. 贈閱
   C. 購買　　　　　　　　　　D. 複製

9. A企業銷售產品一批，產品已發，發票已交給購貨方，貨款尚未收到，會計人員應根據有關原始憑證編制（　　）。
   A. 收款憑證　　　　　　　　B. 付款憑證

C. 轉帳憑證　　　　　　　　D. 匯總憑證

10. 不屬於記帳憑證審核內容的是（　　）。
    A. 憑證所載內容是否符合有關的計劃和預算
    B. 會計科目使用是否正確
    C. 憑證金額與所附原始憑證的金額是否一致
    D. 憑證內容與所附原始憑證的內容是否一致

11. 「發料憑證匯總表」不能提供的信息是（　　）。
    A. 領料金額　　　　　　　　B. 領料人
    C. 借方科目　　　　　　　　D. 領料單張數

12. 現金收款憑證上的日期應當是（　　）。
    A. 編制收款憑證的日期　　　B. 收取現金的日期
    C. 所附原始憑證上註明的日期　D. 登記現金總帳的日期

13. 對於需要幾個單位共同負擔的一張原始憑證上的支出，應根據其他單位負擔的部分為其提供（　　）。
    A. 原始憑證複印件　　　　　B. 原始憑證匯總表
    C. 原始憑證分割單　　　　　D. 原始憑證交割單

14. 編制記帳憑證的根本目的是（　　）。
    A. 取代原始憑證　　　　　　B. 便於編制會計報表
    C. 確定會計分錄，便於登帳　D. 便於審核原始憑證

15. 聯合憑證屬於（　　）。
    A. 分錄憑證　　　　　　　　B. 原始憑證
    C. 轉帳憑證　　　　　　　　D. 記帳憑證

16. 由出納人員根據審核無誤的原始憑證填制的，用來記錄現金和銀行存款收款業務的憑證是（　　）。
    A. 記帳憑證　　　　　　　　B. 轉帳憑證
    C. 原始憑證　　　　　　　　D. 收款憑證

17. 會計憑證按照其（　　）的不同，分為原始憑證和記帳憑證。
    A. 填制的程序和用途　　　　B. 填制的手續
    C. 來源　　　　　　　　　　D. 記帳憑證

18. 差旅費報銷單按取得的來源分類，屬於原始憑證中的（　　）。
    A. 外來原始憑證　　　　　　B. 通用原始憑證
    C. 自製原始憑證　　　　　　D. 專用原始憑證

19. 在填制會計憑證時，￥1,516.54 的大寫金額數字為（　　）。
    A. 壹仟伍佰壹拾陸圓伍角肆分
    B. 壹仟伍佰拾陸圓伍角肆分整
    C. 壹仟伍佰壹拾陸圓伍角肆分整
    D. 壹仟伍佰拾陸圓伍角肆分

20. 下列選項中，不屬於原始憑證審核內容的是（　　）。

A. 憑證是否加蓋單位的公章和填制人員簽章
B. 憑證是否符合規定的審核程序
C. 憑證是否符合有關計劃和預算
D. 會計科目使用是否正確

21. 付款憑證左上角的「貸方科目」可能登記的科目是（　　）。
    A.「應付帳款」　　　　　　　B.「銀行存款」
    C.「預付帳款」　　　　　　　D.「企業應付款」

22. 倉庫保管人員填制的產品入庫單屬於企業的（　　）。
    A. 外來原始憑證　　　　　　B. 自製原始憑證
    C. 累計原始憑證　　　　　　D. 匯總原始憑證

23. （　　）是記錄經濟業務發生或完成情況的書面證明，也是登記帳簿的依據。
    A. 科目匯總表　　　　　　　B. 原始憑證
    C. 會計憑證　　　　　　　　D. 記帳憑證

24. 出納人員在辦理收款或付款後，應在（　　）上加蓋「收訖」或「付訖」的戳記，以避免重收重付。
    A. 記帳憑證　　　　　　　　B. 原始憑證
    C. 收款憑證　　　　　　　　D. 付款憑證

25. 下列業務中，應該填製庫存現金收款憑證的是（　　）。
    A. 將現金存入銀行　　　　　B. 從銀行提取現金
    C. 出售產品一批，收到一張轉帳支票
    D. 出售多餘材料，收到現金

26. 下列原始憑證中，屬於通用憑證的是（　　）。
    A. 領料單　　　　　　　　　B. 差旅費報銷單
    C. 折舊計算表　　　　　　　D. 銀行轉帳結算憑證

27. 會計憑證的傳遞是指（　　），在單位內部有關部門及人員之間的傳遞程序。
    A. 會計憑證的填制或取得時起至歸檔保管過程中
    B. 會計憑證的填制到登記帳簿止
    C. 會計憑證審核后到歸檔止
    D. 會計憑證的填制或取得匯總登記帳簿止

28. 會計機構和會計人員對真實、合法、合理，但內容不準確、不完整的原始憑證應當（　　）。
    A. 不予受理　　　　　　　　B. 予以受理
    C. 予以糾正　　　　　　　　D. 予以退回，要求更正、補充

29. 已經登記入帳的記帳憑證，在當年內發現有誤，可以用紅字填寫一張與原內容相同的記帳憑證，在摘要欄註明（　　），以衝銷原錯誤的記帳憑證。
    A. 註銷某月某日某號憑證　　B. 訂正某月某日某號憑證
    C. 經濟業務的內容　　　　　D. 對方單位

30. 某會計人員在審核記帳憑證時，發現誤將8,000元寫成800元，尚未入帳，一

般應採用（　　）改正。

　　A. 重新編製記帳憑證　　　　B. 紅字更正法
　　C. 補充登記法　　　　　　　D. 衝帳法

31. 記帳憑證的填制是由（　　）完成的。

　　A. 出納人員　　　　　　　　B. 會計人員
　　C. 經辦人員　　　　　　　　D. 主管人員

32. 審核原始憑證所記錄的經濟業務是否符合企業生產經營活動的需要，是否符合有關的計劃和預算，屬於（　　）審核。

　　A. 合理性　　　　　　　　　B. 合法性
　　C. 真實性　　　　　　　　　D. 完整性

33. 會計機構和會計人員對不真實、不合法的原始憑證和違法收支應當（　　）。

　　A. 不予接受　　　　　　　　B. 予以退回
　　C. 予以糾正　　　　　　　　D. 不予接受，並向單位負責人報告

34. 各種原始憑證，除由經辦業務的有關部門審核以外，最後都要由（　　）進行審核。

　　A. 財政部門　　　　　　　　B. 董事會
　　C. 總經理　　　　　　　　　D. 會計部門

35. 記帳憑證應根據審核無誤的（　　）編製。

　　A. 收款憑證　　　　　　　　B. 付款憑證
　　C. 轉帳憑證　　　　　　　　D. 原始憑證

36. 可以不附原始憑證的記帳憑證是（　　）。

　　A. 更正錯誤的記帳憑證　　　B. 從銀行提取現金的記帳憑證
　　C. 以現金發放工資的記帳憑證　D. 職工臨時性借款的記帳憑證

37. 5月25日行政管理人員將標明日期為4月25日的發票拿來報銷，經審核後會計人員依據該發票編製記帳憑證時，記帳憑證的日期應為（　　）。

　　A. 5月1日　　　　　　　　　B. 4月25日
　　C. 5月25日　　　　　　　　D. 4月30日

38. 接受外單位投資的材料一批，應填制（　　）。

　　A. 收款憑證　　　　　　　　B. 付款憑證
　　C. 轉帳憑證　　　　　　　　D. 匯總憑證

39. 會計核算工作的起點是（　　）。

　　A. 登記會計帳簿
　　B. 合法地取得、正確地填制和審核會計憑證
　　C. 進行財產清查
　　D. 編製財務報表

40. 將記帳憑證分為收款憑證、付款憑證和轉帳憑證的依據是（　　）。

　　A. 憑證用途不同　　　　　　B. 憑證填制手續的不同
　　C. 內容的不同　　　　　　　D. 所包括的會計科目是否單一

41. 下列選項中，（　　）不屬於記帳憑證的基本要素。
    A. 經濟業務事項的內容摘要　　B. 交易或事項的數量、單價
    C. 相關會計分錄　　D. 憑證的編號

42. 某企業根據一項不涉及庫存現金與銀行存款的會計業務編制記帳憑證，由於涉及項目較多，需填制兩張記帳憑證，則記帳憑證編號為（　　）。
    A. 轉字第×號
    B. 收字第×號
    C. 轉字第1/2號和轉字第2/2號
    D. 收字第1/2號和轉字第2/2號

43. 記帳憑證填制完畢加計合計數以後，如有空行應（　　）。
    A. 空置不填　　B. 劃線註銷
    C. 蓋章註銷　　D. 簽字註銷

44. 用轉帳支票支付前欠貨款應填制（　　）。
    A. 轉帳憑證　　B. 收款憑證
    C. 付款憑證　　D. 原始憑證

45. 對於「企業賒購一批原材料，已經驗收入庫」的經濟業務，應當編制（　　）。
    A. 收款憑證　　B. 付款憑證
    C. 轉帳憑證　　D. 付款憑證或轉帳憑證

46. 收款憑證左上角「借方科目」應填列的會計科目是（　　）。
    A.「銀行存款」　　B.「庫存現金」
    C.「主營業務收入」　　D.「銀行存款」或「庫存現金」

47. 庫存現金收款憑證上的填寫日期應當是（　　）。
    A. 收取現金的日期　　B. 編制收款憑證的日期
    C. 原始憑證上註明的日期　　D. 登記總帳的日期

48. 在原始憑證上書寫阿拉伯數字，錯誤的做法是（　　）。
    A. 金額數字前書寫貨幣幣種符號
    B. 幣種符號與金額數字之間要留有空白
    C. 幣種符號與金額數字之間不得留有空白
    D. 數字前寫有幣種符號的，數字後不再寫貨幣單位

49. 記帳憑證的編制依據是（　　）。
    A. 會計分錄　　B. 經濟業務
    C. 原始憑證　　D. 帳簿記錄

50. 下列憑證中，屬於外來原始憑證的是（　　）。
    A. 收料單　　B. 發出材料匯總表
    C. 購貨發票　　D. 領料單

51. 下列選項中，不能作為會計核算的原始憑證的是（　　）。
    A. 銷售發票　　B. 銀行存款餘額調節表

C. 現金收據　　　　　　　　D. 差旅費報銷單

52. 將現金送存銀行，應填制的記帳憑證是（　　）。
    A. 庫存現金收款憑證　　　　B. 庫存現金付款憑證
    C. 銀行存款收款憑證　　　　D. 銀行存款付款憑證

【參考答案】

1. D	2. C	3. C	4. A	5. D
6. A	7. C	8. D	9. C	10. A
11. C	12. A	13. C	14. C	15. D
16. D	17. A	18. C	19. A	20. C
21. B	22. B	23. C	24. B	25. C
26. D	27. A	28. D	29. C	30. A
31. B	32. A	33. D	34. C	35. C
36. A	37. C	38. C	39. B	40. C
41. B	42. C	43. B	44. C	45. C
46. D	47. B	48. B	49. C	50. C
51. B	52. B			

【解析】

2. 聯合憑證是指既有原始憑證或原始憑證匯總表的內容，同時又有記帳憑證內容的一種憑證。例如，在自製的原始憑證上同時印上對應科目，用來代替記帳憑證，這樣就形成了聯合憑證，可以作為記帳的依據，如收料憑證匯總表。

15. 記帳憑證按其用途分可以分為分錄憑證、匯總憑證、累計憑證和聯合憑證。

(二) 多選題

1. 收款憑證的借方科目有可能是（　　）科目。
    A.「應收帳款」　　　　　　B.「庫存現金」
    C.「銀行存款」　　　　　　D.「應付帳款」

2. 下列說法中，正確的有（　　）。
    A. 會計憑證應定期裝訂成冊，防止散失
    B. 原始憑證不得外借
    C. 會計憑證期滿前不得任意銷毀
    D. 會計主管人員和保管人員應在封面上簽章

3. 原始憑證的審核內容包括審核原始憑證（　　）等方面。
    A. 真實性　　　　　　　　　B. 合法性、合理性
    C. 正確性、及時性　　　　　D. 完整性

4. 對原始憑證發生的錯誤，正確的更正方法有（　　）。
    A. 由出具單位重開或更正
    B. 由本單位的會計人員代為更正
    C. 金額發生錯誤的，可由出具單位在原始憑證上更正

D. 金額發生錯誤的，應當由出具單位重開
5. 下列選項中，屬於原始憑證所必須具備的基本內容有（　　）。
   A. 憑證名稱、填制日期
   B. 經濟業務的基本內容
   C. 對應的記帳憑證號數
   D. 填制、經辦人員的簽字、蓋章
6. 下列原始憑證中，屬於單位自製原始憑證的有（　　）。
   A. 收料單　　　　　　　　　B. 限額領料單
   C. 產品入庫單　　　　　　　D. 領料單
7. 記帳憑證按內容分為（　　）。
   A. 收款憑證　　　　　　　　B. 付款憑證
   C. 轉帳憑證　　　　　　　　D. 結算憑證
8. 涉及庫存現金與銀行存款之間的劃款業務時，可以編制的記帳憑證有（　　）。
   A. 銀行存款收款憑證　　　　B. 銀行存款付款憑證
   C. 庫存現金收款憑證　　　　D. 庫存現金付款憑證
9. 下列人員中，應在記帳憑證上簽名或蓋章的有（　　）。
   A. 審核人員　　　　　　　　B. 會計主管人員
   C. 記帳人員　　　　　　　　D. 製單人員
10. 下列經濟業務中，應填制付款憑證的有（　　）。
    A. 提取現金備用　　　　　　B. 購買材料預付訂金
    C. 購買材料未付款　　　　　D. 以銀行存款支付單位貨款
11. 王明出差回來，報銷差旅費 1,000 元，原預借 1,500 元，交回剩餘現金 500 元，這筆業務應該編制的記帳憑證有（　　）。
    A. 匯總原始憑證　　　　　　B. 收款憑證
    C. 付款憑證　　　　　　　　D. 轉帳憑證
12. 記帳憑證的編制必須做到記錄真實、內容完整、填制及時、書寫清楚外，還必須符合（　　）要求。
    A. 如有空行，應當在空行處劃線註銷
    B. 填制記帳憑證時發生錯誤應當重新編制
    C. 必須連續編號
    D. 書寫應清楚、規範
13. 記帳憑證的填制可以根據（　　）填制。
    A. 每一張原始憑證　　　　　B. 若干張同類原始憑證
    C. 原始憑證匯總表　　　　　D. 不同內容和類別的原始憑證
14. 原始憑證審核的內容包括（　　）。
    A. 經濟業務內容是否真實
    B. 原始憑證的內容和填制手續是否完整
    C. 憑證上的有關數量、單價和金額是否正確無誤

D. 經濟業務是否有違法亂紀行為

15. 下列憑證中，屬於外來原始憑證的有（　　）。
    A. 增值稅專用發票　　　　　　B. 銀行轉來的各種結算憑證
    C. 工資發放明細表　　　　　　D. 出差人員車票

16. 記帳憑證審核的主要內容有（　　）。
    A. 內容是否真實　　　　　　　B. 科目是否正確
    C. 金額是否正確　　　　　　　D. 數量是否正確

17. 其他單位因特殊原因需要使用本單位的原始憑證，正確的做法有（　　）。
    A. 可以外借
    B. 將外借的會計憑證拆封抽出
    C. 不得外借，經本單位會計機構負責人、會計主管人員批准，可以複製
    D. 將向外單位提供的憑證複印件在專設的登記簿上登記

18. 在原始憑證上書寫阿拉伯數字，正確的有（　　）。
    A. 金額數字一律填寫到角、分
    B. 無角無分的，角位和分位可寫「00」或者符號「—」
    C. 有角無分的，分位應當寫「0」
    D. 有角無分的，分位也可以用符號「—」代替

19. 下列說法中，正確的有（　　）。
    A. 已經登記入帳的記帳憑證，在當年發現填寫錯誤時，直接用藍字重新填寫一張正確的記帳憑證即可
    B. 發現以前年度記帳憑證有錯誤的，可以用紅字填寫一張與原內容相同的記帳憑證，再用藍字重新填寫一張正確的記帳憑證
    C. 如果會計科目沒有錯誤只是金額錯誤，也可以將正確數字與錯誤數字之間的差額，另填寫一張調整的記帳憑證，調增金額用藍字，調減金額用紅字
    D. 發現以前年度記帳憑證有錯誤的，應當用藍字填制一張更正的記帳憑證

20. 下列有關會計憑證的表述中，正確的有（　　）。
    A. 會計憑證是記錄經濟業務的書面證明
    B. 會計憑證可以明確經濟業務
    C. 會計憑證是編制報表的直接依據
    D. 會計憑證是登記帳簿的依據

21. 下列項目中，符合填制會計憑證要求的有（　　）。
    A. 漢字大小寫金額必須相符且填寫規範
    B. 阿拉伯數字可以連筆書寫
    C. 阿拉伯數字前面的人民幣符號寫為「￥」
    D. 大寫金額有分的，分字後面不寫「整」字

22. 會計憑證的作用有（　　）。
    A. 記錄經濟業務，提供記帳依據
    B. 明確經濟責任，強化內部控製

81

C. 控制會計科目，保證記帳正確

D. 監督經濟活動，控制經濟運行

23. 屬於一次憑證的有（　　）。

 A. 收料單　　　　　　　　　　B. 銷貨發票

 C. 工資結算單　　　　　　　　D. 限額領料單

24. 收款憑證左上角的借方科目可能是（　　）科目。

 A.「銀行存款」　　　　　　　 B.「銀行借款」

 C.「庫存現金」　　　　　　　 D.「貨幣資金」

25. 201×年3月10日，泰寶公司材料倉庫根據領料單發出甲材料一批。其中，車間生產產品用材料1,500件，車間管理部門用材料50件，企業管理部門用材料160件。該領料單屬於（　　）。

 A. 外來原始憑證　　　　　　　B. 自製原始憑證

 C. 執行憑證　　　　　　　　　D. 一次憑證

26. 屬於自製原始憑證的有（　　）。

 A. 工資計劃　　　　　　　　　B. 收料單

 C. 購貨發票　　　　　　　　　D. 產品入庫單

【參考答案】

1. BC	2. ABCD	3. ABCD	4. AD	5. ABD
6. ABCD	7. ABC	8. BD	9. ABCD	10. ABD
11. BD	12. ABCD	13. ABC	14. ABCD	15. ABD
16. ABC	17. CD	18. ABC	19. CD	20. ABD
21. ACD	22. ABD	23. ABC	24. AC	25. BCD
26. BD				

【解析】

3. 原始憑證的審核內容包括審核原始憑證的真實性、合法性、合理性、正確性、及時性和完整性，共六個方面的內容。

4. 原始憑證有錯誤的，應當由出具原始憑證的單位重開或更正，更正處應當加蓋出具原始憑證單位的印章。原始憑證金額有錯誤的不得更正，只能由出具原始憑證的單位重開。

5. 原始憑證的基本內容包括：①名稱；②日期和編號；③填制和接受原始憑證的單位名稱；④經濟業務的基本內容（含數量、單價、金額等）；⑤填制原始憑證的單位簽章；⑥有關人員簽章；⑦憑證附件。

6. 自製原始憑證是指由本單位內部經辦業務的部門或個人在執行或完成某項經濟業務時自行填制的，僅供本單位內部使用的原始憑證，如收料單、領料單、限額領料單、產品入庫單、產品出庫單、借款單、工資發放明細表和折舊計算表等。

7. 記帳憑證按其內容可分為收款憑證、付款憑證和轉帳憑證。

8. 從銀行提取現金只編制銀行付款憑證，經現金存入銀行只編制庫存現金付款憑證。

9. 審核人員、會計主管人員、記帳人員和製單人員都應該在記帳憑證上簽名或蓋章。

11. 報銷差旅費時，應填制轉帳憑證，交回剩餘現金時填制收款憑證。

12. 記帳憑證的編制要求包括：①內容完整；②連續編號；③書寫清楚、規範；④記帳憑證可以根據每一張原始憑證填制或根據若干張同類原始憑證匯總編制，也可以根據原始憑證匯總表進行編制，但不得將不同內容和類別的原始憑證匯總填制在一張記帳憑證上；⑤除結帳和更正錯誤的記帳憑證可以不附原始憑證外，其他的記帳憑證必須附有原始憑證，應該註明所附原始憑證的張數；⑥填制記帳憑證時發生錯誤應當重新填制；⑦記帳憑證填制完經濟業務事項后，如有空行，應當在空行處劃線註銷。

15. 外來原始憑證是指從其他單位或個人那裡直接取得的原始憑證，如購買材料時取得的增值稅專用發票、銀行轉來的各種結算憑證，對外支付款項時取得的收據，職工出差取得的飛機票、車船票等。「工資發放明細表」屬於自製原始憑證。

16. 記帳憑證審核的內容包括：①內容是否真實；②項目是否齊全；③科目是否正確；④金額是否正確；⑤書寫是否正確。

17. 會計憑證不得外借，其他單位如因特殊原因需要使用原始憑證時，經本單位會計機構負責人、會計主管人員批准，可以複製。向外單位提供的原始憑證複印件，應當在專設的登記簿上登記，並由提供人員和收取人員共同簽名、蓋章。

18. 有角無分，分位寫「0」，不得用符號「—」代替。

19. 已經登記入帳的記帳憑證在當年發現填寫錯誤時，可以用紅字填寫一張與原內容相同的記帳憑證，在摘要欄註明「註銷某月某日某號憑證」字樣，同時再用藍字重新填寫一張正確的記帳憑證，註明「訂正某月某日某號憑證」字樣；發現以前年度記帳憑證有錯誤的，應當用藍字填制一張更正的記帳憑證。

21. 阿拉伯數字不可以連筆書寫。

22. 會計憑證的作用包括：①記錄經濟業務，提供記帳依據；②明確經濟責任，強化內部控製；③監督經濟活動，控製經濟運行。

25. 執行憑證是用來證明某項經濟業務已經完成的原始憑證。例如，增值稅專用發票就屬於執行憑證。

26. 工資計劃不是原始憑證，原始憑證是實際發生業務的證據，工資計劃是對未來要發生事項的預計。

(三) 判斷題

1. 原始憑證發現有錯誤的，正確的更正方法是由出具單位在原始憑證上更正。
（　）

2. 審核無誤的原始憑證是登記帳簿的直接依據。（　）

3. 填制會計憑證，所有以元為單位的阿拉伯數字，除單價等情況外，一般填寫到角分，分位應當寫「0」或用符號「—」代替。（　）

4. 記帳憑證上的日期是經濟業務發生的日期。（　）

5. 將現金存入銀行時，為避免重複記帳，只能編制銀行存款收款憑證，不編制庫

存現金付款憑證。(　　)

6. 從外單位取得的原始憑證，可以沒公章，但必須有經辦人員的簽章和蓋章。(　　)

7. 記帳人員根據記帳憑證記帳后，在「記帳」欄內作「√」記號，表示該筆金額已存入有關帳戶，以免漏記或重記。(　　)

8. 已登記入帳的記帳憑證在當年內發生填寫錯誤時，可以用紅字填寫一張與原內容相同的記帳憑證，在摘要欄註明「註銷某月某日某號憑證」字樣，同時再用藍字重新填制一張正確的記帳憑證，註明「訂正某月某日某號憑證」字樣。(　　)

9. 會計憑證的傳遞是指從原始憑證的填制或取得起到會計憑證歸檔保管止，在財會部門內部按規定的路線進行傳遞和處理的程序。(　　)

10. 發現以前年度記帳憑證有錯誤的，應先用紅字衝銷然后用藍字填制一張更正的記帳憑證。(　　)

11. 會計憑證上填寫的「人民幣」字樣或符號「￥」與漢字大寫金額數字或阿拉伯金額數字之間應留有空白。(　　)

12. 轉帳憑證只登記與庫存現金和銀行存款收付無關的經濟業務。(　　)

13. 填制原始憑證，漢字大寫金額數字一律用正楷或行書字書寫，漢字大寫金額數字到元位或角位為止的，后面應寫「整」字，分位后面不寫「整」字。(　　)

14. 企業的各種原始憑證都不得塗改、刮擦和變造，如果發生錯誤，應採用劃線更正法予以更正。(　　)

15. 原始憑證的編制可以由非財會部門和人員填寫，但記帳憑證的編制只能由財會部門的人員填寫。(　　)

16. 如果原始憑證已預先印定編號，在寫壞作廢時，應加蓋「作廢」戳記，妥善保管，不得撕毀。(　　)

17. 為了簡化工作手續，可以將不同內容和類別的原始憑證匯總，填制在一張記帳憑證上。(　　)

18. 會計部門應於記帳之后，定期對各種會計憑證進行分類整理，並將各種記帳憑證按編號順序排列，連同所附的原始憑證一起加具封面、封底，裝訂成冊。(　　)

19. 原始憑證金額有錯誤的，應當由出具單位重開，不得在原始憑證上更正。(　　)

20. 凡是庫存現金或銀行存款增加的經紀業務須填制收款憑證。(　　)

21. 已經登記入帳的記帳憑證，在當年內發現填寫錯誤時，可以用紅字填寫憑證衝銷，同時再用藍字重新填制一張正確的記帳憑證。(　　)

22. 憑證中最具法律效力的是原始憑證。(　　)

23. 根據規定，記帳憑證必須附有原始憑證，但是結帳和更正錯誤的記帳憑證可以不附原始憑證。(　　)

24. 從外單位取得的原始憑證遺失時，應取得原簽發單位蓋有公章的證明，並註明原始憑證的號碼、金額、內容等，由經辦單位會計機構負責人、會計主管人員審核簽章后，才能作原始憑證。(　　)

25. 在特定情況下，原始憑證經過批准可以塗改、挖補。（　　）
26. 所有記帳憑證都必須附有原始憑證。（　　）
27. 對原始憑證的審核，就是審核憑證的合法性與合理性。（　　）
28. 付款憑證上的會計分錄只能是一借一貸的簡單分錄或者一貸多借的複合會計分錄。（　　）
29. 為避免跳號、重號，會計人員必須在填寫憑證的當日同時填寫記帳憑證編號。（　　）
30. 如果遺失了從外單位取得的原始憑證，應及時向開具單位要求重新開具。（　　）
31. 原始憑證所要求填列的項目必須逐項列齊全，不得遺漏和省略，需要填寫數聯的原始憑證，應逐聯填寫。（　　）
32. 更正錯誤的記帳憑證可以不附原始憑證。（　　）
33. 收款憑證、付款憑證和轉帳憑證屬於復式記帳憑證，由於這種憑證將每一筆經濟業務或事項所涉及的全部會計科目及其發生額在同一張記帳憑證中反映，便於瞭解有關經濟業務的全貌，便於匯總計算科目發生額。（　　）
34. 外來原始憑證一般都屬於一次憑證，自製原始憑證一般都屬於累計憑證。（　　）
35. 會計憑證傳遞越快越好。（　　）
36. 記帳憑證的日期一般為編制記帳憑證當天的日期，對於月末結轉業務，記帳憑證的日期則為當月最後一天的日期。（　　）
37. 收款憑證又分為現金收款憑證和銀行存款收款憑證，應分別根據現金和銀行存款付出的原始憑證填制。（　　）
38. 張明出差歸來報銷差旅費，經整理共有機票、火車票、市內公交車票等共計20張，張明填制了報銷清單並粘貼妥當且經領導簽字審批后，出納員當即給予報銷。會計人員在根據該項業務編制記帳憑證時，記帳憑證的附件數量應填為20張。（　　）
39. 如果一張原始憑證列出需要幾個單位共同負擔，應根據其他單位負擔的部分分開給對方原始憑證分割單進行結算，並將該原始憑證及分割單副本附在記帳憑證后面。（　　）

【參考答案】

1. ×	2. ×	3. ×	4. ×	5. ×
6. ×	7. √	8. √	9. ×	10. ×
11. ×	12. √	13. √	14. ×	15. √
16. √	17. ×	18. √	19. √	20. ×
21. √	22. √	23. √	24. √	25. √
26. ×	27. ×	28. √	29. √	30. √
31. ×	32. √	33. √	34. √	35. ×
36. √	37. ×	38. ×	39. √	

【解析】

9. 會計憑證的傳遞是指從會計憑證的取得或填制時起至歸檔保管過程中，在單位內部有關部門和人員之間的傳遞程序。

24. 從外單位取得的原始憑證遺失時，應取得原簽發單位蓋有公章的證明，並註明原始憑證的號碼、金額、內容等，由經辦單位會計機構負責人、會計主管人員和單位負責人批准後，才能代作原始憑證。若確實無法取得證明的，如車票丟失則應由當事人寫明詳細情況，由經辦單位會計機構負責人、會計主管人員和單位負責人批准後，代作原始憑證。

33. 單式記帳憑證也稱單項記帳憑證，簡稱單式憑證。將一項經濟業務涉及的各個會計科目分別填制憑證，即一張憑證中只填列經濟業務事項所涉及的一個會計科目及其金額的記帳憑證。填列借方科目的稱為借項憑證，填列貸方科目的稱為貸項帳證。借項記帳憑證與貸項記帳憑證一般多用不同顏色的紙張印製以示區分。採用單式記帳憑證便於匯總每一會計科目的借方發生額和貸方發生額，便於分工記帳，但不能在一張憑證上反映一項經濟業務的全貌，不便於查帳，而且記帳憑證的數量和填制工作都很大。

複式記帳憑證簡稱複式憑證，是將一項經濟業務所涉及的應借、應貸的各個會計科目都集中填列在一張憑證中的記帳憑證。複式記帳憑證可以在一張憑證上集中反映一項經濟業務會計科目的對應關係，便於瞭解有關經濟業務會計科目的對應關係，便於瞭解有關經濟業務的全貌，便於檢查會計分錄的正確性，但不便於匯總計算每一會計科目的發生額。例如，收款憑證、付款憑證、轉帳憑證、通用記帳憑證都屬於複式憑證。

(四) 不定項選擇題

1. 甲公司銷售一批產品，產品已經發出，銷貨發票也已經開具給對方，但款項尚未收到。會計人員應根據有關原始憑證填制（　　）。
   A. 收款憑證　　　　　　　　B. 付款憑證
   C. 轉帳憑證　　　　　　　　D. 匯總憑證

2. 屬於自製原始憑證的有（　　）。
   A. 收料單　　　　　　　　　B. 領料單
   C. 工資結算單　　　　　　　D. 付款憑證

3. 對於現金和銀行存款之間的相互劃轉業務，正確的處理方法是（　　）。
   A. 只填制付款憑證
   B. 只填制收款憑證
   C. 既可填制收款憑證，也可填制付款憑證
   D. 同時填制收款憑證和付款憑證

4. 記帳憑證只有經審核無誤，才能據以（　　）。
   A. 編制憑證　　　　　　　　B. 登記帳簿
   C. 編制報表　　　　　　　　D. 金額確認

5. 原始憑證分為自製原始憑證和外來原始憑證的依據是（　　）。
   A. 適用的經濟業務　　　　　　B. 取得的來源
   C. 填製的程序和用途　　　　　D. 填製手續
6. 記帳憑證分為復式記帳憑證和單式記帳憑證的依據是（　　）。
   A. 按憑證取得的來源　　　　　B. 按憑證所記錄經濟業務的內容
   C. 按憑證填製的程序和用途　　D. 按憑證的填製方法不同
7. 會計人員在審核原始憑證的過程中，對於手續不完備的原始憑證按規定應（　　）。
   A. 扣留原始憑證　　　　　　　B. 拒絕執行
   C. 向上級機關反映　　　　　　D. 退回出具單位，要求補辦手續
8. 從銀行提取現金應編製的專用記帳憑證是（　　）。
   A. 銀行存款收款憑證　　　　　B. 現金收款憑證
   C. 轉帳憑證　　　　　　　　　D. 銀行存款付款憑證
9. 若記帳憑證過帳後發生登帳差錯需要更正時，可以採用的更正方法是（　　）。
   A. 劃線更正法　　　　　　　　B. 紅字更正法
   C. 補充登記法　　　　　　　　D. 藍字更正法
10. 將經濟業務所涉及的會計科目全部填列在一張憑證上的記帳憑證是（　　）。
    A. 單式記帳憑證　　　　　　　B. 復式記帳憑證
    C. 一次憑證　　　　　　　　　D. 累計憑證
11. 下列內容中，不屬於記帳憑證審核內容的是（　　）。
    A. 所附的原始憑證是否正確
    B. 使用的會計科目是否正確
    C. 憑證所列的事項是否符合計劃與預算
    D. 憑證項目是否填寫齊全
12. 填製和審核會計憑證的作用有（　　）。
    A. 及時、正確地反映各項經濟業務的完成情況
    B. 可以有效地發揮會計監督作用
    C. 便於分清經濟責任
    D. 便於會計核算工作有條不紊地進行
13. 下列各項中，屬於會計憑證的有（　　）。
    A. 領料單　　　　　　　　　　B. 轉帳憑證
    C. 製造費用分配表　　　　　　D. 銀行對帳單
14. 下列各項中，屬於原始憑證的有（　　）。
    A. 限額領料單　　　　　　　　B. 銀行對帳單
    C. 製造費用分配表　　　　　　D. 購銷合同書
15. 下列各項中，屬於一次性原始憑證的有（　　）。
    A. 收料單　　　　　　　　　　B. 購貨發票
    C. 限額領料單　　　　　　　　D. 銷貨發票

16. 收款憑證的左上角可填制的會計帳戶有（　　　）。
   A. 庫存現金　　　　　　　　B. 銀行存款
   C. 應收帳款　　　　　　　　D. 其他貨幣資金

【參考答案】
1. C　　　2. ABC　　　3. A　　　4. B　　　5. B
6. D　　　7. D　　　　8. D　　　9. A　　　10. B
11. C　　12. ABCD　　13. ABCD　　14. ABC　　15. ABD
16. AB

【解析】

6. 記帳憑證沒有按來源分類，按經濟業務內容不同分為收款憑證、付款憑證和轉帳憑證。

13. 會計憑證包括原始憑證和記帳憑證，領料單和製造費用分配表屬於原始憑證，轉帳憑證是記帳憑證。銀行對帳單是企業從銀行獲取的用於對帳的依據，一般不作為入帳的依據，但卻是外來的原始憑證。不同的是，銀行存款餘額調節表不能夠作為調整本單位銀行存款日記帳記錄的原始憑證，不是原始憑證。

14. 原始憑證又稱單據，是在經濟業務發生或完成時取得或填制的，用以記錄或證明經濟業務的發生或完成情況的文字憑據。原始憑證不僅能用來記錄經濟業務發生或完成情況，還可以明確經濟責任，是進行會計核算工作的原始資料和重要依據，是會計資料中最具有法律效力的一種文件。工作令號、購銷合同、購料申請單等不能證明經濟業務發生或完成情況的各種單證不能作為原始憑證並據以記帳。

第五章　會計帳簿

一、本章考點

1. 會計帳簿概述
（1）會計帳簿的概念；
（2）會計帳簿的作用；
（3）會計帳簿的種類。
2. 會計帳簿的內容、啟用與登記規則
3. 會計帳簿的格式和登記方法
4. 對帳
（1）對帳的含義；
（2）對帳的內容。
5. 錯帳查找和更正方法
6. 結帳
7. 會計帳簿的更換與保管

二、本章習題

(一) 單選題

1. 帳簿按（　　）不同，可分為兩欄式帳簿、三欄式帳簿、多欄式帳簿和數量金額式帳簿。
   A. 用途　　　　　　　　　B. 作用
   C. 帳頁格式　　　　　　　D. 外形特徵

2. 下列帳戶中，必須採用訂本式帳簿的是（　　）。
   A. 原材料明細帳　　　　　B. 庫存商品明細帳
   C. 銀行存款日記帳　　　　D. 固定資產登記簿

3. 下列項目中，不屬於帳實核對內容的是（　　）。
   A. 庫存現金日記帳餘額與庫存現金數核對
   B. 銀行存款日記帳餘額與銀行對帳單餘額核對
   C. 帳簿記錄與原始憑證核對
   D. 債權債務明細帳帳面餘額與對方單位的帳面記錄核對

4. 對帳時，帳帳核對不包括（　　）。
   A. 總帳有關帳戶餘額的核對　　　B. 總帳與明細帳之間的核對
   C. 總帳與備查簿之間的核對　　　D. 總帳與日記帳的核對

5. 填制記帳憑證時無誤，根據記帳憑證登記帳簿時，將 20,000 元誤記為 2,000 元，已登記入帳，更正時應採用（　　）。
   A. 劃線更正法　　　　　　B. 紅字更正法
   C. 補充登記法　　　　　　D. 更換帳頁法

6. 下列各帳簿中，必須逐日逐筆登記的是（　　）。
   A. 庫存現金總帳　　　　　B. 銀行存款日記帳
   C. 應收帳款明細帳　　　　D. 應收票據登記簿

7. 企業開出轉帳支票 1,680 元購買辦公用品，編制記帳憑證時，誤記金額為 1,860 元，科目及方向無誤並已記帳，應採用的更正方法是（　　）。
   A. 補充登記 180 元　　　　B. 紅字沖銷 180 元
   C. 在憑證中劃線更正　　　D. 把錯誤憑證撕掉重編

8. 在登記帳簿的過程中，每一帳頁的最后一行及下一頁都要辦理轉頁手續，是為了（　　）。
   A. 便於查帳　　　　　　　B. 防止遺漏
   C. 防止隔頁　　　　　　　D. 保持記錄的連續性

9. 記帳之後，發現記帳憑證中將 20,000 元誤寫為 1,500 元，會計科目名稱及應記方向無誤，應採用的錯帳更正方法是（　　）。
   A. 劃線更正法　　　　　　B. 紅字更正法
   C. 補充登記法　　　　　　D. 紅字沖銷法

10. 下列對帳工作中，屬於帳實核對的是（   ）。
    A. 銀行存款日記帳與銀行對帳單核對
    B. 總分類帳與所屬明細分類帳核對
    C. 會計部門的財產物資明細帳與財產物資保管部門的有關明細帳核對
    D. 總分類帳與日記帳核對
11. 錯帳更正時，劃線更正法的適用範圍是（   ）。
    A. 記帳憑證中會計科目或借貸方向錯誤，導致帳簿記錄錯誤
    B. 記帳憑證正確，登記帳簿時發生文字或數字錯誤
    C. 記帳憑證中會計科目或借貸方向正確，所記金額大於應記金額，導致帳簿記錄錯誤
    D. 記帳憑證中會計科目或借貸方向正確，所記金額小於應記金額，導致帳簿記錄錯誤
12. 企業生產車間產品領用材料 10,000 元，在填制記帳憑證時，將借方科目記為「管理費用」並已登記入帳，應採用的錯帳更正方法是（   ）。
    A. 劃線更正法   B. 紅字更正法
    C. 補充登記法   D. 重填記帳憑證法
13. 下列項目中，屬於帳證核對內容的是（   ）。
    A. 會計帳簿與記帳憑證核對
    B. 總分類帳簿與所屬明細分類帳簿核對
    C. 原始憑證與記帳憑證核對
    D. 銀行存款日記帳與銀行對帳單核對
14. 生產成本明細帳應採用（   ）帳簿。
    A. 三欄式   B. 多欄式
    C. 數量金額式   D. 橫向登記式
15. 總分類帳及各種日記帳的外形特徵一般為（   ）。
    A. 活頁式   B. 卡片式
    C. 訂本式   D. 任意外形
16. 帳簿按（   ）不同，可分為訂本帳、活頁帳和卡片帳。
    A. 作用   B. 帳頁格式
    C. 用途   D. 外表形式
17. 對全部經濟業務事項按照會計要素的具體類別而設置的分類帳戶進行登記的帳簿稱為（   ）。
    A. 備查帳簿   B. 序時帳簿
    C. 分類帳簿   D. 三欄式帳簿
18. 庫存商品明細帳一般都採用（   ）。
    A. 訂本帳簿   B. 三欄式帳簿
    C. 分類帳簿   D. 數量金額式帳簿
19. 下列選項中，既可以作為登記總帳依據，又可以作為登記明細帳依據的是

（　　）。
  A. 記帳憑證   B. 匯總記帳憑證
  C. 原始憑證   D. 匯總原始憑證

20. 租入固定資產登記簿屬於（　　）。
  A. 分類帳簿   B. 序時帳簿
  C. 備查帳簿   D. 卡片帳簿

21. 下列做法中，不符合會計帳簿記帳規則的是（　　）。
  A. 使用圓珠筆登帳
  B. 帳簿中書寫的文字和數字一般應占格距的 1/2
  C. 登記后在記帳憑證上註明已經登帳的符號
  D. 按帳簿頁次順序連續登記，不得跳行隔頁

22. 卡片帳一般在（　　）採用。
  A. 無形資產總分類核算 B. 固定資產明細分類核算
  C. 原材料總分類核算   D. 原材料明細帳分類核算

23. 下列選項中，不屬於帳帳核對的是（　　）。
  A. 明細分類帳之間的核對
  B. 總分類帳簿與所屬明細帳簿之間的核對
  C. 總分類帳簿與序時帳簿之間的核對
  D. 會計帳簿與原始憑證之間的核對

24. 會計帳簿暫由本單位財務會計部門保管（　　）年，期滿后由財務會計部門編造清冊移交本單位的檔案部門保管。
  A. 1   B. 3
  C. 5   D. 10

25. 登記會計帳簿的依據是（　　）。
  A. 經濟業務   B. 會計憑證
  C. 會計分錄   D. 會計科目

26. 設置和登記帳簿是（　　）的基礎。
  A. 復式記帳   B. 填制記帳憑證
  C. 編制會計分錄   D. 編制財務報表

27. 按照經濟業務發生或完成時間的先后順序逐日逐筆進行登記的帳簿稱為（　　）。
  A. 日記帳簿   B. 總分類帳簿
  C. 明細分類帳簿   D. 備查帳簿

28. 編制財務報表的主要依據是（　　）提供的核算信息。
  A. 日記帳   B. 分類帳簿
  C. 備查帳簿   D. 科目匯總表

29. 將帳簿劃分為日記帳簿、分類帳簿和備查帳簿的依據是（　　）。
  A. 帳簿的用途   B. 帳頁的格式

C. 帳簿的外形特徵　　　　　　D. 帳簿的性質

30. 記帳後在當年內發現記帳憑證所記的會計科目錯誤，從而引起記帳錯誤應採用（　　）。
　　A. 劃線更正法　　　　　　　B. 紅字更正法
　　C. 補充登記法　　　　　　　D. 平行登記法

31. 對某些在日記帳簿和分類帳簿等主要帳簿中都不予登記或登記不夠詳細的經濟業務事項進行補充登記使用的帳簿稱為（　　）。
　　A. 日記帳　　　　　　　　　B. 總分類帳簿
　　C. 備查帳簿　　　　　　　　D. 聯合帳簿

32. 總分類帳一般採用的帳頁格式為（　　）。
　　A. 兩欄式　　　　　　　　　B. 三欄式
　　C. 多欄式　　　　　　　　　D. 數量金額式

33. 原材料明細帳一般採用的帳頁格式為（　　）。
　　A. 兩欄式　　　　　　　　　B. 三欄式
　　C. 多欄式　　　　　　　　　D. 數量金額式

34. 在帳簿的兩個基本欄目借方和貸方都需要分別設若干專欄的帳簿稱為（　　）。
　　A. 橫線登記式　　　　　　　B. 三欄式
　　C. 多欄式　　　　　　　　　D. 數量金額式

35. 在啟用之前就已將帳頁裝訂在一起，並對帳頁進行了連續編號的帳簿稱為（　　）。
　　A. 訂本帳　　　　　　　　　B. 活頁帳
　　C. 卡片帳　　　　　　　　　D. 聯合式帳

36. 下列帳簿中，一般採用活頁形式的是（　　）。
　　A. 日記帳　　　　　　　　　B. 總分類帳
　　C. 明細分類帳　　　　　　　D. 備查帳

37. 下列錯帳中，可以採用補充登記法更正的是（　　）。
　　A. 記帳後發現記帳憑證填寫的會計科目無誤，只是所記金額小於應記金額
　　B. 在結帳前發現帳簿記錄有文字或數字錯誤，而記帳憑證沒有錯誤
　　C. 記帳後在當年內發現記帳憑證所記的會計分錄錯誤
　　D. 記帳後在當年內發現記帳憑證所記金額大於應記金額

38. 下列明細分類帳中，一般不宜採用三欄式帳頁格式的是（　　）明細帳。
　　A. 應收帳款　　　　　　　　B. 應付帳款
　　C. 實收資本　　　　　　　　D. 原材料

39. 帳簿中書寫的文字和數字一般應占格距的（　　）。
　　A. 1/3　　　　　　　　　　　B. 1/2
　　C. 2/3　　　　　　　　　　　D. 3/4

40. 出納人員每天工作結束前都要將庫存現金日記帳結清並與庫存現金實存數核

對，這屬於（　　）核對。
   A. 帳帳　　　　　　　　　　B. 帳證
   C. 帳實　　　　　　　　　　D. 帳表

41. 錯帳的更正方法不包括（　　）。
   A. 劃線更正法　　　　　　　B. 藍字更正法
   C. 紅字更正法　　　　　　　D. 補充登記法

42. 固定資產明細帳一般採用（　　）。
   A. 平行式帳簿　　　　　　　B. 活頁式帳簿
   C. 訂本式帳簿　　　　　　　D. 卡片式帳簿

43. 年末結帳時，應在「本年累計」行下劃（　　）。
   A. 通欄單紅線　　　　　　　B. 通欄雙紅線
   C. 半欄單紅線　　　　　　　D. 半欄雙紅線

44. 下列項目中，屬於所有者權益的是（　　）。
   A. 股票投資　　　　　　　　B. 債券投資
   C. 盈餘公積　　　　　　　　D. 應付債券

45. 「除法律、行政法規和國家統一的會計制度另有規定者外，企業不得自行調整其帳面價值。」上述規定所遵守的會計計量屬性是（　　）。
   A. 公允價值　　　　　　　　B. 重置成本
   C. 可變現淨值　　　　　　　D. 歷史成本

46. B 公司用轉帳支票歸還原欠 A 公司的貨款 50,000 元，會計人員所編記帳憑證的會計分錄為借記「應收帳款」50,000 元，貸記「銀行存款」50,000 元，審核完畢並已登記入帳，該記帳憑證（　　）。
   A. 沒有錯誤　　　　　　　　B. 有錯誤，使用劃線更正法更正
   C. 有錯誤，使用紅字更正法更正　　D. 有錯誤，使用補充登記法更正

47. 劃線更正法適用於（　　）。
   A. 記帳憑證上會計科目或記帳方向錯誤
   B. 記帳憑證正確，在記帳時發現錯誤
   C. 記帳憑證上會計科目和記帳方向正確，但所記金額大於應記金額
   D. 記帳憑證上會計科目和記帳方向正確，但所記金額小於應記金額

48. 不需要採用訂本式帳簿的是（　　）。
   A. 總分類帳　　　　　　　　B. 固定資產明細帳
   C. 庫存現金日記帳　　　　　D. 銀行存款日記帳

49. 會計人員在編制記帳憑證時，將領用的屬於行政管理部門用材料誤記入「製造費用」並已登記入帳，應採用的錯帳更正方法是（　　）。
   A. 劃線更正法　　　　　　　B. 補充登記法
   C. 紅字更正法　　　　　　　D. 抽換憑證法

50. 代管商品物資登記簿屬於（　　）。
   A. 流水帳　　　　　　　　　B. 序時帳

93

C. 分類帳　　　　　　　　　　D. 備查帳

51. 某企業結帳日為月末。201×年6月20日會計人員發現應收帳款明細帳中將3,800元誤計為3,600元，但記帳憑證正確無誤。正確的更正方法是（　　）。

　　A. 補充登記法　　　　　　　B. 劃線更正法
　　C. 紅字更正法　　　　　　　D. 重新登記法

52. 結帳時應劃通欄雙紅線的情形是（　　）。

　　A. 月結　　　　　　　　　　B. 季結
　　C. 半年結　　　　　　　　　D. 年結

53. 製造費用明細帳一般採用（　　）。

　　A. 數量金額式明細帳　　　　B. 平行登記式明細帳
　　C. 三欄式明細帳　　　　　　D. 多欄式明細帳

54. 下列關於帳簿的表述，錯誤的是（　　）。

　　A. 帳簿可以為定期編制會計報表提供資料
　　B. 登記帳簿是會計核算的一種重要方法
　　C. 總帳可以提供每一項交易的發生日期
　　D. 帳簿是考核企業經營成果，加強經濟核算的重要依據

55. 應採用三欄式明細帳的是（　　）。

　　A. 應付帳款明細帳　　　　　B. 生產成本明細帳
　　C. 主營業務收入明細帳　　　D. 在途物資明細帳

56. 可以跨年度繼續使用而不必每年更換的帳簿是（　　）。

　　A. 原材料總帳　　　　　　　B. 現金日記帳
　　C. 生產成本明細帳　　　　　D. 固定資產明細帳

57. 屬於帳帳核對的是（　　）。

　　A. 財務部門的各種財產物資明細分類期末餘額與財產物資保管和使用部門的財產物資明細帳結存數的核對
　　B. 銀行存款日記帳帳面餘額與銀行對帳單的核對
　　C. 各種帳簿記錄與各種匯總表的核對
　　D. 總分類帳戶餘額與會計報表的核對

58. ABC公司用現金發放工資50,000元，記帳後發現記帳憑證中應記科目、借貸方向無誤，但金額誤記為5,000元。更正該錯誤的正確方法是（　　）。

　　A. 編制一張與原錯誤記帳憑證應記科目、借貸方向相同，金額為45,000元的藍字記帳憑證，並據以登記入帳
　　B. 編制一張與原錯誤記帳憑證應記科目、借貸方向相同，金額為45,000元的紅字記帳憑證，並據以登記入帳
　　C. 編制一張與原錯誤記帳憑證應記科目、借貸方向相同，金額為50,000元的藍字記帳憑證，並據以登記入帳
　　D. 編制一張與原錯誤記帳憑證應記科目、借貸方向相同，金額為50,000元的紅字記帳憑證，並據以登記入帳

【參考答案】

1. C	2. C	3. C	4. C	5. A
6. B	7. B	8. D	9. C	10. A
11. B	12. B	13. A	14. B	15. C
16. D	17. C	18. D	19. A	20. C
21. A	22. B	23. B	24. A	25. B
26. D	27. A	28. B	29. A	30. B
31. C	32. B	33. D	34. C	35. A
36. C	37. A	38. D	39. B	40. C
41. B	42. D	43. B	44. C	45. D
46. C	47. B	48. B	49. C	50. B
51. B	52. D	53. D	54. C	55. A
56. D	57. A	58. A		

(二) 多選題

1. 帳簿啟用和經營管理人員一覽表的基本內容包括（　　）。
    A. 啟用日期　　　　　　　　　　B. 帳簿頁數
    C. 帳簿編號　　　　　　　　　　D. 移交日期
2. 可以跨年度繼續使用的帳簿有（　　）。
    A. 總分類帳簿　　　　　　　　　B. 固定資產明細帳
    C. 應收帳款明細帳　　　　　　　D. 銀行存款日記帳
3. 帳簿組成的基本內容包括（　　）。
    A. 單位名稱　　　　　　　　　　B. 帳簿封面
    C. 帳簿扉頁　　　　　　　　　　D. 帳頁
4. 可以用紅色墨水記錄的業務或者事項有（　　）。
    A. 記帳憑證上會計科目、記帳方向均正確，但所記金額小於應記金額致使帳簿記錄發生少記錯誤時的更正
    B. 在不設借貸等欄的多欄式帳戶中登記負數餘額
    C. 在未印明餘額方向的三欄式帳戶中登記負數餘額
    D. 記帳憑證上會計科目、記帳方向均正確，但所記金額大於應記金額致使帳簿記錄發生多記錯誤時的更正
5. 屬於帳實核對的有（　　）。
    A. 庫存現金日記帳帳面餘額與實存數的核對
    B. 銀行存款日記帳帳面餘額與銀行對帳單的核對
    C. 各種應收、應付款項明細帳餘額與有關債務人、債權人帳面餘額的核對
    D. 各種財產物資明細帳帳面餘額與實存數的核對
6. 登記帳簿時，除銀行的復寫帳簿外，不得使用（　　）書寫。
    A. 藍黑墨水　　　　　　　　　　B. 碳素墨水

C. 圓珠筆　　　　　　　　　　D. 鉛筆

7. 下列登記總帳的方法中，正確的有（　　）。
   A. 根據記帳憑證逐筆登記總帳　　B. 根據原始憑證逐筆登記總帳
   C. 根據科目匯總表登記總帳　　　D. 根據明細帳逐筆登記總帳

8. 下列對帳工作中，屬於帳帳核對的有（　　）。
   A. 銀行存款日記帳與銀行對帳單的核對
   B. 應收、應付帳款明細帳帳面餘額與債權債務單位帳項核對
   C. 財產物資明細帳與財產物資保管明細帳核對
   D. 庫存現金日記帳餘額與庫存現金總帳餘額核對

9. 記帳后發現記帳憑證中應借、應貸會計科目正確，只是金額發生錯誤，可採用的錯帳更正方法有（　　）。
   A. 劃線更正法　　　　　　　　　B. 橫線登記法
   C. 紅字更正法　　　　　　　　　D. 補充登記法

10. 下列說法中，正確的有（　　）。
    A. 總帳帳戶平時只需結出月末餘額
    B. 年度終了結帳時，有餘額的帳戶，要將其餘額結轉下年
    C. 對不需按月結計本期發生額的帳戶，要將其餘額結轉下年
    D. 庫存現金日記帳需要按月結計發生額

11. 下列選項中，不符合登記帳簿要求的有（　　）。
    A. 為防止篡改，文字書寫要占滿格
    B. 數字書寫一般要占格距的 1/2
    C. 將登記中不慎出現的空頁撕掉
    D. 根據紅字衝帳的記帳憑證，用紅字衝銷錯誤記錄

12. 下列說法中，不正確的有（　　）。
    A. 日記帳必須採用三欄帳
    B. 總帳最常用的格式為三欄帳
    C. 三欄式明細分類帳適用於成本、費用類科目的明細核算
    D. 銀行存款日記帳應按企業在銀行開立的帳戶和幣種分別設置，每個銀行帳戶設置一本日記帳

13. 下列各項中，根據企業會計制度，應當建立備查帳簿登記的有（　　）。
    A. 銀行存款　　　　　　　　　　B. 融資租入設備
    C. 經營租入設備　　　　　　　　D. 代銷商品

14. 會計帳簿按經濟用途的不同，可以分為（　　）帳簿。
    A. 日記　　　　　　　　　　　　B. 分類
    C. 聯合　　　　　　　　　　　　D. 備查

15. 下列登記銀行存款日記帳的方法中，正確的有（　　）。
    A. 逐日逐筆登記並逐日結出餘額
    B. 根據企業在銀行開立的帳戶和幣種分別設置日記帳

C. 使用訂本帳

D. 業務量少的單位用銀行對帳單代替日記帳

16. 銀行存款日記帳可以採用的帳頁格式有（　　）。
    A. 三欄式   B. 多欄式
    C. 數量金額式   D. 兩欄式

17. 明細分類帳可以採用的帳頁格式有（　　）。
    A. 三欄式   B. 多欄式
    C. 數量金額式   D. 兩欄式

18. 下列說法中，正確的有（　　）。
    A. 短期借款明細帳應採用三欄式帳頁格式
    B. 應收帳款明細帳應採用訂本式帳簿
    C. 多欄式明細帳一般適用於成本、費用、收入和利潤的明細帳
    D. 對帳的內容包括帳證核對、帳帳核對、帳實核對和帳表核對

19. 下列帳戶中，只需反映金額指標的有（　　）。
    A. 實收資本   B. 原材料
    C. 庫存商品   D. 短期借款

20. 下列內容中，屬於結帳工作的有（　　）。
    A. 結算有關科目的本期發生額及期末餘額
    B. 編制試算平衡表
    C. 清點庫存現金
    D. 按照權責發生制對有關帳項進行調整

21. 必須採用訂本帳的有（　　）。
    A. 總分類帳   B. 明細分類帳
    C. 庫存現金日記帳   D. 銀行存款日記帳

22. 帳簿按外表形式可分為（　　）。
    A. 訂本式帳簿   B. 多欄式帳簿
    C. 活頁式帳簿   D. 卡片式帳簿

23. 下列有關登記會計帳簿的說法中，正確的有（　　）。
    A. 一律使用圓珠筆書寫
    B. 月末結帳劃線可用紅色墨水水筆
    C. 在某些特定條件下可使用鉛筆
    D. 在規定範圍內可以使用紅色墨水

24. 下列明細帳中，一般採用多欄式明細分類帳的有（　　）。
    A. 應收帳款   B. 庫存商品
    C. 生產成本   D. 本年利潤

25. 庫存現金日記帳可以採用的帳頁格式有（　　）。
    A. 三欄式   B. 多欄式
    C. 數量金額式   D. 橫線登記式

26. 下列選項中，可以作為登記明細帳依據的有（　　）。
    A．記帳憑證　　　　　　　　　　B．原始憑證
    C．匯總原始憑證　　　　　　　　D．匯總記帳憑證
27. 數量金額式帳簿的收入、發出和結存三大欄內，都分設（　　）三個小欄。
    A．數量　　　　　　　　　　　　B．種類
    C．單價　　　　　　　　　　　　D．金額
28. 會計帳簿的基本內容有（　　）。
    A．封面　　　　　　　　　　　　B．封底
    C．扉頁　　　　　　　　　　　　D．帳頁
29. 下列帳簿中，一般採用多欄式的有（　　）。
    A．收入明細帳　　　　　　　　　B．債權明細帳
    C．費用明細帳　　　　　　　　　D．債務明細帳
30. 下列帳簿中，一般採用數量金額式的有（　　）。
    A．原材料明細帳　　　　　　　　B．庫存商品明細帳
    C．應收帳款明細帳　　　　　　　D．應交稅費等往來結算帳戶
31. 對帳的內容一般包括（　　）核對。
    A．帳證　　　　　　　　　　　　B．帳帳
    C．帳實　　　　　　　　　　　　D．帳表
32. 錯帳更正的方法一般有（　　）。
    A．平行登記法　　　　　　　　　B．劃線更正法
    C．補充登記法　　　　　　　　　D．紅字更正法
33. 下列情況中，可以用紅色墨水記帳的有（　　）。
    A．在不設借、貸等欄的多欄式帳頁中，登記減少數
    B．按照紅字衝帳的記帳憑證，衝銷錯誤記錄
    C．在三欄式帳戶的餘額欄前，如未印明餘額方向的，在餘額欄內登記負數餘額
    D．根據國家統一的會計制度的規定可以用紅字登記的其他會計記錄

【參考答案】

1. ABCD	2. BC	3. BCD	4. BCD	5. ABCD
6. CD	7. AC	8. CD	9. CD	10. ABCD
11. AC	12. AC	13. CD	14. ABD	15. ABC
16. AB	17. ABC	18. ACD	19. AD	20. AD
21. ACD	22. ACD	23. BD	24. CD	25. AB
26. ABC	27. ACD	28. ACD	29. AC	30. AB
31. ABCD	32. BCD	33. ABCD		

（三）判斷題

1. 會計人員在記帳以後，若發現所依據的記帳憑證中的應借、應貸會計科目有誤，

應採用紅字更正法進行更正。　　　　　　　　　　　　　　　　（　　）
2. 期末應將有關收入（收益）、費用（損失）轉入「本年利潤」科目，結平所有損益類科目。　　　　　　　　　　　　　　　　　　　　　　　　　（　　）
3. 會計帳簿可以由本單位財務會計部門長期保管。　　　　　　（　　）
4. 明細分類帳的登記依據只能是記帳憑證。　　　　　　　　　（　　）
5. 除結帳和更正錯帳外，一律不得使用紅色墨水登記帳簿。　　（　　）
6. 各種日記帳、總帳以及資本、債權債務明細帳都可採用三欄式帳簿。（　　）
7. 帳簿中的每一帳頁是帳戶的存在形式和載體，而帳戶是帳簿的真實內容，因此帳戶與帳簿的關係是形式與內容的關係。　　　　　　　　　　　（　　）
8. 年度終了，各種帳戶在結轉下年、建立新帳後，一般都要把舊帳送交總帳會計集中統一管理。　　　　　　　　　　　　　　　　　　　　　　　（　　）
9. 由於記帳憑證錯誤而造成的帳簿記錄錯誤，應採用劃線更正法進行更正。
　　　　　　　　　　　　　　　　　　　　　　　　　　　　　　（　　）
10. 在會計核算中，紅筆一般只在劃線、改錯、衝銷和表示負數金額時使用。
　　　　　　　　　　　　　　　　　　　　　　　　　　　　　　（　　）
11. 設置和登記帳簿是編制財務報表的基礎，是連接會計憑證與會計報表的中心環節。　　　　　　　　　　　　　　　　　　　　　　　　　　　　（　　）
12. 原材料明細帳應採用數量金額式的活頁帳。　　　　　　　　（　　）
13. 在中國，單位一般只對原材料的明細核算採用卡片帳。　　　（　　）
14. 備查帳簿不必每年更換新帳。　　　　　　　　　　　　　　（　　）
15. 所有帳簿每年必須更換新帳。　　　　　　　　　　　　　　（　　）
16. 總分類帳一般採用訂本帳，明細分類帳一般採用活頁帳。　　（　　）
17. 會計部門的財產物資明細帳期末餘額與財產物資使用部門的財產物資明細帳期末餘額相核對，屬於帳實核對。　　　　　　　　　　　　　　　　（　　）
18. 庫存現金日記帳的帳頁格式均為三欄式，而且必須使用訂本帳。（　　）
19. 登記帳簿要用藍黑墨水或碳素墨水書寫，不得使用鉛筆書寫，但可使用鋼筆或圓珠筆書寫。　　　　　　　　　　　　　　　　　　　　　　　　（　　）
20. 如果在結帳前發現帳簿記錄有文字或數字錯誤，而記帳憑證沒有錯誤，則可採用劃線更正法，也可採用紅字更正法。　　　　　　　　　　　　　（　　）
21. 總分類帳戶平時不必每日結出餘額，只需每月結出月末餘額。（　　）
22. 主要帳簿中不予登記或登記不詳細的經濟業務可以在備查帳簿中予以登記。
　　　　　　　　　　　　　　　　　　　　　　　　　　　　　　（　　）
23. 紅字更正法適用於記帳憑證所記會計科目錯誤，或者會計科目無誤而所記金額大於應記金額，從而引起的記帳錯誤。　　　　　　　　　　　　　（　　）
24. 庫存商品明細帳一般都採用多欄式帳簿。　　　　　　　　　（　　）
25. 補充登記法一般適用於記帳憑證所記會計科目無誤，只是所記金額大於應記金額，從而引起的記帳錯誤。　　　　　　　　　　　　　　　　　　（　　）
26. 活頁帳無論是在帳簿登記完畢之前還是之後，帳頁都不固定裝訂在一起，而是

99

裝在活頁帳夾中。 （　）

27. 對需要按月進行結算的帳簿，結帳時，應在「本月合計」字樣下面通欄劃紅單線，而不是劃紅雙線。 （　）

28. 啟用帳簿時，應當在帳簿封面上寫明單位名稱和帳簿名稱，並在帳簿扉頁上附啟用表。 （　）

29. 凡是三欄式帳簿在摘要欄和借方科目之間均有「對方科目」一欄。 （　）

30. 費用明細帳一般均採用三欄式帳簿。 （　）

31. 每年年初，除了少數明細帳不必更換新帳外，總帳、日記帳和大部分明細帳都必須更換新帳。 （　）

32. 每一帳頁登記完畢結轉下頁時，應當結出本頁合計數及餘額，寫在本頁最後一行和下頁第一行有關欄內，並在摘要欄內註明「過次頁」和「承前頁」字樣。 （　）

33. 分類帳是會計帳簿的主體，是編制會計報表的主要依據。 （　）

34. 採用劃線更正法時，應僅僅劃去錯誤的文字或數字並更正為正確的文字或數字。 （　）

35. 為及時編制會計報表，企業應在月末提前結帳。 （　）

36. 庫存現金日記帳和銀行存款日記帳必須採用訂本式帳簿。 （　）

37. 原材料明細分類帳應採用平行式明細分類帳。 （　）

38. 備查帳與其他帳簿之間不存在相互依存的勾稽關係。 （　）

39. 登記總分類帳的直接依據只能是記帳憑證。 （　）

40. 對於沒有餘額的帳戶，結帳後在「借或貸」欄及餘額欄均不做標示。 （　）

41. 對於記帳前發現的記帳憑證填制錯誤，會計人員可以重新填制。 （　）

42. 中國會計制度規定，任何單位都必須設置現金日記帳和銀行存款日記帳。 （　）

43. 帳簿中「過次頁」的發生額應是自月初起至本頁末止的發生額合計數。 （　）

44. 生產成本、製造費用、銷售費用、管理費用均屬於損益類帳戶，期末結轉後一般無餘額。 （　）

45. 為全面、系統、連續、詳細地反映有關現金的收支情況，所有單位均應設置現金日記帳，並由出納人員根據審核無誤的收款憑證、付款憑證和轉帳憑證，按照業務發生的先後順序逐日逐筆登記。 （　）

46. 通常所說的「日清」，就是企業每天都要登記現金日記帳、結出餘額，並將現金日記帳餘額與實有庫存現金進行核對。 （　）

47. 如果企業銀行存款日記帳餘額與銀行對帳單餘額相等，即說明不存在未達帳項。 （　）

48. 帳簿的扉頁主要載明「帳簿啟用及交接表」以及「帳戶目錄」。 （　）

49. 未達帳項並非錯帳、漏帳，應在銀行存款餘額調節表中進行調節，並據以進行帳務處理。 （　）

【參考答案】

1. √	2. √	3. ×	4. ×	5. ×
6. √	7. ×	8. √	9. ×	10. √
11. √	12. √	13. ×	14. √	15. ×
16. √	17. ×	18. ×	19. ×	20. ×
21. √	22. √	23. ×	24. ×	25. ×
26. ×	27. √	28. √	29. ×	30. ×
31. √	32. √	33. √	34. ×	35. ×
36. √	37. ×	38. √	39. ×	40. ×
41. √	42. √	43. ×	44. ×	45. ×
46. √	47. ×	48. ×	49. ×	

(四) 不定項選擇題

1. 下列帳簿中，屬於會計帳簿主體而且是編制會計報表主要依據的是（　　）。
   A. 日記帳　　　　　　　　B. 分類帳
   C. 備查帳　　　　　　　　D. 訂本帳

2. 關於銀行存款日記帳，下列說法中不正確的是（　　）。
   A. 按不同銀行分別設置
   B. 按業務發生時間先后次序逐日逐筆登記
   C. 根據審核無誤的銀行收、付款憑證及現金收、付款憑證登記
   D. 應定期與銀行對帳單核對

3. 現金和銀行存款日記帳應採用的帳簿格式是（　　）。
   A. 活頁式　　　　　　　　B. 備查式
   C. 卡片式　　　　　　　　D. 訂本式

4. 租入固定資產登記簿屬於（　　）。
   A. 日記帳　　　　　　　　B. 分類帳
   C. 備查帳　　　　　　　　D. 明細帳

5. 可以使用卡片帳進行明細核算的是（　　）。
   A. 現金　　　　　　　　　B. 固定資產
   C. 原材料　　　　　　　　D. 其他應收款

6. 其他應收款明細帳一般採用（　　）。
   A. 平行式帳簿　　　　　　B. 三欄式帳簿
   C. 多欄式帳簿　　　　　　D. 數量金額式帳簿

7. 記帳以后，發現記帳憑證中科目方向均正確，但所記金額大於應記金額，正確的更正方法是（　　）。
   A. 紅字更正法　　　　　　B. 補充登記法
   C. 劃線更正法　　　　　　D. 以上三種方法均可

8. 紅字更正法適用於（　　）。

A. 記帳憑證中應記科目、借貸方向或金額錯誤

B. 登記帳簿后發現的記帳憑證中應記科目、借貸方向或金額錯誤

C. 登記帳簿后發現的記帳憑證中應記科目、借貸方向正確，但所記金額大於應記金額

D. 登記帳簿后發現的記帳憑證中應記科目、借貸方向正確，但所記金額小於應記金額

9. 不屬於帳帳核對的是（　　）。

   A. 總帳各帳戶餘額之間的核對

   B. 總帳與明細帳之間的核對

   C. 總帳與各備查帳之間的核對

   D. 總帳與日記帳之間的核對

10. 下列帳簿中，一般情況下不需根據記帳憑證登記的帳簿是（　　）。

   A. 日記帳　　　　　　　　　　B. 總分類帳

   C. 明細分類帳　　　　　　　　D. 備查帳

11. 現金日記帳和銀行存款日記帳應當（　　）。

   A. 定期登記　　　　　　　　　B. 序時登記

   C. 匯總登記　　　　　　　　　D. 合併登記

12. 記帳人員根據記帳憑證登記完畢帳簿后，要在記帳憑證上註明已記帳的符號，主要是為了（　　）。

   A. 便於明確記帳責任　　　　　B. 避免錯行或隔頁

   C. 避免重記或漏記　　　　　　D. 防止憑證丟失

13. 現金日記帳和銀行存款日記帳每一帳頁登記完畢結轉下頁時，結計「過次頁」的本頁合計數應當為（　　）的發生額合計數。

   A. 本頁　　　　　　　　　　　B. 自本月初起至本月末止

   C. 本月　　　　　　　　　　　D. 自本年初起至本頁末止

14. 下列登帳錯誤中，適合劃線更正法進行更正的是（　　）。

   A. 記帳憑證多記，導致帳簿登記錯誤

   B. 記帳憑證少記，導致帳簿登記錯誤

   C. 記帳憑證借貸方向正確，登帳時相反記帳導致帳簿登記錯誤

   D. 記帳憑證借貸方向相反記帳，導致帳簿登記錯誤

15. 記帳憑證填制正確，記帳時文字或數字發生筆誤引起的錯帳，應採用（　　）進行更正。

   A. 劃線更正法　　　　　　　　B. 重新登記法

   C. 紅字更正法　　　　　　　　D. 補充登記法

16. 記帳人員在登記帳簿后，發現所依據的記帳憑證中使用的會計科目有誤，則更正時採用的更正方法是（　　）。

   A. 塗改更正法　　　　　　　　B. 劃線更正法

   C. 紅字更正法　　　　　　　　D. 補充登記法

17. 下列帳簿中，仍可延用上年帳簿的是（　　）。
    A. 現金日記帳　　　　　　　　B. 銀行存款日記帳
    C. 總分類帳　　　　　　　　　D. 固定資產明細帳

18. 關於會計帳簿的意義，下列說法正確的有（　　）。
    A. 通過帳簿的設置和登記，記載、儲存會計信息
    B. 通過帳簿的設置和登記，分類、匯總會計信息
    C. 通過帳簿的設置和登記，檢查、校正會計信息
    D. 通過帳簿的設置和登記，編報、輸出會計信息

19. 下列帳簿中，應採用數量金額式帳簿的有（　　）。
    A. 在途物資明細帳　　　　　　B. 原材料明細帳
    C. 庫存商品明細帳　　　　　　D. 固定資產明細帳

20. 下列錯帳中，適用於紅字更正法更正的有（　　）。
    A. 記帳憑證中將96,000元寫成69,000元，導致帳簿錯誤
    B. 記帳憑證中將5,000元寫成50,000元，導致帳簿錯誤
    C. 記帳憑證中將78元寫成87元，導致帳簿錯誤
    D. 記帳憑證正確，但登帳發生錯誤

21. 下列對帳工作中，屬於帳帳核對的有（　　）。
    A. 銀行存款日記帳與銀行對帳單的核對
    B. 總帳帳戶與所屬明細帳戶的核對
    C. 應收款項明細帳與債務人帳項的核對
    D. 會計部門的財產物資明細帳與財產物資保管、使用部門明細帳的核對

22. 帳實核對的主要內容包括（　　）。
    A. 現金日記帳帳面金額與現金實際庫存數核對
    B. 銀行存款日記帳帳面餘額與銀行對帳單餘額核對
    C. 財產物資明細帳帳面餘額結存數與財產物資實存數核對
    D. 各種應收帳款明細帳帳面餘額與有關債務單位或個人核對

23. 下列帳簿中，可以跨年度連續使用的有（　　）。
    A. 銀行存款日記帳　　　　　　B. 應付帳款明細帳
    C. 固定資產卡片帳　　　　　　D. 租入固定資產登記簿

【參考答案】
1. B　　　　2. C　　　　3. D　　　　4. C　　　　5. B
6. B　　　　7. A　　　　8. BC　　　 9. C　　　　10. D
11. B　　　 12. C　　　 13. D　　　 14. C　　　 15. A
16. C　　　 17. D　　　 18. ABCD　　19. BC　　　20. BC
21. BD　　　22. ABCD　　23. CD

（五）計算分析題

某公司設有一個基本生產車間。201×年3月該基本生產車間發生如下經濟業務，

請據以編制會計分錄，並登記製造費用明細帳。

（1）8日，車間領用一般性消耗材料3,400元。

（2）20日，為進行車間管理發生零星支出1,200元，款項通過銀行轉帳支付。

（3）31日，結算本月工資，其中生產工人工資200,000元，車間管理人員工資15,000元，企業管理部門人員工資30,000元。

（4）31日，計提車間用固定資產折舊5,000元。

（5）31日，結轉本月製造費用，其中甲產品應負擔60%，乙產品應負擔40%。

【參考答案】

（1）借：製造費用　　　　　　　　　　　　　　　　　　　　　3,400
　　　　貸：原材料　　　　　　　　　　　　　　　　　　　　　　3,400

（2）借：製造費用　　　　　　　　　　　　　　　　　　　　　1,200
　　　　貸：銀行存款　　　　　　　　　　　　　　　　　　　　　1,200

（3）借：製造費用　　　　　　　　　　　　　　　　　　　　　15,000
　　　　生產成本　　　　　　　　　　　　　　　　　　　　　200,000
　　　　管理費用　　　　　　　　　　　　　　　　　　　　　　30,000
　　　　貸：應付職工薪酬　　　　　　　　　　　　　　　　　245,000

（4）借：製造費用　　　　　　　　　　　　　　　　　　　　　5,000
　　　　貸：累計折舊　　　　　　　　　　　　　　　　　　　　5,000

（5）本月發生的製造費用總額 = 3,400 + 1,200 + 15,000 + 5,000 = 24,600（元）

甲產品應承擔的製造費用 = 24,600 × 60% = 14,760（元）

乙產品應承擔的製造費用 = 24,600 × 40% = 9,840（元）

借：生產成本——基本生產成本（甲產品）　　　　　　　　　14,760
　　　　　　——基本生產成本（乙產品）　　　　　　　　　　9,840
　　貸：製造費用　　　　　　　　　　　　　　　　　　　　　24,600

製造費用明細分類帳如表2-6所示。

表2-6　　　　　　　　　　　製造費用明細分類帳

明細科目：製造費用　　　　　　　　　　　　　　　　　　　　　單位：元

時間		憑證號碼	摘要	借方				貸方	餘額
月	日			機物料	薪金	折舊	其他		
3	8	略	耗用材料	3,400					3,400
	20		零星支出				1,200		4,600
	31		工資		15,000				19,600
	31		折舊			5,000			24,600
	31		結轉					24,600	0
	31		本月合計	3,400	15,000	5,000	1,200	24,600	0

第六章　帳務處理程序

一、本章考點

1. 記帳憑證帳務處理程序
   （1）一般步驟；
   （2）實例；
   （3）優缺點和適用範圍。
2. 匯總記帳憑證帳務處理程序
   （1）一般步驟；
   （2）實例；
   （3）優缺點和適用範圍。
3. 科目匯總表帳務處理程序
   （1）一般步驟；
   （2）實例；
   （3）優缺點和適用範圍。

二、本章習題

（一）單選題

1. （　　）帳務處理程序是一種最基本的帳務處理程序
   A. 日記總帳　　　　　　　　B. 匯總記帳憑證
   C. 科目匯總表　　　　　　　D. 記帳憑證
2. 科目匯總表的缺點是不能反映（　　）。
   A. 借方發生額　　　　　　　B. 貸方發生額
   C. 帳戶發生額　　　　　　　D. 帳戶對應關係
3. 直接根據記帳憑證逐筆登記總分類帳的帳務處理程序是（　　）。
   A. 記帳憑證帳務處理程序　　B. 匯總記帳憑證帳務處理程序
   C. 科目匯總表帳務處理程序　D. 日記總帳帳務處理程序
4. 下列關於匯總記帳憑證帳務處理程序的說法中，錯誤的是（　　）。
   A. 根據記帳憑證定期編制匯總記帳憑證
   B. 根據原始憑證或匯總原始憑證登記總帳
   C. 根據匯總記帳憑證登記總帳
   D. 匯總轉帳憑證應當按照每一帳戶的貸方分別設置，並按其對應的借方帳戶歸類匯總
5. 關於科目匯總表帳務處理程序的下列說法中，正確的是（　　）。
   A. 登記總帳的直接依據是記帳憑證

B. 登記總帳的直接依據是科目匯總表
C. 編制財務報表的直接依據是科目匯總表
D. 與記帳憑證帳務處理程序相比較，增加了一道編制匯總記帳憑證的程序

6. 關於記帳憑證帳務處理程序的下列說法中，不正確的是（　　）。
   A. 根據記帳憑證逐筆登記總分類帳是最基本的帳務處理程序
   B. 簡單明了、易於理解，總分類帳可以較詳細地反映經濟業務的發生情況
   C. 登記總分類帳的工作量較大
   D. 適用於規模較大、經濟業務量較多的單位

7. 匯總記帳憑證是依據（　　）編制的。
   A. 記帳憑證　　　　　　　　B. 原始憑證
   C. 原始憑證匯總表　　　　　D. 各種總帳

8. 匯總記帳憑證帳務處理程序的優點是（　　）。
   A. 詳細反映經濟業務的發生情況　B. 可以做到試算平衡
   C. 反映帳戶之間的對應關係　　　D. 處理程序簡單

9. 下列選項中，不屬於科目匯總表帳務處理程序優點的是（　　）。
   A. 科目匯總表的編制和使用較為簡便，易學易做
   B. 可以清晰地反映科目之間的對應關係
   C. 可以大大減少登記總分類帳的工作量
   D. 科目匯總表可以起到試算平衡的作用，保證總帳登記的正確性

10. 下列選項中，屬於記帳憑證帳務處理程序優點的是（　　）。
    A. 總分類帳反映經濟業務較詳細　B. 減輕了登記總分類帳的工作量
    C. 有利於會計核算的日常分工　　D. 便於核對帳目和進行試算平衡

11. 匯總記帳憑證帳務處理程序的特點是根據（　　）登記總帳。
    A. 記帳憑證　　　　　　　　B. 匯總記帳憑證
    C. 科目匯總表　　　　　　　D. 原始憑證

12. 匯總記帳憑證帳務處理程序與科目匯總表帳務處理程序的相同點是（　　）。
    A. 登記總帳的依據相同　　　B. 記帳憑證的匯總方法相同
    C. 保持了帳戶間的對應關係　D. 簡化了登記總分類帳的工作量

13. 科目匯總表是依據（　　）編制的。
    A. 記帳憑證　　　　　　　　B. 原始憑證
    C. 原始憑證匯總表　　　　　D. 各種總帳

14. 下列選項中，屬於匯總記帳憑證帳務處理程序主要缺點的是（　　）。
    A. 登記總帳的工作量較大
    B. 登記匯總轉帳憑證的工作量較大
    C. 不便於體現帳戶之間的對應關係
    D. 不便於進行帳目的核對

15. 在各種帳務處理程序中，不能作為登記總帳依據的是（　　）。
    A. 記帳憑證　　　　　　　　B. 匯總記帳憑證

C. 匯總原始憑證　　　　　　　D. 科目匯總表

16. 下列選項中，屬於科目匯總表帳務處理程序缺點的是（　　）。
    A. 增加了會計核算的帳務處理程序
    B. 增加了登記總分類帳的工作量
    C. 不便於檢查、核對帳目
    D. 不便於進行試算平衡

17. 記帳憑證帳務處理程序的特點是根據記帳憑證逐筆登記（　　）。
    A. 日記帳　　　　　　　　　　B. 明細分類帳
    C. 總分類帳　　　　　　　　　D. 總分類帳和明細分類帳

18. 各種帳務處理程序之間的區別主要在於（　　）。
    A. 總帳的格式不同　　　　　　B. 編制會計報表的依據不同
    C. 登記總帳的依據和方法不同　D. 總分類帳和明細分類帳

19. 財務報表是根據（　　）資料編制的。
    A. 日記帳、總帳和明細帳　　　B. 日記帳和明細分類帳
    C. 明細分類帳和總分類帳　　　D. 日記帳和總分類帳

20. 匯總記帳憑證帳務處理程序的適用範圍是（　　）。
    A. 規模較小、業務較少的單位　B. 規模較小、業務較多的單位
    C. 規模較大、業務較多的單位　D. 規模較大、業務較少的單位

21. 根據科目匯總表登記總帳，在簡化登記總帳工作的同時也起到了（　　）作用。
    A. 簡化報表的編制　　　　　　B. 反映帳戶對應關係
    C. 簡化明細帳工作　　　　　　D. 發生額試算平衡

22. 採用科目匯總表帳務處理程序，（　　）是其登記總帳的直接依據。
    A. 匯總記帳憑證　　　　　　　B. 科目匯總表
    C. 記帳憑證　　　　　　　　　D. 原始憑證

23. 對於匯總記帳憑證帳務處理程序的下列說法中，正確的是（　　）。
    A. 登記總帳的工作量大
    B. 不能體現帳戶之間的對應關係
    C. 按每一借方科目編制匯總轉帳憑證
    D. 匯總轉帳憑證的編制工作量較大

24. 下列選項中，屬於記帳憑證帳務處理程序主要缺點的是（　　）。
    A. 不便於體現帳戶的對應關係　B. 不便於會計合理分工
    C. 方法不易掌握　　　　　　　D. 登記總帳的工作量較大

【參考答案】
1. D　　　2. D　　　3. A　　　4. B　　　5. B
6. D　　　7. A　　　8. C　　　9. B　　　10. A
11. B　　 12. D　　 13. A　　 14. B　　 15. C
16. C　　 17. C　　 18. C　　 19. C　　 20. C

21. D　　　　22. B　　　　23. D　　　　24. D

(二) 多選題

1. 記帳憑證帳務處理程序、匯總記帳憑證帳務處理程序和科目匯總表帳務處理程序應共同遵循的程序有（　　）。
    A. 根據原始憑證、匯總原始憑證和記帳憑證登記各種明細分類帳
    B. 期末，庫存現金日記帳、銀行存款日記帳和明細分類帳的餘額同有關總分類帳的餘額核對相符
    C. 根據記帳憑證逐筆登記總分類帳
    D. 根據總分類帳和明細分類帳的記錄，編制財務報表

2. 不同帳務處理程序所具有的相同之處有（　　）。
    A. 編制記帳憑證的直接依據相同
    B. 編制財務報表的直接依據相同
    C. 登記明細分類帳簿的直接依據相同
    D. 登記總分類帳的直接依據相同

3. 在科目匯總表帳務處理程序下，月末應將（　　）與總分類帳進行核對。
    A. 庫存現金日記帳　　　　　B. 銀行存款日記帳
    C. 明細分類帳　　　　　　　D. 備查帳

4. 在科目匯總表帳務處理程序下，記帳憑證是用來（　　）的依據。
    A. 登記庫存現金日記帳　　　B. 登記總分類帳
    C. 登記明細分類帳　　　　　D. 編制科目匯總表

5. 下列選項中，屬於記帳憑證帳務處理程序優點的有（　　）。
    A. 簡單明了，易於瞭解
    B. 總分類帳可較詳細地記錄經濟業務的內容
    C. 便於進行會計科目的試算平衡
    D. 減輕了登記總分類帳的工作量

6. 在中國，常用的帳務處理程序主要有（　　）。
    A. 記帳憑證帳務處理程序
    B. 匯總記帳憑證帳務處理程序
    C. 多欄式日記帳帳務處理程序
    D. 科目匯總表帳務處理程序

7. 下列選項中，屬於匯總記帳憑證帳務處理程序特點的有（　　）。
    A. 根據原始憑證編制匯總記帳憑證
    B. 根據記帳憑證定期編制匯總記帳憑證
    C. 根據記帳憑證定期編制科目匯總表
    D. 根據匯總記帳憑證登記總帳

8. 科目匯總表帳務處理程序的優點有（　　）。
    A. 科目匯總表的編制和使用較為簡便，易學易做

B. 可以清晰地反映科目之間的對應關係
C. 便於查對帳目
D. 科目匯總表可以起到試算平衡的作用，保證總帳登記的正確性

9. 下列選項中，屬於匯總記帳憑證帳務處理程序優點的有（　　）。
   A. 能保持帳戶之間的對應關係　　　B. 便於查對帳目
   C. 能減少登記總帳的工作量　　　　D. 能起到試算平衡作用

10. 帳務處理程序是指（　　）相結合的方式和方法。
    A. 會計憑證　　　　　　　　　　　B. 會計帳簿
    C. 財務報告　　　　　　　　　　　D. 會計科目

11. 下列選項中，不屬於科目匯總表帳務處理程序優點的有（　　）。
    A. 便於反映各帳戶間的對應關係　　B. 便於進行試算平衡
    C. 便於檢查核對帳目　　　　　　　D. 簡化登記總帳的工作量

12. 在不同的帳務處理程序下，登記總帳的依據可以有（　　）。
    A. 記帳憑證　　　　　　　　　　　B. 匯總記帳憑證
    C. 科目匯總表　　　　　　　　　　D. 匯總原始憑證

13. 各種帳務處理程序下，登記明細帳的依據可能有（　　）。
    A. 原始憑證　　　　　　　　　　　B. 匯總原始憑證
    C. 記帳憑證　　　　　　　　　　　D. 匯總記帳憑證

14. 在科目匯總表帳務處理程序下，不能作為登記總帳直接依據的有（　　）。
    A. 原始憑證　　　　　　　　　　　B. 匯總記帳憑證
    C. 科目匯總表　　　　　　　　　　D. 記帳憑證

15. 在匯總記帳憑證帳務處理程序下，月末應與總帳核對的內容有（　　）。
    A. 銀行存款日記帳　　　　　　　　B. 財務報表
    C. 明細帳　　　　　　　　　　　　D. 記帳憑證

16. 對於匯總記帳憑證帳務處理程序，下列說法中，錯誤的有（　　）。
    A. 登記總帳的工作量大
    B. 不能體現帳戶之間的對應關係
    C. 明細帳與總帳無法核對
    D. 當轉帳憑證較多時，匯總轉帳憑證的編制工作量較大

17. 在常見的帳務處理程序中，共同的帳務處理工作有（　　）。
    A. 均應填制和取得原始憑證　　　　B. 均應編制記帳憑證
    C. 均應填制匯總記帳憑證　　　　　D. 均應設置和登記總帳

18. 在記帳憑證帳務處理程序下，不能作為登記總帳直接依據的有（　　）。
    A. 原始憑證　　　　　　　　　　　B. 記帳憑證
    C. 匯總原始憑證　　　　　　　　　D. 匯總記帳憑證

19. 無論採用何種帳務處理程序，登記明細帳的依據都有（　　）。
    A. 原始憑證　　　　　　　　　　　B. 原始憑證匯總表
    C. 記帳憑證　　　　　　　　　　　D. 匯總原始憑證

20. 某企業201×年3月共發生以下經濟業務：
①3日從銀行提取現金5,000元；
②10日報銷辦公費用600元，以現金支付；
③20日為進行產品生產領用原材料3,000元；
④26日用現金20,000元存入銀行。
如果該企業採用科目匯總表帳務處理程序，科目匯總表採用全月一次匯總法，則下列表述正確的有（　　）。
　　A. 本月科目匯總表借方發生額為28,600元，貸方發生額為28,600元
　　B. 本月科目匯總表借方發生額為28,600元，貸方發生額為20,000元
　　C. 本月現金帳戶借方發生額為5,000元，貸方發生額為20,600元
　　D. 本月現金帳戶借方發生額為20,600元，貸方發生額為20,600元

21. 201×年3月，丁公司「原材料」總分類帳戶的借方發生額為8,800元，涉及的三張記帳憑證分別是：1號付款憑證「原材料」總分類帳戶的借方發生額為3,000元；10號付款憑證「原材料」總分類帳戶的借方發生額為2,000元；5號轉帳憑證「原材料」總分類帳戶的借方發生額為3,800元。下列表述正確的有（　　）。
　　A. 丁公司若採用記帳憑證帳務處理程序，「原材料」總分類帳戶3月份的借方登記次數為1次，金額為8,800元
　　B. 丁公司若採用記帳憑證帳務處理程序，「原材料」總分類帳戶3月份的借方登記次數為3次，金額分別為3,000元、2,000元、3,800元
　　C. 丁公司若採用科目匯總表帳務處理程序且採用全月一次匯總法，「原材料」總分類帳戶3月份的借方登記次數為1次，金額為8,800元
　　D. 丁公司若採用科目匯總表帳務處理程序且採用全月一次匯總法，「原材料」總分類帳戶3月份的借方登記次數為3次，金額分別為3,000元、2,000元、3,800元。

【參考答案】

1. ABD	2. ABC	3. ABC	4. ACD	5. AB
6. ABD	7. BD	8. AD	9. ABC	10. ABC
11. AC	12. ABC	13. ABC	14. ABD	15. AC
16. ABC	17. ABD	18. ACD	19. ABC	20. AC
21. BC				

（三）判斷題

1. 科目匯總表帳務處理程序只適用於經濟業務不太複雜的小型企業。　　　　（　　）
2. 所謂帳務處理程序，是指會計憑證、會計帳簿、會計報表相結合的方式，包括會計憑證和帳簿的種類、格式、會計憑證與帳簿之間的聯繫方法，由原始憑證到編制記帳憑證、登記明細帳和總分類帳，以及編制會計報表的工作程序和方法等。（　　）
3. 企業採用的帳務處理程序不同，編制會計報表的依據也不相同。　　　　　（　　）
4. 在實際工作中，科目匯總表中所有科目本期借方發生額合計數可能不等於所有

科目本期貸方發生額合計數。　　　　　　　　　　　　　　　　　　（　）

5. 記帳憑證帳務處理程序直接根據記帳憑證登記總帳，易於理解，登記總分類帳的工作量較小，適用於經營規模較大的企業。　　　　　　　　　　　（　）

6. 為了減輕登記總分類帳的工作量，便於瞭解帳戶之間的對應關係，規模較大、經濟業務較多的企業應該採用匯總記帳憑證帳務處理程序。　　　　（　）

7. 在不同的帳務處理程序中，登記總帳的依據相同。　　　　　　　　（　）

8. 匯總記帳憑證帳務處理程序既能保持帳戶的對應關係，又能減輕登記總分類帳的工作量。　　　　　　　　　　　　　　　　　　　　　　　　　（　）

9. 記帳憑證帳務處理程序的主要特點就是直接根據各種記帳憑證登記總帳。
　　　　　　　　　　　　　　　　　　　　　　　　　　　　　　　　（　）

10. 匯總記帳憑證帳務處理程序和科目匯總表帳務處理程序都適用於經濟業務較多的單位。　　　　　　　　　　　　　　　　　　　　　　　　　　　（　）

11. 匯總記帳憑證帳務處理程序就是將各種原始憑證匯總後填制記帳憑證，據以登記總帳的帳務處理程序。　　　　　　　　　　　　　　　　　　　　（　）

12. 匯總記帳憑證帳務處理程序適合規模小、業務量少的單位。　　　　（　）

13. 科目匯總表帳務處理程序能科學地反映帳戶的對應關係且便於帳目核對。
　　　　　　　　　　　　　　　　　　　　　　　　　　　　　　　　（　）

14. 科目匯總表帳務處理程序的主要特點是根據記帳憑證編制科目匯總表，並根據科目匯總表填制財務報表。　　　　　　　　　　　　　　　　　　　（　）

15. 庫存現金日記帳和銀行存款日記帳不論在何種帳務處理程序下，都是根據收款憑證和付款憑證逐日逐筆順序登記的。　　　　　　　　　　　　　（　）

16. 科目匯總表帳務處理程序不僅可以減輕登記總分類帳的工作量，還可以起到試算平衡作用，從而保證總帳登記的正確性。　　　　　　　　　　　（　）

17. 科目匯總表帳務處理程序只適用於經濟業務不太複雜的中小型單位。（　）

18. 各種帳務處理程序的共同點之一是編制財務報表的方法相同。　　　（　）

19. 記帳憑證帳務處理程序一般適用於規模小、業務複雜、憑證較多的單位。
　　　　　　　　　　　　　　　　　　　　　　　　　　　　　　　　（　）

20. 匯總記帳憑證帳務處理程序編制匯總記帳憑證的工作量比較大，對匯總過程中可能存在的錯誤難以發現。　　　　　　　　　　　　　　　　　　　（　）

21. 科目匯總表帳務處理程序可以反映帳戶與帳戶之間的對應關係，但不能起到試算平衡的作用。　　　　　　　　　　　　　　　　　　　　　　　（　）

22. 科目匯總表帳務處理程序與匯總記帳憑證帳務處理程序的適用範圍是完全相同的。　　　　　　　　　　　　　　　　　　　　　　　　　　　　　（　）

23. 記帳憑證帳務處理程序的特點是直接根據記帳憑證逐筆登記總分類帳，是最基本的帳務處理程序。　　　　　　　　　　　　　　　　　　　　　　（　）

24. 匯總記帳憑證帳務處理程序可以清晰地反映科目之間的對應關係，可以做到試算平衡，保證總帳登記的正確性。　　　　　　　　　　　　　　　（　）

25. 各種帳務處理程序的不同之處在於登記明細帳的直接依據不同。　　（　）

26. 科目匯總表帳務處理程序又稱記帳憑證匯總表帳務處理程序。（　）

27. 在各種帳務處理程序下，其登記庫存現金日記帳的直接依據都是相同的。
（　）

【參考答案】

1. ×	2. √	3. ×	4. ×	5. ×
6. √	7. ×	8. √	9. √	10. √
11. ×	12. ×	13. ×	14. ×	15. √
16. √	17. ×	18. √	19. ×	20. √
21. ×	22. ×	23. √	24. ×	25. ×
26. √	27. √			

（四）不定項選擇題

1. 記帳憑證帳務處理程序的主要缺點是（　　）。
    A. 不便於會計合理分工
    B. 登記總帳的工作量較大
    C. 無法反映帳戶的對應關係
    D. 方法不易掌握

2. 各種帳務處理程序最主要的差別是（　　）。
    A. 編製會計憑證的依據和方法不同
    B. 登記現金日記帳和銀行存款日記帳的依據和方法不同
    C. 登記各種明細分類帳的依據和方法不同
    D. 登記總帳的依據和方法不同

3. 編製科目匯總表的直接依據是（　　）。
    A. 原始憑證
    B. 記帳憑證
    C. 原始憑證匯總表
    D. 記帳憑證匯總表

4. 記帳憑證帳務處理程序的主要特點是（　　）。
    A. 根據各種記帳憑證編製匯總記帳憑證
    B. 根據各種記帳憑證逐筆登記總分類帳
    C. 根據各種記帳憑證編製科目匯總表
    D. 根據各種匯總記帳憑證登記總分類帳

5. 各種帳務處理程序的主要區別是（　　）。
    A. 登記明細分類帳的依據和方法不同
    B. 登記總帳的依據和方法不同
    C. 總帳的格式不同
    D. 編製會計報表的依據不同

6. 既能匯總登記總分類帳，減輕總帳登記工作，又能明確反映帳戶對應關係，便於查帳、對帳的帳務處理程序是（　　）。
    A. 科目匯總表帳務處理程序

B. 匯總記帳憑證帳務處理程序
C. 多欄式日記帳帳務處理程序
D. 日記總帳帳務處理程序

7. 在記帳憑證帳務處理程序下，不需設置（　　）。
   A. 收款、付款、轉帳憑證或通用記帳憑證
   B. 科目匯總表或匯總記帳憑證
   C. 現金和銀行存款日記帳
   D. 總分類帳和若干明細分類帳

8. 記帳憑證帳務處理程序與匯總記帳憑證帳務處理程序的區別有（　　）。
   A. 原始憑證的種類不同
   B. 記帳憑證的種類不同
   C. 明細帳簿的記帳依據不同
   D. 總帳的記帳依據不同

9. 關於科目匯總表帳務處理程序，下列說法正確的是（　　）。
   A. 科目匯總表帳務處理程序可以大大減輕總帳的登記工作
   B. 科目匯總表帳務處理程序可以對發生額進行試算平衡
   C. 在科目匯總表帳務處理程序下，總分類帳能明確反映帳戶的對應關係
   D. 科目匯總表帳務處理程序適用於規模較大、業務量較多的大中型企業

10. 在不同帳務處理程序下，下列可以作為登記總分類帳依據的有（　　）。
    A. 記帳憑證　　　　　　　　B. 科目匯總表
    C. 匯總記帳憑證　　　　　　D. 多欄式日記帳

11. 在匯總記帳憑證帳務處理程序下，會計憑證方面除設置收款憑證、付款憑證、轉帳憑證外，還應設置（　　）。
    A. 科目匯總表　　　　　　　B. 匯總收款憑證
    C. 匯總付款憑證　　　　　　D. 匯總轉帳憑證

12. 匯總記帳憑證帳務處理程序的優點有（　　）。
    A. 總分類帳的登記工作量相對較小
    B. 便於會計核算的日常分工
    C. 便於瞭解帳戶之間的對應關係
    D. 編制匯總轉帳憑證的工作量較小

13. 某公司採用科目匯總表帳務處理程序，201×年3月發生的部分經濟業務如下：
① 3日，銷售部門張文出差，預借現金1,500元；
② 4日，行政部門以現金800元購買辦公用品一批；
③ 6日，銷售產品一件，售價900元，增值稅153元，產品已發出，貨款通過現金收訖，該產品的成本550元同時結轉；
④ 8日，用庫存現金支付第一生產車間維修費用200元；
⑤ 10日，領用甲材料一批60,000元，其中，生產產品用55,000元，行政管理部門用3,000元，車間管理用2,000元。

113

要求：根據上述資料，回答（1）~（3）題。

（1）根據上述業務按月編製的科目匯總表中，庫存現金帳戶發生額分別為（　　）。

  A. 借方發生額 1,053 元　　　　B. 借方發生額 900 元

  C. 貸方發生額 2,500 元　　　　D. 貸方發生額 2,300 元

（2）根據上述經濟業務編製的科目匯總表中，所有帳戶的發生額合計分別為（　　）。

  A. 借方發生額 63,553 元　　　B. 借方發生額 64,103 元

  C. 貸方發生額 63,553 元　　　D. 貸方發生額 64,103 元

（3）3月10日領用甲材料的會計分錄涉及的帳戶有（　　）。

  A. 原材料　　　　　　　　　　B. 生產成本

  C. 管理費用　　　　　　　　　D. 製造費用

14. 某公司採用科目匯總表帳務處理程序，並採取全月一次匯總的方法編製科目匯總表。201×年7月，該公司根據所有記帳憑證編製的科目匯總表如表 2-7 所示。

表 2-7　　　　　　　　　　　　科目匯總表

科匯 07 號　　　　　　　　　　201×年 7 月　　　　　　　　　　單位：元

會計科目	本期發生額 借方	本期發生額 貸方
銀行存款	251,000	249,200
應收帳款	100,000	
原材料	50,000	90,000
生產成本	170,000	210,000
製造費用	60,000	60,000
庫存商品	210,000	220,000
固定資產	21,000	
累計折舊		4,600
固定資產清理	56,300	
應付職工薪酬	40,000	40,000
應交稅費	66,500	76,000
本年利潤	E	F
主營業務收入	300,000	300,000
主營業務成本	220,000	220,000
銷售費用	20,000	20,000
財務費用	700	700

表2-7(續)

會計科目	本期發生額 借方	本期發生額 貸方
管理費用	4,600	4,600
營業外收入	56,300	56,300
營業外支出	11,000	11,000
所得稅費用	25,000	25,000
合計	G	H

要求：根據上述資料，回答（1）～（5）題。

(1) 下列表述中正確的有（　　）。
　　A. 字母 E 的金額為 281,300 元　　B. 字母 E 的金額為 356,300 元
　　C. 字母 F 的金額為 256,300 元　　D. 字母 F 的金額為 356,300 元

(2) 下列表述中不正確的有（　　）。
　　A. 所有總帳的本月發生額均只有一行記錄
　　B. 所有明細帳的本月發生額均只有一行記錄
　　C. 所有總帳的「憑證號碼」一欄均為「科匯07」
　　D. 所有明細帳的「憑證號碼」一欄均為「科匯07」

(3) 下列表述中正確的有（　　）。
　　A. 本月營業利潤為 54,700 元　　B. 本月營業利潤為 45,300 元
　　C. 本月利潤總額為 100,000 元　　D. 本月淨利潤為 75,000 元

(4) 下列表述中正確的是（　　）。
　　A. 本月所有者權益減少 356,300 元　　B. 本月所有者權益減少 256,300 元
　　C. 本月所有者權益增加 75,000 元　　D. 本月所有者權益增加 100,000 元

(5) 字母 G 和 H 的金額均為（　　）元。
　　A. 1,768,700　　　　　　　　　　B. 1,943,700
　　C. 918,300　　　　　　　　　　　D. 1,000,000

【參考答案】

1. B	2. D	3. B	4. B	5. B
6. B	7. B	8. D	9. ABD	10. ABC
11. BCD	12. AC			
13. （1）AC	（2）BD	（3）ABCD		
14. （1）AD	（2）BD	（3）ACD	（4）C	（5）B

第七章　財產清查

一、本章考點

1. 財產清查概述
(1) 含義和分類；
(2) 意義；
(3) 一般程序；
(4) 盤存制度。
2. 財產清查的方法
(1) 貨幣資金的清查方法；
(2) 實物資產的清查方法；
(3) 往來款項的清查方法。
3. 財產清查結果的處理
(1) 處理要求；
(2) 處理的步驟和方法。

二、本章習題

（一）單選題

1. 下列資產中，可以採用發函詢證方法進行清查的是（　　）。
 A. 煤炭　　　　　　　　　B. 銀行存款
 C. 固定資產　　　　　　　D. 應收帳款
2. 企業在存貨清查中，發生盤盈的存貨，按規定手續報經批准后，應記入（　　）帳戶。
 A.「營業外收入」　　　　B.「管理費用」
 C.「其他業務收入」　　　D.「營業外支出」
3. 一般來說，在企業撤銷、合併和改變隸屬關係時，應對財產進行（　　）。
 A. 全面清查　　　　　　　B. 局部清查
 C. 實地盤點　　　　　　　D. 定期清查
4. 對於大量堆積的煤炭清查，一般採用（　　）方法進行清查。
 A. 實地盤點　　　　　　　B. 抽查檢驗
 C. 技術推算　　　　　　　D. 查詢核對
5. 下列記錄中，可以作為調整帳面數字的原始憑證的是（　　）。
 A. 盤存單　　　　　　　　B. 實存帳存對比表
 C. 銀行存款餘額調節表　　D. 往來款項對帳單
6. 月末，企業銀行存款日記帳餘額為180,000元，銀行對帳單餘額為170,000元，

經過未達帳項調節后的餘額為 160,000 元，則對帳日企業可以動用的銀行存款實有數額為（　　）。

  A. 180,000 元　　　　　　　　B. 160,000 元
  C. 170,000 元　　　　　　　　D. 不能確定

7. 下列選項中，不是財產清查的基本程序的是（　　）。
  A. 清查前的準備工作　　　　　B. 帳項核對和實地盤點
  C. 清查結果處理　　　　　　　D. 復查報告

8. 在財產清查中發現盤虧一臺設備，其帳面原值為 80,000 元，已提折舊 20,000 元，則該企業記入「待處理財產損溢」帳戶的金額為（　　）元。
  A. 80,000　　　　　　　　　　B. 20,000
  C. 60,000　　　　　　　　　　D. 100,000

9. 銀行存款餘額調節表調節后的餘額是（　　）。
  A. 銀行存款帳面餘額
  B. 對帳單餘額和日記帳餘額的平均數
  C. 對帳日企業可以動用的銀行存款實有數額
  D. 銀行方面的帳面餘額

10. 盤盈的固定資產經批准後，一般應記入（　　）帳戶。
  A.「本年利潤」　　　　　　　B.「以前年度損益調整」
  C.「投資收益」　　　　　　　D.「其他業務收入」

11. 對盤虧的固定資產淨損失經批准後可記入（　　）帳戶的借方。
  A.「製造費用」　　　　　　　B.「生產成本」
  C.「營業外支出」　　　　　　D.「管理費用」

12. 對銀行存款進行清查時，應將（　　）與銀行對帳單逐單逐筆核對。
  A. 銀行存款總帳　　　　　　　B. 銀行存款日記帳
  C. 銀行支票備查簿　　　　　　D. 庫存現金日記帳

13. 庫存現金清查中對無法查明原因的長款，經批准應記入（　　）帳戶。
  A.「其他應收款」　　　　　　B.「其他應付款」
  C.「營業外收入」　　　　　　D.「管理費用」

14. 財產清查是用來檢查（　　）的一種專門方法。
  A. 帳實是否相符　　　　　　　B. 帳帳是否相符
  C. 帳表是否相符　　　　　　　D. 帳證是否相符

15. 某企業在遭受洪災后，對其受損的財產物資進行的清查，屬於（　　）。
  A. 局部清查和定期清查　　　　B. 全面清查和定期清查
  C. 局部清查和不定期清查　　　D. 全面清查和不定期清查

16. 下列情況中，宜採用局部清查的是（　　）。
  A. 年終結算前進行的清查
  B. 企業清查核資時進行的清查
  C. 企業更換財產保管人員時進行的清查

D. 企業改組為股份制試點企業進行的清查

17. 某企業12月31日銀行存款日記帳的餘額為150,000元，經逐筆核對，未達帳項如下：

①銀行已收、企業未收的92,000元；

②銀行已付、企業未付的2,000元。

調整后的企業銀行存款餘額應為（　　）元。

  A. 240,000   B. 60,000

  C. 56,000   D. 244,000

18. 某企業倉庫本期期末盤虧原材料價值500元，原因已查明，屬於自然損耗，經批准後，會計人員應編制的會計分錄為（　　）。

  A. 借：待處理財產損溢　　　　　　　　　　500

    貸：原材料　　　　　　　　　　　　　　　　500

  B. 借：待處理財產損溢　　　　　　　　　　500

    貸：管理費用　　　　　　　　　　　　　　　500

  C. 借：管理費用　　　　　　　　　　　　　500

    貸：待處理財產損溢　　　　　　　　　　　500

  D. 借：營業外支出　　　　　　　　　　　　500

    貸：待處理財產損溢　　　　　　　　　　　500

19. 在財產清查中，實物盤點的結果應如實登記在（　　）上。

  A. 盤存單   B. 實存帳存對比表

  C. 對帳單   D. 盤盈盤虧報告表

20. 下列選項中，採用與對方核對帳目的清查方法是（　　）。

  A. 固定資產   B. 存貨

  C. 庫存現金   D. 往來款項

21. 在企業與銀行雙方記帳無誤的情況下，銀行存款日記帳與銀行對帳單餘額不一致是由於有（　　）存在。

  A. 應收帳款   B. 應付帳款

  C. 未達帳項   D. 其他貨幣資金

22. 銀行存款日記帳餘額為56,000元，調整前銀行已收、企業未收的款項為2,000元，企業已收、銀行未收款項為1,200元，銀行已付、企業未付款項為3,000元。調整後銀行存款餘額為（　　）元。

  A. 56,200   B. 55,000

  C. 58,000   D. 51,200

23. 某企業上期發生的盤虧原材料價值300元，現查明原因，屬於自然災害導致，經批准後，會計人員應編制的會計分錄為（　　）。

  A. 借：待處理財產損溢　　　　　　　　　　300

    貸：原材料　　　　　　　　　　　　　　　　300

B. 借：待處理財產損溢　　　　　　　　　　　　300
　　　貸：管理費用　　　　　　　　　　　　　　　　　300
C. 借：管理費用　　　　　　　　　　　　　　　300
　　　貸：待處理財產損溢　　　　　　　　　　　　　300
D. 借：營業外支出　　　　　　　　　　　　　　300
　　　貸：待處理財產損溢　　　　　　　　　　　　　300

24. 出納人員發生變動時，應對其保管的庫存現金進行清查，這種財產清查屬於（　　）。
　　A. 全面清查和定期清查　　　　B. 局部清查和不定期清查
　　C. 全面清查和不定期清查　　　D. 局部清查和定期清查

25. 單位主要領導調離工作前進行的財產清查屬於（　　）。
　　A. 重點清查　　　　　　　　　B. 全面清查
　　C. 局部清查　　　　　　　　　D. 定期清查

26. 庫存現金清查盤點時，（　　）必須在場。
　　A. 記帳人員　　　　　　　　　B. 出納人員
　　C. 單位領導　　　　　　　　　D. 會計主管

27. 單位撤銷、合併所進行的清查按時間分類屬於（　　）。
　　A. 全面清查　　　　　　　　　B. 局部清查
　　C. 定期清查　　　　　　　　　D. 不定期清查

28. 對企業與其開戶銀行之間的未達帳項進行帳務處理的時間是（　　）。
　　A. 編好銀行存款餘額調節表時　B. 查明未達帳項時
　　C. 收到銀行對帳單時　　　　　D. 實際收到有關結算憑證時

29. 下列選項中，清查時應採用實地盤點法的是（　　）。
　　A. 應收帳款　　　　　　　　　B. 應付帳款
　　C. 銀行存款　　　　　　　　　D. 固定資產

30. 庫存現金盤點時發現短缺，則應借記的會計科目是（　　）。
　　A. 「庫存現金」　　　　　　　B. 「其他應付款」
　　C. 「待處理財產損溢」　　　　D. 「其他應收款」

31. 因管理不善而導致的存貨的盤虧，應記入（　　）帳戶。
　　A. 「其他應收款」　　　　　　B. 「管理費用」
　　C. 「營業外支出」　　　　　　D. 「財務費用」

32. 對庫存現金的清查應採用的方法是（　　）。
　　A. 實地盤點法　　　　　　　　B. 檢查現金日記帳
　　C. 倒擠法　　　　　　　　　　D. 抽查現金

33. 在清查中發現庫存現金短缺時，應貸記（　　）科目。
　　A. 「待處理財產損溢」　　　　B. 「庫存現金」
　　C. 「其他應收款」　　　　　　D. 「管理費用」

34. 清查往來款項應採用的方法是（　　）。

A. 實地盤點法 B. 發函詢證法
C. 技術推算法 D. 抽查法

35. 在下列各項中，不會導致企業銀行存款日記帳餘額小於銀行對帳單餘額的事項是（　　）。
    A. 企業開出支票，收款方尚未到銀行兌現
    B. 銀行誤將其他企業的存款記入本企業存款帳戶
    C. 銀行代扣本企業水電費，企業尚未接到付款通知
    D. 銀行收到委託收款結算方式下的結算款項，企業尚未收到收款通知

36. 年終結算前，企業應（　　）。
    A. 對所有財產進行實物盤點 B. 對重要財產進行局部清查
    C. 對所有財產進行全面清查 D. 對貨幣性財產進行重點清查

37. 乙公司盤虧固定資產一項，其帳面原價為30,000元，帳面價值為16,000元，經批准後記入「營業外支出」帳戶的金額為（　　）元。
    A. 30,000 B. 16,000
    C. 14,000 D. 46,000

38. 盤虧是指（　　）。
    A. 帳存數大於實存數 B. 實存數等於帳存數
    C. 帳存數小於實存數 D. 以上都不是

39. 企業發生固定資產盤盈，應通過（　　）帳戶進行核算。
    A. 待處理財產損溢 B. 營業外收入
    C. 營業外支出 D. 以前年度損益調整

40. 「待處理財產損溢」帳戶期末（　　）。
    A. 可能有借方餘額 B. 可能有貸方餘額
    C. 無餘額 D. 以上都不對

41. 某公司在清查時發現現金長款2,000元，在批准處理前應編制的正確會計分錄是（　　）。
    A. 借：庫存現金　　　　　　　　　　　　　　　　　　　　　　2,000
       貸：管理費用　　　　　　　　　　　　　　　　　　　　　　2,000
    B. 借：庫存現金　　　　　　　　　　　　　　　　　　　　　　2,000
       貸：待處理財產損溢　　　　　　　　　　　　　　　　　　　2,000
    C. 借：管理費用　　　　　　　　　　　　　　　　　　　　　　2,000
       貸：庫存現金　　　　　　　　　　　　　　　　　　　　　　2,000
    D. 借：待處理財產損溢　　　　　　　　　　　　　　　　　　　2,000
       貸：庫存現金　　　　　　　　　　　　　　　　　　　　　　2,000

42. 201×年3月31日，D公司編制的銀行存款餘額調節表顯示，調節後的餘額均為2,596,000元，企業和銀行均不存在記帳錯誤。經逐筆勾對，發現3月份存在以下兩筆未達帳項：

①D公司購買原材料開出支票支付貨款25,000元，並已登記入帳，但持票人尚未

向銀行辦理進帳手續，銀行尚未記帳；

②銀行已為企業收取貨款 60,000 元，但 D 公司尚未收到收款通知，尚未記帳。

201×年 3 月 31 日，D 公司帳面存款餘額和銀行對帳單存款餘額分別是（　　）。

　　A．2,561,000 元、2,656,000 元　　　B．2,536,000 元、2,621,000 元

　　C．2,571,000 元、2,656,000 元　　　D．2,656,000 元、2,621,000 元

43．某企業進行現金清查時，發現現金實有數比帳面餘額多 100 元。經反覆核查，長款原因不明。正確的處理方法是（　　）。

　　A．歸出納員個人所有　　　　　　　B．衝減管理費用

　　C．確認為其他業務收入　　　　　　D．確認為營業外收入

44．固定資產盤盈應通過（　　）帳戶核算。

　　A．「待處理財產損溢」　　　　　　B．「營業外收入」

　　C．「營業外支出」　　　　　　　　D．「以前年度損益調整」

【參考答案】

1. D	2. B	3. A	4. C	5. B
6. B	7. D	8. C	9. C	10. B
11. C	12. B	13. C	14. A	15. C
16. C	17. A	18. C	19. A	20. D
21. C	22. B	23. D	24. B	25. C
26. B	27. D	28. D	29. D	30. C
31. B	32. A	33. B	34. B	35. C
36. C	37. B	38. A	39. D	40. C
41. B	42. B	43. D	44. D	

【解析】

19．在財產清查時，實物盤點的結果應逐一填制盤存單，並同帳面餘額記錄核對，確認盤盈或盤虧數，填制實存帳存對比表，作為調整帳面記錄的原始憑證。

(二) 多選題

1．某單位 201×年 6 月 3 日現金日記帳的餘額大於實地盤點數，導致帳實不符的原因可能有（　　）。

　　A．記帳時將相鄰兩位數字顛倒　　　B．記帳時將相鄰三位數字顛倒

　　C．記帳時以小記大的錯位差錯　　　D．記帳時以大記小的錯位差錯

2．需要進行全面清查的形式有（　　）。

　　A．年終結算前　　　　　　　　　　B．企業破產清算

　　C．會計機構負責人調離工作　　　　D．清產核資

3．按財產清查的時間可將財產清查方法分為（　　）。

　　A．定期清查　　　　　　　　　　　B．不定期清查

　　C．局部清查　　　　　　　　　　　D．全面清查

4．下列關於庫存現金清查的說法中，錯誤的有（　　）。

A. 庫存現金只需要定期清查
B. 庫存現金清查時出納人員應該迴避
C. 清查人員應該自己動手親自盤點庫存現金
D. 庫存現金清查後，如果存在帳實不符也不得調整庫存現金日記帳

5. 下列情況中，會影響管理費用的有（　　）。
   A. 企業盤點庫存現金，發生無法查明原因的庫存現金盤虧
   B. 存貨盤點，發現由於管理不善造成存貨盤虧
   C. 固定資產盤點，發現固定資產盤虧，盤虧的淨損失
   D. 庫存現金盤點，發現庫存現金盤點的淨收益

6. 待處理財產損溢帳戶借方核算的內容有（　　）。
   A. 待處理財產盤虧金額
   B. 待處理財產盤盈金額
   C. 根據批准的處理意見結轉待處理財產盤虧數
   D. 根據批准的處理意見結轉待處理財產盤盈數

7. 銀行存款日記帳餘額與銀行對帳單餘額不一致，原因可能有（　　）。
   A. 銀行存款日記帳有誤
   B. 銀行記帳有誤
   C. 存在未達帳項
   D. 存在企業與銀行均未付款的款項

8. 出納人員每天工作結束前都要將庫存現金日記帳結清並與庫存現金實存數核對，這屬於（　　）。
   A. 定期清查
   B. 不定期清查
   C. 全面清查
   D. 局部清查

9. 下列情況中，企業應對其財產進行全面清查的有（　　）。
   A. 年終結算前
   B. 企業進行股份制改制前
   C. 更換倉庫保管員
   D. 企業破產

10. 下列記錄中，可以作為調整帳面數字的原始憑證有（　　）。
    A. 盤存單
    B. 實存帳存對比表
    C. 銀行存款餘額調節表
    D. 庫存現金盤點報告表

11. 對於盤虧、毀損的存貨，經批准後進行帳務處理時，可能涉及的借方帳戶有（　　）。
    A. 其他應收款
    B. 營業外支出
    C. 管理費用
    D. 營業外收入

12. 下列選項中，（　　）的清查宜採用發函詢證的方法。
    A. 應收帳款
    B. 應付帳款
    C. 存貨
    D. 預付帳款

13. 下列情況下，需要對財產物資進行不定期的局部清查的有（　　）。
    A. 庫存現金、財產物資保管人員更換時
    B. 企業變更隸屬關係時
    C. 發生非常災害造成財產物資損失時

D. 企業進行清產核資時
14. 下列業務中，需要通過待處理財產損溢帳戶核算的有（　　）。
    A. 庫存現金盤虧　　　　　　B. 原材料盤虧
    C. 發現帳外固定資產　　　　D. 應收帳款無法收回
15. 與待處理財產損溢帳戶借方發生額有對應關係的帳戶可能有（　　）。
    A. 原材料　　　　　　　　　B. 固定資產
    C. 應收帳款　　　　　　　　D. 庫存商品
16. 使企業銀行存款日記帳的餘額小於銀行對帳單餘額的未達帳項有（　　）。
    A. 企業已收款記帳而銀行尚未收款記帳
    B. 企業已付款記帳而銀行尚未付款記帳
    C. 銀行已收款記帳而企業尚未收款記帳
    D. 銀行已付款記帳而企業尚未付款記帳
17. 財產清查按清查的時間可以分為（　　）。
    A. 定期清查　　　　　　　　B. 不定期清查
    C. 全面清查　　　　　　　　D. 局部清查
18. 財產清查按清查的範圍可以分為（　　）。
    A. 定期清查　　　　　　　　B. 不定期清查
    C. 全面清查　　　　　　　　D. 局部清查
19. 下列情形中，應該對財產進行不定期清查的有（　　）。
    A. 發現庫存現金被盜　　　　B. 與其他企業合併
    C. 年終結算時　　　　　　　D. 自然災害造成部分財產損失
20. 關於銀行存款餘額調節表，下列說法中正確的有（　　）。
    A. 調節后的餘額表示企業可以實際動用的銀行存款數額
    B. 該表是通知銀行更正錯誤的依據
    C. 不能夠作為調整本單位銀行存款日記帳記錄的原始憑證
    D. 是更正本單位銀行存款日記帳記錄的依據
21. 採用技術推算法清查的實物資產應具備的特點有（　　）。
    A. 數量大　　　　　　　　　B. 逐一清點有困難
    C. 不便於用計算器計量　　　D. 價值低
22. 財產清查的意義有（　　）。
    A. 提高會計資料的準確性　　B. 保障財產物資的安全完整
    C. 提高資金使用效果　　　　D. 加速資金週轉
23. 單位年終結算時進行的清查屬於（　　）。
    A. 全面清查　　　　　　　　B. 局部清查
    C. 定期清查　　　　　　　　D. 不定期清查
24. 企業編制銀行存款餘額調節表，在調整銀行存款日記帳餘額時，應考慮的情況有（　　）。
    A. 企業已收、銀行未收的款項　　B. 銀行已收、企業未收的款項

C. 銀行已付、企業未付的款項　　D. 企業已付、銀行未付的款項

25. 常用的實物資產的清查方法包括（　　）。
    A. 技術推算法　　　　　　　　B. 實地盤點法
    C. 函證核對法　　　　　　　　D. 抽樣盤點法

26. 下列情形中，需要進行全面清查的有（　　）。
    A. 單位進行撤並時　　　　　　B. 更換出納人員時
    C. 開展清產核資時　　　　　　D. 單位負責人調離時

27. 財產清查結果的處理要求包括（　　）。
    A. 查明盤盈盤虧產生的原因　　B. 建立和健全財產管理制度
    C. 積極處理積壓物資　　　　　D. 對財產盤盈盤虧做出帳務處理

【參考答案】

1. ABC	2. ABD	3. AB	4. ABCD	5. AB
6. AD	7. ABC	8. AD	9. ABD	10. BD
11. ABC	12. ABD	13. AC	14. AB	15. ABD
16. BC	17. AB	18. CD	19. ABD	20. AC
21. ABCD	22. ABCD	23. AC	24. BC	25. ABD
26. ACD	27. ABCD			

（三）判斷題

1. 財產清查結果應該根據審批意見進行差異處理，但不得調整帳項。（　　）
2. 銀行存款餘額調節表不是記帳憑證，不能據以調整帳簿記錄。（　　）
3. 從財產清查的對象和範圍來看，全面清查只有在年終進行。（　　）
4. 經批准轉銷固定資產盤虧淨損失時，帳務處理應借記「營業外支出」科目，貸記「固定資產清理」科目。（　　）
5. 企業對於與外部往來款項的清查，一般採取編制對帳單寄給對方的方式進行，因此屬於帳帳核對。（　　）
6. 銀行存款餘額調節表只是為了核對帳目，並不能作為調整銀行存款帳面餘額的原始憑證。（　　）
7. 庫存現金的清查包括出納人員每日的清點核對和清查小組定期和不定期的檢查。（　　）
8. 對倉庫中的所有存貨進行盤點屬於全面清查。（　　）
9. 存貨盤虧、毀損的淨損失一律記入「管理費用」科目。（　　）
10. 財產清查中，對於銀行存款、各種往來款項至少每月與銀行或有關單位核對一次。（　　）
11. 對銀行存款進行清查時，如果存在帳實不符現象，肯定是由於未達帳項引起的。（　　）
12. 實物盤點后，應將「實存帳存對比表」作為調整帳面餘額記錄的原始依據。（　　）

13. 定期財產清查一般在結帳以後進行。   (   )
14. 盤點實物時，發現帳面數大於實存數，即為盤盈。   (   )
15. 對堆放的砂石，應採用技術推算法進行盤點，確定其實存數。   (   )
16. 未達帳項僅僅是指企業未收到憑證而未入帳的款項。   (   )
17. 應付帳款應採用與對方核對帳目的方法進行清查。   (   )
18. 全面清查對企業所有財產物資進行全面的盤點和核對，包括各種存貨、委託外單位加工、保管的材料。   (   )
19. 單位撤銷、合併或改變隸屬關係、更換財產物資保管人員時，需要進行全面清查。   (   )
20. 庫存現金清查包括出納人員每日終了前進行的庫存現金帳款核對和清查小組進行的定期或不定期的現金盤點、核對。清查小組清查時，出納人員可以不在場。
                                                                              (   )
21. 企業的銀行存款日記帳與銀行對帳單所記的內容是相同的，都是反映企業的銀行存款增減變動情況。   (   )
22. 銀行已經付款記帳而企業尚未付款記帳，會使開戶單位銀行存款帳面餘額小於銀行對帳單的存款餘額。   (   )
23. 轉銷已批准處理的財產盤盈數登記在「待處理財產損溢」帳戶的貸方。
                                                                              (   )
24. 對於盤盈、盤虧的財產物資，需在期末結帳前處理完畢，如在期末結帳前尚未經批准處理的，等批准後進行處理。   (   )
25. 技術推算法是指利用技術方法推算財產物資帳存數的方法。   (   )
26. 因平時計量誤差所導致的存貨盤盈，經批准後應沖減管理費用。   (   )
27. 除2法是指以差錯數除以2，用得出的商數來查找帳簿中記錯方向的數字，可用於現金長、短款的查找。   (   )
28. 盤盈的存貨應當按照同類或類似存貨的重置成本作為實際成本。   (   )
29. 在「銀行存款餘額調節表」中，根據「企業帳面存款餘額」調節後的存款餘額必定等於根據「銀行對帳單存款餘額」調節後的存款餘額。   (   )
30. 盤虧的固定資產，按同類或類似固定資產的重置價值減去根據其新舊程度估計的已提折舊後的餘額作為入帳價值。   (   )
31. 在清查現金時，對於尚未入帳的臨時性借條及暫未領取的代保管現金，均不得計入實存數，對存放在不同地點的現金備用金，盤點應在同一時間進行。   (   )
32. 某企業在財產清查時查明盤虧固定資產一項，原價為56,000元，累計折舊為20,000元，報經批准處理後將導致營業利潤減少36,000元。   (   )

【參考答案】
1. ×   2. √   3. ×   4. ×   5. ×
6. √   7. √   8. √   9. ×   10. ×
11. ×   12. √   13. ×   14. ×   15. √

16. ×　　17. √　　18. √　　19. ×　　20. ×
21. ×　　22. ×　　23. ×　　24. √　　25. √
26. √　　27. ×　　28. √　　29. ×　　30. √
31. ×　　32. ×

【解析】

10. 對於銀行存款至少每月與銀行核對一次，對於往來款項不一定每月都需要與有關單位核對，視具體情況而定，每年至少同對方核對1~2次。

32. 將導致利潤總額減少36,000元，不是營業利潤。固定資產盤虧記入「營業外支出」帳戶，不影響營業利潤，只影響利潤總額。

(四) 不定項選擇題

1. 實地盤存制在登記帳簿方面的特點是（　　）。
   A. 只在帳簿中登記發出數
   B. 只在帳簿中登記收入數
   C. 既登記收入數又登記發出數
   D. 既不登記收入數又不登記發出數

2. 採用永續盤存制，平時財產物資的記錄是（　　）。
   A. 只登記收入　　　　　　B. 既登記收入又登記發出
   C. 只登記發出　　　　　　D. 以上都不是

3. 在實地盤存制下，正確的存貨數量關係式為（　　）。
   A. 期初帳面結存數＋本期收入數－本期發出數＝期末帳面結存數
   B. 期初帳面結存數＋本期收入數－期末帳面結存數＝本期發出數
   C. 期初餘額＋本期增加額－本期減少額＝期末餘額
   D. 期初餘額＋本期增加額－期末餘額＝本期減少額

4. 現金出納員每日清點現金屬於（　　）。
   A. 定期清查　　　　　　　B. 全面清查
   C. 局部清查　　　　　　　D. 不定期清查

5. 企業倉庫發生火災，為查明原因立即進行清查盤點。按清查時間分類，上述財產清查屬於（　　）。
   A. 定期清查　　　　　　　B. 不定期清查
   C. 全面清查　　　　　　　D. 局部清查

6. 對於企業已付款並入帳但銀行尚未入帳的未達帳項，在編制「銀行存款餘額調節表」時，應在（　　）。
   A. 銀行對帳單餘額方調減　B. 企業存款餘額方調減
   C. 銀行對帳單餘額方調增　D. 企業存款餘額方調增

7. 庫存現金清查應採用的方法是（　　）。
   A. 核對帳目　　　　　　　B. 核對憑證
   C. 實地盤點　　　　　　　D. 技術推算

8. 月末存在未達帳項時，企業實際可動用的銀行存款數額應該是（　　）。
   A. 企業銀行存款日記帳上的存款餘額
   B. 銀行存款餘額調節表中調節後的存款餘額
   C. 銀行對帳單上的存款餘額
   D. 以上表述均不正確

9. 對於銀行已經入帳而企業尚未入帳的未達帳項應（　　）。
   A. 在編制銀行存款餘額調節表的同時入帳
   B. 根據銀行對帳單記錄的金額入帳
   C. 待有關憑證到達後入帳
   D. 查明未達帳項的原因後根據批准的數額入帳

10. 下列屬於銀行存款清查方式的是（　　）。
    A. 銀行存款餘額調節表與銀行對帳單核對
    B. 銀行存款總分類帳與銀行對帳單核對
    C. 銀行存款日記帳與銀行對帳單核對
    D. 以上表述均不正確

11. 屬於未達帳項的情況有（　　）。
    A. 企業已收，銀行未收　　　B. 企業已付，銀行未付
    C. 企業未收，銀行已收　　　D. 企業未付，銀行已付

12. 企業發生的盤盈盤虧事項經批准處理后，待處理財產損溢帳戶（　　）。
    A. 可能有借方餘額　　　　　B. 可能有貸方餘額
    C. 可能有借方或貸方餘額　　D. 應當無餘額

13. 盤盈的存貨批准后應衝減（　　）。
    A. 管理費用　　　　　　　　B. 財務費用
    C. 原材料　　　　　　　　　D. 庫存商品

14. 如果商品短缺系工作人員收發錯誤而致，經批准後應記入（　　）帳戶。
    A.「管理費用」　　　　　　B.「其他應收款」
    C.「生產成本」　　　　　　D.「營業外支出」

15. 存貨盤盈經批准后所編制會計分錄的貸方科目是（　　）。
    A.「營業外支出」　　　　　B.「管理費用」
    C.「待處理財產損溢」　　　D.「營業外收入」

16. 盤盈的存貨，其入帳價值應當是（　　）。
    A. 歷史成本　　　　　　　　B. 帳面價值
    C. 同類或類似存貨的市場價格　D. 公允價值

17. 企業進行實物財產清查後，可以作為分析差異原因及明確經濟責任依據的原始憑證是（　　）。
    A. 材料物資入庫單　　　　　B. 材料物資出庫單
    C. 實存帳存對比表　　　　　D. 往來款項清查表

18. 某企業發生的材料盤虧現已查明屬於自然損耗，應編制的會計分錄是（　　）

A. 借：待處理財產損溢
    貸：原材料
B. 借：製造費用
    貸：待處理財產損溢
C. 借：管理費用
    貸：待處理財產損溢
D. 借：營業外支出
    貸：待處理財產損溢

19. 因意外災害所造成的材料損失，按規定報經批准後所編制的會計分錄應是（　　）。
    A. 借記「待處理財產損溢」科目　　B. 借記「營業外支出」科目
    C. 貸記「待處理財產損溢」科目　　D. 貸記「原材料」科目

20. 「待處理財產損溢」帳戶的借方反映（　　）。
    A. 尚未處理的各種財產的淨溢餘
    B. 尚未處理的各種財產的淨損失
    C. 批准處理的各種財產的淨損失
    D. 批准處理的各種財產的淨溢餘

21. 下列有關未達帳項的論述中，錯誤的是（　　）。
    A. 未達帳項既不是企業的錯帳，又不是企業的漏帳
    B. 未達帳項只有在銀行存款餘額調節表中進行調節
    C. 未達帳項無論何時均不能據以進行任何帳務處理
    D. 未達帳項是企業與銀行結算憑證傳遞時間差所產生

22. 下列情況中，需要進行全面清查的有（　　）。
    A. 企業進行清產核資　　　　B. 企業改變隸屬關係
    C. 企業進行資產重組　　　　D. 更換物資保管人

23. 下列各項中，屬於財產物資盤存制度的有（　　）。
    A. 權責發生制　　　　　　　B. 實地盤點制
    C. 永續盤存制　　　　　　　D. 實地盤存制

24. 下列有關企業進行庫存現金盤點清查時，正確的做法是（　　）。
    A. 庫存現金的清查方法採用實地盤點法
    B. 盤點庫存現金時，出納人員必須在場
    C. 代保管現金可計入庫存現金的實存數
    D. 現金盤點報告表由出納人員簽章生效

25. 編制「銀行存款餘額調節表」時，應調整該表中「企業帳面存款餘額」項目的未達帳項是（　　）。
    A. 銀行已收，企業未收　　　B. 銀行已付，企業未付
    C. 企業已收，銀行未收　　　D. 企業已付，銀行未付

26. 企業對銀行存款清查時，應逐筆進行核對的是（　　）。

A. 銀行存款總分類帳　　　　　　B. 銀行對帳單
C. 銀行存款日記帳　　　　　　　D. 現金日記帳

27. 下列關於往來款項清查的論述，正確的是（　　）。
A. 往來款項的清查主要對應收款、應付款、暫收款等款項的清查
B. 往來款項的清查一般採用向對方單位發函詢證的方法進行核對
C. 在保證往來帳戶記錄完整正確的基礎上向對方單位填發對帳單
D. 收到對方單位回單後，應據此編制調整有關往來款項帳戶記錄

28. 企業財產清查過程中，造成帳實不符的原因有（　　）。
A. 財產物資存儲中的自然損耗　　B. 財產物資發生毀損、被盜
C. 財產物資日常收發計量錯誤　　D. 財產物資帳簿的漏記、重記

29. 在財產清查過程中形成的下列資料，可以作為原始憑證的是（　　）。
A. 庫存現金盤點報告表　　　　　B. 銀行存款餘額調節表
C. 實存帳存對比表　　　　　　　D. 往來款項對帳單

30. 某公司 201×年 9 月 30 日銀行存款日記帳餘額為 149,300 元，銀行發來的對帳單餘額為 162,500 元。經核對發現以下未達帳項：

①委託銀行代收的銷貨款 8,000 元，銀行已收到入帳，但企業尚未收到銀行收款通知書；

②企業於月末交存銀行的轉帳支票 16,400 元，銀行尚未入帳；

③銀行代扣企業借款利息 1,800 元，企業尚未收到付款通知；

④企業於月末開出轉帳支票 20,000 元，持票人尚未到銀行辦理轉帳手續。

該公司銀行存款餘額調節表如表 2-8 所示。

表 2-8　　　　　　　　　　銀行存款餘額調節表

存款種類：結算戶存款　　　　　201×年 9 月 30 日

項目	金額（元）	項目	金額（元）
企業帳面存款餘額	149,300	銀行對帳單存款餘額	162,500
加：銀行已收，企業未收款項	E	加：企業已收，銀行未收款項	H
減：銀行已付，企業未付款項	F	減：企業已付，銀行未付款項	I
調節后餘額	G	調節后餘額	J

要求：根據上述資料，回答（1）~（4）題。

(1) 字母 E 和 F 的金額分別為（　　）元。
A. 8,000、1,800　　　　　　　　B. 1,800、8,000
C. 16,400、20,000　　　　　　　D. 20,000、16,400

(2) 字母 H 和 I 的金額分別為（　　）元。
A. 8,000、1,800　　　　　　　　B. 1,800、8,000
C. 16,400、20,000　　　　　　　D. 20,000、16,400

(3) 字母 G 和 J 的金額分別為（　　）元。

A. 149,300、162,500 B. 162,500、149,300
C. 158,900、155,500 D. 155,500、158,900

（4）下列表述中正確的有（　　）。

A. 可能存在尚未核對出的其他未達帳項

B. 企業的銀行存款日記帳可能存在記帳差錯

C. 銀行對企業存款的記帳可能存在差錯

D. 企業或銀行的帳簿記錄正確無誤

【參考答案】

1. B	2. B	3. B	4. C	5. B
6. A	7. C	8. B	9. C	10. C
11. ABCD	12. D	13. A	14. B	15. B
16. C	17. C	18. C	19. BC	20. BD
21. C	22. ABC	23. CD	24. AB	25. AB
26. BC	27. ABC	28. ABCD	29. AC	
30.（1）A	（2）C	（3）D	（4）ABC	

【解析】

16. 對盤盈的存貨應按估計成本作為入帳價值，該估計成本可按同類或類似存貨的市場價格確定。

24. 由清查小組對庫存現金進行定期或不定期清查，出納人員必須在場，現金由出納人員經手盤點，代保管現金不得計入庫存現金的實存數；現金盤點報告應由盤點人員和出納人員共同簽章生效。

27. 不能在收到對方單位回單后根據對方單位回單調整有關往來款項帳戶記錄。在收到對方單位回單后，應據此編制「往來款項清查表」，並及時催收該收回的款項，積極處理呆帳懸案。

第八章　財務會計報告

一、本章考點

1. 財務會計報告概述

（1）含義和目標；

（2）構成；

（3）編制要求。

2. 資產負債表

（1）概念和意義；

（2）格式；

（3）編制方法；

（4）實例。

3. 利潤表

（1）概念和意義；

（2）格式；

（3）編制方法；

（4）實例。

二、本章習題

（一）單選題

1. 資產負債表中，可以根據總帳科目餘額直接填列的項目是（　　）。
   A. 交易性金融資產　　　　B. 預收帳款
   C. 預付帳款　　　　　　　D. 其他應收款

2. 中國企業資產負債表採用（　　）結構。
   A. 多步式　　　　　　　　B. 單步式
   C. 報告式　　　　　　　　D. 帳戶式

3. 利潤表是反映企業一定時期（　　）的會計報表。
   A. 財務狀況　　　　　　　B. 經營成果
   C. 現金流量　　　　　　　D. 資本變化

4. 資產負債表中所有者權益各項目自上而下的排列順序是（　　）。
   A. 盈餘公積、資本公積、未分配利潤、實收資本
   B. 實收資本、盈餘公積、資本公積、未分配利潤
   C. 實收資本、盈餘公積、未分配利潤、實收資本
   D. 實收資本、資本公積、盈餘公積、未分配利潤

5. 資產負債表中，資產項目按照（　　）排列。
   A. 相關性大小　　　　　　B. 重要性大小
   C. 可比性高低　　　　　　D. 流動性高低

6. 可以根據總帳帳戶期末餘額直接填列的資產負債表項目是（　　）
   A. 應付職工薪酬　　　　　B. 貨幣資金
   C. 存貨　　　　　　　　　D. 固定資產

7. 資產負債表中的存貨項目，應根據材料採購（或在途物資）、原材料、週轉材料、庫存商品、委託加工物資、生產成本等帳戶的期末餘額之和，減去（　　）帳戶期末餘額后的金額填列。
   A. 存貨跌價準備　　　　　B. 累計折舊
   C. 資產減值損失　　　　　D. 累計攤銷

8. 財務會計報告的裝訂順序為（　　）。
   A. 封面→各種會計報表→編制說明→會計報表附註→封底
   B. 封面→編制說明→各種會計報表→會計報表附註→封底

C. 封面→各種會計報表→會計報表附註→編制說明→封底

D. 封面→編制說明→會計報表附註→各種會計報表→封底

9. 某企業會計年度的期末應收帳款所屬明細帳戶借方餘額之和為 500,800 元，所屬明細帳戶貸方餘額之和為 9,800 元，總帳為借方餘額 491,000 元。在當期資產負債表「應收帳款」項目所填列的數額為（　　）元。

A. 500,800
B. 9,800
C. 491,000
D. 510,600

10. 某企業本月利潤表中的營業收入為 450,000 元，營業成本為 216,000 元，稅金及附加 9,000 元，管理費用為 10,000 元，財務費用為 5,000 元，銷售費用為 8,000 元，則其營業利潤為（　　）元。

A. 217,000
B. 225,000
C. 234,000
D. 202,000

11. 下列有關附註的說法中，不正確的是（　　）。

A. 附註不屬於財務會計報告的組成部分
B. 或有事項應在附註中說明
C. 企業的基本情況應在附註中說明
D. 附註是財務會計報告的組成部分

12. 依據中國的會計準則，利潤表採用的格式為（　　）。

A. 單步式
B. 多步式
C. 帳戶式
D. 混合式

13. 財務報表編制的依據和編制財務會計報告的主要目的是（　　）。

A. 原始憑證和綜合反映企業的現金流動情況
B. 科目匯總表和綜合反映企業的財務狀況
C. 記帳憑證和綜合反映企業的經營成果
D. 帳簿記錄和為財務會計報告使用者進行決策提供會計信息

14. 資產負債表是反映企業（　　）財務狀況的財務報表。

A. 某一特定日期
B. 一定時期內
C. 某一年份內
D. 某一月份內

15. 下列各個財務報表中，屬於企業對外提供的靜態報表是（　　）。

A. 利潤表
B. 所有者權益變動表
C. 現金流量表
D. 資產負債表

16. 某年 12 月 31 日編制的年度利潤表中，「本期金額」一欄反映了（　　）。

A. 12 月 1 日利潤或虧損的形成情況
B. 12 月累計利潤或虧損的形成情況
C. 本年度利潤或虧損的形成情況
D. 第四季度利潤或虧損的形成情況

17. 「應收帳款」科目所屬明細科目如有貸方餘額，應在資產負債表（　　）項目中反映。

A. 預付帳款 　　　　　　　　B. 預收款項
C. 應收帳款 　　　　　　　　D. 應付帳款

18. 編制財務報表時，以「資產＝負債＋所有者權益」這一會計等式作為編制依據的財務報表是（　　）。

A. 利潤表 　　　　　　　　　B. 所有者權益變動表
C. 資產負債表 　　　　　　　D. 現金流量表

19. 編制財務報表時，以「收入－費用＝利潤」這一會計等式作為編制依據的財務報表是（　　）。

A. 利潤表 　　　　　　　　　B. 所有者權益變動表
C. 資產負債表 　　　　　　　D. 現金流量表

20. 資產負債表中的各項目的填列方法是（　　）。

A. 都按有關帳戶期末餘額直接填列
B. 必須對帳戶發生額和餘額進行分析和計算才能填列
C. 應根據有關帳戶的發生額填列
D. 有的項目可以直接根據帳戶期末餘額填列，有的項目需要根據有關帳戶期末餘額計算分析填列

21. 某企業「應付帳款」明細帳期末餘額情況如下：「應付帳款——X 企業」貸方餘額為 200,000 元，「應付帳款——Y 企業」借方餘額為 180,000 元，「應付帳款——Z 企業」貸方餘額為 300,000 元。假如該企業「預付帳款」明細帳均為借方餘額，則根據以上數據計算的反映在資產負債表上「應付帳款」項目的數額為（　　）元。

A. 680,000 　　　　　　　　B. 320,000
C. 500,000 　　　　　　　　D. 80,000

22. 下列選項中，直接根據總分類帳戶餘額填列資產負債表項目的是（　　）。

A. 應付票據 　　　　　　　　B. 應收帳款
C. 未分配利潤 　　　　　　　D. 存貨

23. 在資產負債表中資產按照其流動性排列時，下列排列方法中，正確的是（　　）。

A. 存貨、無形資產、交易性金融資產、金融資產
B. 交易性金融資產、存貨、無形資產、貨幣資金
C. 無形資產、貨幣資金、交易性金融資產、存貨
D. 貨幣資金、交易性金融資產、存貨、無形資產

24. 按照財務報表反映的經濟內容分類，資產負債表屬於反映（　　）的報表。

A. 某一特定日期財務狀況 　　B. 經營成果
C. 對外報表 　　　　　　　　D. 月報

25. 資產負債表的下列項目中，需要根據幾個總帳科目的期末餘額進行匯總填列的是（　　）。

A. 應付職工薪酬 　　　　　　B. 短期借款
C. 貨幣資金 　　　　　　　　D. 資本公積

26. 資產負債表中的存貨項目應根據（　　　）。
    A. 存貨類帳戶的期末借方餘額的合計數填列
    B. 原材料帳戶的期末借方餘額直接填列
    C. 原材料、生產成本和庫存商品等帳戶的期末借方餘額之和減去存貨跌價準備帳戶餘額填列
    D. 原材料、在產品和庫存商品等帳戶的期末借方餘額之和填列

27. 可以反映企業的短期償債能力和長期償債能力的報表是（　　　）。
    A. 利潤表   B. 利潤分配表
    C. 資產負債表   D. 現金流量表

28. 編制利潤表主要是根據（　　　）。
    A. 資產、負債和所有者權益各帳戶的本期發生額
    B. 資產、負債和所有者權益各帳戶的期末餘額
    C. 損益類各帳戶的本期發生額
    D. 損益類各帳戶的期末餘額

29. 資產負債表中的資產項目應按（　　　）大小順序排列。
    A. 流動性   B. 重要性
    C. 變動性   D. 盈利性

30. 財務報表中各項目數字的直接來源是（　　　）。
    A. 原始憑證   B. 日記帳
    C. 記帳憑證   D. 帳簿記錄

31. 資產負債表中的應付帳款項目應（　　　）。
    A. 直接根據應付帳款帳戶的期末貸方餘額填列
    B. 根據應付帳款帳戶的期末貸方餘額和應收帳款帳戶的期末借方餘額填列
    C. 根據應付帳款帳戶的期末貸方餘額和應收帳款帳戶的期末貸方餘額填列
    D. 根據應付帳款和預付帳款帳戶所屬相關明細帳戶的貸方餘額計算填列

32. 在利潤表中，利潤總額減去（　　　）得出淨利潤。
    A. 管理費用   B. 增值稅
    C. 營業外支出   D. 所得稅費用

33. H公司年末應收帳款帳戶所屬明細帳戶的借方餘額為100萬元，預收帳款帳戶貸方餘額為150萬元，其中，明細帳的借方餘額為15萬元，貸方餘額為165萬元。應收帳款帳戶對應的壞帳準備帳戶期末餘額為8萬元，該企業年末資產負債表中應收帳款項目的金額為（　　　）萬元。
    A. 163   B. 100
    C. 115   D. 107

34. 下列選項中，不會引起利潤總額增減變化的是（　　　）。
    A. 銷售費用   B. 管理費用
    C. 所得稅費用   D. 營業外支出

35. （　　　）是指企業對外提供的反映企業某一特定日期財務狀況和某一會計期間

經營成果、現金流量情況的書面文件。
    A. 資產負債表   B. 利潤表
    C. 會計報表附註   D. 財務會計報告
36. 下列資產項目中，屬於非流動資產項目的是（   ）。
    A. 應收票據   B. 交易性金融資產
    C. 長期待攤費用   D. 存貨
37. 下列資產項目中，屬於非流動負債項目的是（   ）。
    A. 應付票據   B. 長期借款
    C. 應付股利   D. 應付職工薪酬

【參考答案】
1. A	2. D	3. B	4. D	5. D
6. A	7. A	8. B	9. A	10. D
11. A	12. B	13. D	14. A	15. D
16. C	17. B	18. C	19. A	20. D
21. C	22. A	23. D	24. A	25. C
26. C	27. C	28. C	29. A	30. D
31. D	32. D	33. D	34. C	35. D
36. C	37. B			

(二) 多選題

1. 財務會計報告應當包括（   ）。
    A. 資產負債表   B. 附註
    C. 所有者權益變動表   D. 現金流量表
2. 按編制時間分類可將財務報表分為（   ）。
    A. 月報   B. 季報
    C. 半年報   D. 日報
3. 下列選項中，屬於資產負債表項目的有（   ）。
    A. 營業成本   B. 工程物資
    C. 實收資本   D. 未分配利潤
4. 下列選項中，正確的有（   ）。
    A. 淨利潤＝利潤總額－所得稅費用
    B. 營業利潤＝營業收入－營業成本－稅金及附加－銷售費用－管理費用－財務費用－資產減值損失＋公允價值變動收益＋投資收益
    C. 營業收入＝主營業務收入＋其他業務收入
    D. 營業成本＝主營業務成本＋稅金及附加
5. 利潤表中「營業成本」項目填列的依據有（   ）。
    A. 營業外支出帳戶發生額
    B. 主營業務成本帳戶發生額

C. 其他業務成本帳戶發生額
D. 稅金及附件帳戶發生額

6. 下列選項中，屬於利潤表提供的信息有（　　）。
   A. 實現的營業收入
   B. 發生的營業成本
   C. 營業利潤
   D. 企業的利潤或虧損總額

7. 下列選項中，屬於資產負債表中流動資產項目的有（　　）。
   A. 貨幣資金
   B. 預收帳款
   C. 應收帳款
   D. 存貨

8. 編制資產負債表時，需根據有關總帳科目期末餘額分析，計算填列的項目有（　　）。
   A. 貨幣資金
   B. 預付帳款
   C. 存貨
   D. 短期借款

9. 多步式利潤表可以反映企業的（　　）等項目。
   A. 所得稅費用
   B. 營業利潤
   C. 利潤總額
   D. 淨利潤

10. 下列等式中，正確的有（　　）。
    A. 資產 = 負債 + 所有者權益
    B. 營業利潤 = 主營業務收入 + 其他業務收入 – 主營業務成本 – 其他業務成本 + 投資收益 + 公允價值變動收益
    C. 利潤總額 = 營業利潤 + 營業外收入 – 營業外支出
    D. 淨利潤 = 利潤總額 – 所得稅費用

11. 下列帳戶中，可能影響資產負債表中「應付帳款」項目金額的有（　　）。
    A. 「應收帳款」
    B. 「預收帳款」
    C. 「應付帳款」
    D. 「預付帳款」

12. 資產負債表中，「預收帳款」項目應根據（　　）總分類帳戶所屬明細分類帳戶期末貸方餘額合計填列。
    A. 「預付帳款」
    B. 「應收帳款」
    C. 「應付帳款」
    D. 「預收帳款」

13. 資產負債表的數據來源可以根據（　　）取得。
    A. 總帳科目餘額直接填列
    B. 總帳科目餘額計算填列
    C. 記帳憑證直接填列
    D. 明細科目餘額計算填列

14. 企業財務報表按其編報的時間不同，分為（　　）。
    A. 半年度報表
    B. 月度報表
    C. 季度報表
    D. 年度報表

15. 下列項目中，列示在資產負債表左方的有（　　）。
    A. 固定資產
    B. 無形資產
    C. 非流動資產
    D. 流動資產

16. 下列項目中，列示在資產負債表右方的有（   ）。
    A. 非流動資產   B. 非流動負債
    C. 流動負債   D. 所有者權益
17. 下列項目中，會影響營業利潤計算的有（   ）。
    A. 營業外收入   B. 稅金及附加
    C. 營業成本   D. 銷售費用
18. 下列項目中，會影響利潤總額計算的項目有（   ）。
    A. 營業收入   B. 營業外支出
    C. 營業外收入   D. 投資收益
19. 下列屬於對財務會計報告編制要求的有（   ）。
    A. 真實可靠   B. 編報及時
    C. 全面完整   D. 便於理解
20. 下列選項中，屬於資產負債表中流動負債項目的有（   ）。
    A. 應付職工薪酬   B. 應付股利
    C. 應交稅費   D. 應付票據
21. 單位編制財務會計報告的主要目的就是為（   ）及社會公眾等財務報告的使用者進行決策提供會計信息。
    A. 投資者   B. 債權人
    C. 政府及相關機構   D. 企業管理人員
22. 資產負債表中的「預付帳款」項目應根據（   ）之和填列。
    A. 預付帳款明細帳戶的借方餘額
    B. 預付帳款明細帳戶的貸方餘額
    C. 應付帳款明細帳戶的貸方餘額
    D. 應付帳款明細帳戶的借方餘額
23. 資產負債表中的「應收帳款」項目應根據（   ）之和減去壞帳準備帳戶中有關應收帳款計提的壞帳準備期末餘額填列。
    A. 應收帳款科目所屬明細帳戶的借方餘額
    B. 應收帳款科目所屬明細帳戶的貸方餘額
    C. 應付帳款科目所屬明細帳戶的貸方餘額
    D. 預收帳款科目所屬明細帳戶的借方餘額
24. 中期財務會計報告包括（   ）。
    A. 月度財務會計報告   B. 半年度財務會計報告
    C. 季度財務會計報告   D. 年度財務會計報告
25. 資產負債表中的「貨幣資金」項目應根據（   ）帳戶期末餘額的合計數填列。
    A. 應收帳款   B. 庫存現金
    C. 銀行存款   D. 其他貨幣資金
26. 下列表述中正確的有（   ）。

A. 資產負債表是動態報表
B. 利潤表是動態報表
C. 現金流量表是動態報表
D. 會計報表附註是對會計報表項目的補充說明

27. 財務會計報告的內容包括（　　）。
A. 會計報表
B. 會計報表附註
C. 試算平衡表
D. 應在財務會計報表中披露的相關信息和資料

28. 會計報表至少應包括（　　）。
A. 資產負債表
B. 利潤表
C. 現金流量表
D. 所有者權益變動表

29. 利潤表中的「營業收入」項目應根據（　　）科目的本期發生額計算填列。
A.「主營業務收入」
B.「營業外收入」
C.「投資收益」
D.「其他業務收入」

30. 可以根據總帳帳戶期末餘額直接填列的資產負債表項目有（　　）。
A. 交易性金融資產
B. 貨幣資金
C. 固定資產清理
D. 實收資本

31. 不屬於資產負債表項目的是（　　）。
A. 庫存現金
B. 待處理財產損溢
C. 利潤分配——未分配利潤
D. 原材料

【參考答案】

1. ABCD	2. ABC	3. BCD	4. ABC	5. BC
6. ABCD	7. ACD	8. AC	9. ABCD	10. ACD
11. CD	12. BD	13. ABD	14. ABCD	15. ABCD
16. BCD	17. BCD	18. ABCD	19. ABCD	20. ABCD
21. ABCD	22. AD	23. AD	24. ABC	25. BCD
26. BCD	27. ABD	28. ABCD	29. AD	30. ACD
31. ABCD				

（三）判斷題

1. 將於一年內到期的非流動負債，在資產負債表中應作為流動負債單獨列示。（　　）

2. 現金流量是指企業現金和現金等價物的流入量和流出量。（　　）

3. 現金流量表中的「現金」僅指庫存現金。（　　）

4. 資產負債表的「存貨」項目包括在途物資、原材料、生產成本、庫存商品等。（　　）

5.「生產成本」是利潤表的組成項目。（　　）

6. 鴻運公司201×年3月主營業務成本和其他業務成本帳戶的本期發生額分別為450,000元和150,000元，則201×年3月利潤表中「營業成本」項目的本期金額為600,000元。（　　）

7. 201×年12月31日，嘉瑞公司長期借款帳戶貸方餘額為520,000元，其中的200,000元將於201×年7月1日到期。嘉瑞公司201×年12月31日的資產負債表中，「長期借款」項目的期末餘額應為320,000元。（　　）

8. 財務會計報告使用者包括投資者、債權人、政府及有關部門和社會公眾等。（　　）

9. 「生產成本」科目餘額應列入損益表。（　　）

10. 利潤表中的「營業外收入」項目反映直接計入當期利潤的利得，包括公允價值變動收益、材料盤盈等。（　　）

11. 利潤表中的「稅金及附加」項目，反映企業日常經營活動應負擔的消費稅、城市維護建設稅、所得稅等稅金和教育費附加。（　　）

12. 資產負債表中的「應收帳款」項目，應根據應收帳款帳戶和預收帳款帳戶所屬明細帳戶的期末借方餘額合計數，減去壞帳準備帳戶期末餘額后的金額填列。（　　）

13. 在現金流量表中，企業應區分經營活動、投資活動和籌資活動列報其現金流量。（　　）

14. 小企業可以不編制現金流量表。（　　）

15. 企業的帳戶式資產負債表左側的資產項目是按金額大小排列的。（　　）

16. 實際工作中，為使財務報表及時報送，企業可以提前結帳。（　　）

17. 編制財務會計報告的主要目的就是為財務報告使用者進行決策提供信息。（　　）

18. 資產負債表的格式主要有帳戶式和報告式兩種，中國採用的是報告式，因此才出現財務會計報告這個名詞。（　　）

19. 資產負債表中的「長期待攤費用」項目應根據長期待攤費用帳戶的餘額直接填列。（　　）

20. 利潤表是反映企業在一定會計期間經營成果的報表，屬於靜態報表。（　　）

21. 利潤表的格式主要有多步式和單步式兩種，中國採用多步式結構。（　　）

22. 營業利潤減去管理費用、銷售費用、財務費用和所得稅費用後得到淨利潤。（　　）

23. 財務報表按其反映的內容，可以分為動態財務報表和靜態財務報表，資產負債表是反映在某一期間財務狀況的財務報表。（　　）

24. 財務會計報告是由單位根據經過審核的會計憑證編制的。（　　）

25. 資產負債表的「期末餘額」欄各項目主要是根據總帳或有關明細帳本期發生額直接填列的。（　　）

26. 資產負債表中「貨幣資金」項目應根據銀行存款帳戶的期末餘額填列。（　　）

139

27. 資產負債表中「固定資產」項目應根據固定資產帳戶餘額減去累計折舊、固定資產減值準備等帳戶的期末餘額后的金額填列。（　）

28. 利潤表中「營業成本」項目反映企業銷售產品和提供勞務等主要經營業務的各項銷售費用和實際成本。（　）

29. 利潤表是反映企業一定日期財務狀況的財務報表。（　）

30. 資產負債表中資產項目是按資產流動性由小到大的順序排列的。（　）

31. 利潤表中的各項目應根據有關損益類帳戶的本期發生額或餘額部分計算填列。（　）

32. 帳戶式資產負債表左右兩方，右方為負債及所有者權益項目，一般按要求按金額大小順序排列。（　）

33. 財務報表項目數據的直接來源是原始憑證和記帳憑證。（　）

34. 向不同的會計資料使用者提供財務會計報告，其編制依據應當一致。（　）

35. 資產負債表是總括反映企業特定日期資產、負債和所有者權益情況的動態報表。通過資產負債表可以瞭解企業的資產構成、資金的來源構成和企業債務的償還能力。（　）

36. 中期財務報告是反映以一年的中間日為資產負債表日編制的財務報告。（　）

【參考答案】

1. √	2. √	3. ×	4. ×	5. ×
6. √	7. √	8. √	9. ×	10. ×
11. ×	12. √	13. √	14. √	15. ×
16. ×	17. √	18. ×	19. ×	20. ×
21. √	22. ×	23. ×	24. ×	25. ×
26. ×	27. √	28. ×	29. ×	30. ×
31. ×	32. ×	33. ×	34. √	35. ×
36. ×				

【解析】

4. 工業企業的存貨包括在途物資、原材料、生產成本、庫存商品等，商業企業的存貨包括在途商品、庫存商品、加工商品、出租商品、分期收款發出商品、材料物資、包裝物和低值易耗品等。

19. 資產負債表中的「長期待攤費用」項目應根據長期待攤費用帳戶期末餘額減去一年內（含一年）攤銷的數額后的金額填列。

(四) 不定項選擇題

1. 下列帳簿中，屬於會計帳簿主體而且是編制會計報表主要依據的是（　）。
   A. 日記帳　　　　　　　　　　B. 分類帳
   C. 備查帳　　　　　　　　　　D. 訂本帳

2. 資產負債表的下列資產項目，自上而下排列順序正確的是（　）。

A. 貨幣資金、應收帳款、固定資產、無形資產、長期股權投資
B. 固定資產、貨幣資金、長期股權投資、應收帳款、無形資產
C. 貨幣資金、應收帳款、固定資產、無形資產、長期股權投資
D. 貨幣資金、應收帳款、長期股權投資、固定資產、無形資產

3. 「預付帳款」科目所屬有關明細帳戶的期末貸方餘額，應填列在資產負債表的（　　）項目。

　　A. 預付帳款　　　　　　　　B. 應付帳款
　　C. 預收帳款　　　　　　　　D. 應收帳款

4. 資產負債表中應根據明細科目餘額填列的項目有（　　）。

　　A. 預收帳款　　　　　　　　B. 應收帳款
　　C. 固定資產　　　　　　　　D. 應付帳款

5. 不需在資產負債表上單獨列示的資產減值準備有（　　）。

　　A. 無形資產減值準備　　　　B. 固定資產減值準備
　　C. 存貨跌價準備　　　　　　D. 長期股權投資跌價準備

6. 利潤總額減去所得稅費用後的餘額是（　　）。

　　A. 主營業務利潤　　　　　　B. 其他業務利潤
　　C. 每股收益　　　　　　　　D. 淨利潤

7. 影響營業利潤的因素有（　　）。

　　A. 其他業務收入　　　　　　B. 財務費用
　　C. 稅金及附加　　　　　　　D. 營業外收入

8. 某企業201×年度銷售商品取得主營業務收入為1,300,000元，增值稅銷項稅額為221,000元，採購商品及增值稅進項稅額為845,000元；本年度應收帳款增加250,000元，應付票據增加160,000元。假定不考慮其他因素，所有款項的收付均通過銀行存款，該企業編制的現金流量表有關項目正確的有（　　）。

　　A. 銷售商品提供勞務收到的現金為1,271,000元
　　B. 銷售商品提供勞務收到的現金為1,111,000元
　　C. 購買商品接受勞務支付的現金為1,005,000元
　　D. 購買商品接受勞務支付的現金為685,000元

9. 資產負債表的作用是（　　）。

　　A. 反映企業某一時期的經營成果　　B. 反映企業某一時期的財務狀況
　　C. 反映企業某一時點的經營成果　　D. 反映企業某一時點的財務狀況

10. 資產負債表中負債項目的排列順序是按（　　）排列。

　　A. 項目的重要性程序　　　　B. 項目的金額大小
　　C. 項目的支付性大小　　　　D. 清償債務的先後

11. 下列關於資產負債表的表述中，錯誤的是（　　）。

　　A. 編制的理論依據是「資產＝負債＋所有者權益」會計平衡公式
　　B. 各項目按一定的分類標準和一定的順序予以適當排列設計
　　C. 可以幫助財務會計報表使用者全面瞭解企業財務狀況的信息

D. 作為對外提供會計報表，僅為企業外部利益關係人提供服務

12. 下列計算公式中，利潤總額的計算公式是（　　　）。
    A. 利潤總額＝營業利潤－營業費用＋營業外收入－營業外支出
    B. 利潤總額＝營業利潤－管理費用－營業費用－財務費用
    C. 利潤總額＝營業利潤＋營業外收入－營業外支出－所得稅費用
    D. 利潤總額＝營業利潤＋營業外收入－營業外支出

13. 某企業 201×年利潤表中，投資收益為 18,000 元，營業利潤為 12,800 元，營業外收入為 14,000 元，營業外支出為 10,000 元，所得稅為 4,950 元，則該企業當年利潤表中的淨利潤為（　　　）元。
    A. 11,850　　　　　　　　　　　　B. 16,800
    C. 29,850　　　　　　　　　　　　D. 34,800

14. 下列項目中，與計算利潤表營業利潤項目無關的是（　　　）。
    A. 所得稅費用　　　　　　　　　　B. 銷售費用
    C. 管理費用　　　　　　　　　　　D. 投資收益

15. 下列事項中，不影響企業現金流量的是（　　　）。
    A. 取得銀行短期借款　　　　　　　B. 支付給投資者現金股利
    C. 償還銀行長期借款　　　　　　　D. 以某固定資產對外投資

16. 下列會計報表中，屬於動態會計報表的有（　　　）。
    A. 資產負債表　　　　　　　　　　B. 利潤表
    C. 現金流量表　　　　　　　　　　D. 會計報表附註

17. 下列項目中，屬於資產負債表流動資產項目的有（　　　）。
    A. 貨幣資金　　　　　　　　　　　B. 應收票據
    C. 應收帳款　　　　　　　　　　　D. 預付帳款

18. 下列資產負債表項目中，應根據明細帳餘額分析填列的有（　　　）。
    A. 應收帳款　　　　　　　　　　　B. 預收帳款
    C. 固定資產　　　　　　　　　　　D. 應付帳款

19. 下列項目中，應在資產負債表存貨項目填列的有（　　　）。
    A. 庫存商品　　　　　　　　　　　B. 生產成本
    C. 工程材料　　　　　　　　　　　D. 存貨跌價準備

20. 編制資產負債表時，可以根據總帳餘額直接填列的項目有（　　　）。
    A. 應收帳款　　　　　　　　　　　B. 應收股利
    C. 短期借款　　　　　　　　　　　D. 實收資本

21. 中國企業利潤表採用多步式，其分步計算的指標有（　　　）。
    A. 營業收入　　　　　　　　　　　B. 營業利潤
    C. 利潤總額　　　　　　　　　　　D. 淨利潤

22. 下列各項中，屬於經營活動現金流出的有（　　　）。
    A. 繳納的企業所得稅　　　　　　　B. 繳納的增值稅

C. 支付的借貸款利息　　　　　　D. 購買材料支付的現金
23. 下列各項中，屬於現金流量表經營活動產生的現金流量項目有（　　）。
　　A. 銷售商品、提供勞務收到的現金
　　B. 購買商品、接受勞務支付的現金
　　C. 分配股利、償付利息支付的現金
　　D. 支付給職工以及為職工支付的現金
24. 下列各項中，屬於編制財務會計報告應符合的要求有（　　）。
　　A. 合理謹慎　　　　　　　　　　B. 真實可靠
　　C. 內容完整　　　　　　　　　　D. 相關可比
25. 201×年3月31日，某公司有關帳戶期末餘額及相關經濟業務如下：

①庫存現金帳戶借方餘額2,000元，銀行存款帳戶借方餘額350,000元，其他貨幣資金帳戶借方餘額500,000元。

②應收帳款總額帳戶借方餘額350,000元，其所屬明細帳戶借方餘額合計為480,000元，所屬明細帳貸方餘額合計為130,000元，「壞帳準備」帳戶貸方餘額30,000元（均系應收帳款計提）。

③固定資產帳戶借方餘額8,700,000元，累計折舊帳戶貸方餘額2,600,000元，固定資產減值準備帳戶貸方餘額600,000元。

④應付帳款總帳帳戶貸方餘額240,000元，其所屬明細分類帳戶貸方餘額合計為350,000元，其所屬明細帳借方餘額合計為110,000元。

⑤預付帳款總帳帳戶借方餘額130,000元，其所屬明細分類帳戶借方餘額合計為160,000元，其所屬明細帳貸方餘額合計為30,000元。

⑥本月實現營業收入2,000,000元，營業成本為1,500,000元，稅金及附加為240,000元，期間費用為100,000元，營業外收入為20,000元，適用所得稅稅率為25%。

要求：根據上述資料，回答（1）～（5）題。

（1）該公司201×年3月31日的資產負債表中「貨幣資金」項目「期末餘額」欄的金額是（　　）元。
　　A. 852,000　　　　　　　　　　B. 2,000
　　C. 352,000　　　　　　　　　　D. 502,000

（2）該公司201×年3月31日的資產負債表中「應收帳款」和「預收帳款」兩個項目「期末餘額」欄的金額分別是（　　）元。
　　A. 480,000　　　　　　　　　　B. 450,000
　　C. 350,000　　　　　　　　　　D. 130,000

（3）該公司201×年3月31日的資產負債表中「固定資產」項目「期末餘額」欄的金額是（　　）元。
　　A. 8,700,000　　　　　　　　　B. 6,100,000
　　C. 5,500,000　　　　　　　　　D. 6,700,000

(4) 該公司201×年3月31日的資產負債表中「應付帳款」和「預付帳款」兩個項目「期末餘額」欄的金額分別是（　　　）元。

　　A. 240,000　　　　　　　　　　B. 380,000
　　C. 270,000　　　　　　　　　　D. 130,000

(5) 該公司201×年3月利潤表中的營業利潤、利潤總額和淨利潤「本期金額」欄的金額分別是（　　　）元。

　　A. 160,000　　　　　　　　　　B. 180,000
　　C. 120,000　　　　　　　　　　D. 135,000

26. 某公司201×年1月末簡要資產負債表如表2-9所示。

表2-9　　　　　　　　　　　資產負債表（簡式）
　　　　　　　　　　　　　　201×年1月31日　　　　　　　　　　　　單位：元

資產	金額	負債及所有者權益	金額
銀行存款	80,000	應付帳款	10,000
原材料	60,000	應付票據	20,000
固定資產	200,000	實收資本	300,000
		資本公積	10,000
合計	340,000	合計	340,000

201×年2月，該公司發生下列經濟業務：
①以銀行存款20,000元購生產用設備。
②將到期無力償還的應付票據10,000元轉為應付帳款。
③將資本公積6,000元轉增實收資本。
④購進生產用材料8,000元，款項尚未支付。

要求：根據上述資料，回答(1)~(4)題（不考慮其他因素和各種稅費）。

(1) 下列表述正確的有（　　　）。
　　A. 以銀行存款20,000元購買生產用設備，會引起資產內部的一增一減
　　B. 將到期無力償還的應付票據10,000元轉為應付帳款，會引起負債內部的一增一減
　　C. 將資本公積6,000元轉增資本，會引起所有者權益內的一增一減
　　D. 購進生產用材料8,000元，款項尚未支付，會引起資產與負債同時增加

(2) 關於該公司2月末有關帳戶的餘額，正確的有（　　　）。
　　A. 固定資產借方餘額220,000元　　B. 應付帳款貸方餘額28,000元
　　C. 實收資本貸方餘額306,000元　　D. 資本公積借方餘額4,000元

(3) 關於該公司資產總額和淨資產總額的表述，正確的有（　　　）。
　　A. 2月末的資產總額為348,000元　　B. 2月末的資產總額為342,000元
　　C. 2月末的淨資產總額為310,000元　　D. 2月末的淨資產總額為308,000元

(4) 關於該公司2月份各帳戶的發生額合計，正確的有（　　　）。

A. 借方發生額合計為 348,000 元　　B. 借方發生額合計為 44,000 元
C. 貸方發生額合計為 348,000 元　　D. 貸方發生額合計為 44,000 元

【參考答案】
1. B　　　　2. D　　　　3. B　　　　4. ABD　　　5. ABD
6. D　　　　7. ABC　　　8. AD　　　9. D　　　　10. D
11. D　　　 12. D　　　 13. A　　　14. A　　　 15. D
16. BC　　　17. ABCD　　18. ABD　　19. ABD　　 20. BCD
21. BCD　　 22. ABD　　 23. ABD　　24. BCD
25.（1）A　　（2）BD　　（3）C　　（4）BC　　（5）ABD
26.（1）ABCD（2）ABC　　（3）AC　　（4）BD

【解析】
24. 財務會計報表是企業提供會計信息的重要手段，必須做到真實可靠、相關可比、內容完整、編報及時、便於理解。

第九章　會計檔案

一、本章考點

1. 會計檔案概述
（1）概念；
（2）內容。
2. 會計檔案保管
（1）裝訂；
（2）整理立卷；
（3）歸檔；
（4）保管期限；
（5）查閱和複製；
（6）銷毀。

二、本章習題

（一）單選題

1. 會計檔案保管期限應從（　　）。
　　A. 移交檔案管理部門之日算起　　B. 會計年度終了后的第一天算起
　　C. 年度會計報表簽發日算起　　　D. 下一會計年度首月末之日算起
2. 某企業按規定需要銷毀會計檔案，監銷人員的派出單位應為（　　）。
　　A. 本企業檔案機構和會計機構　　B. 財政部門
　　C. 審計部門　　　　　　　　　　D. 主管部門

3. 未設立檔案機構的單位，會計檔案的保管部門和人員應是（　　）。
   A. 人事部門的相關人員　　　　　B. 會計部門的出納人員
   C. 會計部門的非出納人員　　　　D. 會計部門的任何人員
4. 按規定保管期限應超過 20 年的會計檔案是（　　）。
   A. 記帳憑證　　　　　　　　　　B. 會計移交清冊
   C. 會計檔案銷毀清冊　　　　　　D. 輔助帳簿
5. 應永久保管的會計檔案是（　　）。
   A. 原始憑證　　　　　　　　　　B. 年度財務會計報告（決算）
   C. 總帳　　　　　　　　　　　　D. 日記帳
6. 原始憑證和記帳憑證的保管期限為（　　）年。
   A. 30　　　　　　　　　　　　　B. 25
   C. 3　　　　　　　　　　　　　D. 10
7. 下列會計資料中，屬於會計檔案的是（　　）。
   A. 庫存現金日記帳　　　　　　　B. 公司財務制度
   C. 購銷合同　　　　　　　　　　D. 年度財務預算
8. 會計檔案是指記錄和反映經濟業務事項的重要歷史（　　）。
   A. 憑證　　　　　　　　　　　　B. 資料和依據
   C. 史料和證據　　　　　　　　　D. 材料
9. 企業年度財務報告的保管期限為（　　）。
   A. 5 年　　　　　　　　　　　　B. 15 年
   C. 25 年　　　　　　　　　　　　D. 永久
10. 各種會計檔案的保管期限，根據其特點分為永久、定期兩類。定期保管期限分為（　　）兩種。
    A. 10 年、20 年　　　　　　　　B. 15 年、25 年
    C. 15 年、30 年　　　　　　　　D. 10 年、30 年
11. 下列會計檔案中，需要保管 30 年的是（　　）。
    A. 銀行存款對帳單　　　　　　　B. 銀行存款日記帳
    C. 納稅申報表　　　　　　　　　D. 年度財務會計報告
12. 其他單位如果因特殊原因需要使用會計檔案時，經上級主管單位批准（　　）。
    A. 可以查閱　　　　　　　　　　B. 只可以查閱不能複製
    C. 不可查閱或複製　　　　　　　D. 可以查閱或複製
13. 下列會計檔案中，不需要永久保存的是（　　）。
    A. 財政總預算　　　　　　　　　B. 稅收日記帳和總帳
    C. 會計檔案保管清冊　　　　　　D. 會計檔案銷毀清冊
14. 企業總帳的保管期限為（　　）。
    A. 30 年　　　　　　　　　　　　B. 3 年
    C. 25 年　　　　　　　　　　　　D. 永久

15. 當年形成的會計檔案在會計年度終了后，可暫由本單位會計機構保管（　　）后移交會計檔案管理機構。
　　A. 3 個月　　　　　　　　　　B. 半年
　　C. 1 年　　　　　　　　　　　D. 2 年

16. 各單位每年形成的會計檔案都應由（　　）負責整理立卷，裝訂成冊，編制會計檔案保管清冊。
　　A. 會計機構　　　　　　　　　B. 檔案部門
　　C. 人事部門　　　　　　　　　D. 指定專人

17. 其他會計核算資料是指與會計核算、會計監督密切相關，由會計部門負責辦理的有關數據資料，不包括（　　）。
　　A. 銀行對帳單　　　　　　　　B. 會計移交清冊
　　C. 會計檔案保管清冊　　　　　D. 生產計劃書

18. 銀行存款餘額調節表、銀行對帳單單位應當保存（　　）。
　　A. 3 年　　　　　　　　　　　B. 永久
　　C. 10 年　　　　　　　　　　 D. 15 年

19. 根據《會計檔案管理辦法》的規定，會計檔案保管期限分為永久和定期兩類，定期保管的會計檔案，其最短期限是（　　）年。
　　A. 15　　　　　　　　　　　　B. 25
　　C. 10　　　　　　　　　　　　D. 30

20. 企業單位和行政單位固定資產卡片的保管期限為（　　）。
　　A. 固定資產報廢清理時　　　　B. 固定資產報廢清理后 1 年
　　C. 固定資產報廢清理后 2 年　　D. 固定資產報廢清理后 5 年

21. 企業月、季度財務報告需要保管的期限為（　　）。
　　A. 15 年　　　　　　　　　　 B. 10 年
　　C. 25 年　　　　　　　　　　 D. 永久

22. 會計檔案保管清冊的保管年限為（　　）。
　　A. 10 年　　　　　　　　　　 B. 15 年
　　C. 25 年　　　　　　　　　　 D. 永久

23. 國家機關銷毀會計檔案時，應由（　　）派員參加監銷。
　　A. 同級財政部門　　　　　　　B. 同級財政部門和審計部門
　　C. 同級審計部門　　　　　　　D. 上級財政部門和審計部門

24. 《會計檔案管理辦法》規定的會計檔案保管期限為（　　）。
　　A. 最高保管期限　　　　　　　B. 最低保管期限
　　C. 平均保管期限　　　　　　　D. 適當保管期限

25. 定期保管的會計檔案期限最長為（　　）年。
　　A. 20　　　　　　　　　　　　B. 15
　　C. 30　　　　　　　　　　　　D. 10

【參考答案】

1. B	2. A	3. C	4. C	5. B
6. A	7. A	8. C	9. D	10. D
11. B	12. D	13. B	14. A	15. C
16. A	17. D	18. C	19. C	20. D
21. B	22. D	23. B	24. B	25. C

【解析】

7. 公司財務制度、年度財務預算和購銷合同均屬於文件檔案，不屬於會計檔案。

8. 會計檔案是指會計憑證、會計帳簿和財務會計報告等會計核算專業材料，是記錄和反映單位經濟業務的重要史料和證據。

9. 企業年度財務報告（包括文字分析）應當永久保管。

10. 各種會計檔案的保管期限，根據其特點分為永久和定期兩類，永久保管的會計檔案應長期保管，不可以銷毀；定期保管的會計檔案根據保管期限分為10年、30年兩種。

11. 需要保管30年的會計檔案有各種會計憑證、會計帳簿和會計檔案移交清冊。

13. 稅收日記帳需要保管30年，總帳也需要保管30年。

16. 根據《會計檔案管理辦法》的規定，各單位每年形成的會計檔案都應由會計機構按照歸檔的要求，負責整理立卷，裝訂成冊，編制會計檔案保管清冊。

17. 其他會計核算資料包括銀行存款餘額調節表、銀行對帳單、納稅申報表、會計檔案移交清冊、會計檔案銷毀清冊和會計檔案鑒定意見書。

21. 企業月、季度、半年度財務報告需要保管的期限為10年。

23. 國家機關銷毀會計檔案時，應由同級財政部門、審計部門派員參加監銷。

(二) 多選題

1. 不能銷毀的會計檔案有（　　）。
   A. 項目正在建設的建設單位保管期已滿的會計檔案
   B. 保管期滿但未結清的債權債務原始憑證
   C. 會計檔案銷毀清冊
   D. 已保管10年的明細帳

2. 應當在會計檔案銷毀清冊上簽名的有（　　）。
   A. 會計機構負責人　　　　B. 鑒定小組負責人
   C. 單位負責人　　　　　　D. 監銷人

3. 屬於會計檔案的有（　　）。
   A. 記帳憑證匯總表　　　　B. 備查帳
   C. 會計報表附註　　　　　D. 銀行對帳單

4. 下列選項中，屬於會計檔案中的會計憑證類的有（　　）。
   A. 固定資產卡片　　　　　B. 會計移交清冊
   C. 匯總憑證　　　　　　　D. 記帳憑證

5. 保管期滿，不得銷毀的會計檔案有（　　）。
    A. 未結清的債權債務原始憑證
    B. 正在建設期間的建設單位的有關會計檔案
    C. 超過保管期限但尚未報廢的固定資產購買憑證
    D. 銀行存款餘額調節表
6. 下列屬於會計檔案內容的有（　　）。
    A. 原始憑證　　　　　　　　B. 總分類帳
    C. 資產負債表　　　　　　　D. 會計檔案保管清冊
7. 下列會計檔案中，需要永久保管的有（　　）。
    A. 會計移交清冊　　　　　　B. 會計檔案保管清冊
    C. 庫存現金和銀行存款日記帳　D. 會計檔案銷毀清冊
8. 保管期限為10年的會計檔案有（　　）。
    A. 月度財務報告　　　　　　B. 季度財務報告
    C. 銀行對帳單　　　　　　　D. 納稅申報表
9. 會計檔案的保管期限分為（　　）。
    A. 永久　　　　　　　　　　B. 定期
    C. 臨時　　　　　　　　　　D. 短期
10. 會計檔案的定期保管期限可以是（　　）年。
    A. 3　　　　　　　　　　　　B. 5
    C. 10　　　　　　　　　　　 D. 30
11. 下列選項中，屬於企業會計檔案的有（　　）。
    A. 會計檔案移交清冊　　　　B. 固定資產卡片
    C. 銀行對帳單　　　　　　　D. 月、季度財務報告
12. 企業的下列會計檔案中，保管期限為30年的應有（　　）。
    A. 往來款項明細帳　　　　　B. 存貨總帳
    C. 銀行存款餘額調節表　　　D. 長期股權投資總帳
13. 下列關於會計檔案管理的說法中，正確的有（　　）。
    A. 出納人員不得兼管會計檔案
    B. 會計檔案的保管期限從會計檔案形成后的第一天算起
    C. 單位負責人應在會計檔案的銷毀清冊上簽署意見
    D. 採用電子計算機進行會計核算的單位應保存打印出的紙質會計檔案
14. 關於會計檔案的銷毀，下列說法中正確的是（　　）。
    A. 會計檔案保管期滿需要銷毀的，由本單位檔案部門提出意見，會同財會部門共同審定，並在此基礎上編制會計檔案銷毀清冊
    B. 銷毀會計檔案時，應當由單位的檔案機構和會計機構共同監銷
    C. 各級財政部門銷毀檔案時，應當由同級審計部門派人監銷
    D. 項目建設期間的建設單位，其保管期滿的會計檔案不得銷毀
15. 對移交本單位檔案機構保管的會計檔案，需要拆封重新整理的，應由（　　）

同時參與，以分清責任。
  A. 財務會計部門   B. 經辦人員
  C. 本單位檔案機構   D. 本單位人事部門
 16. 根據《會計檔案管理辦法》的規定，（ ）的保管期限為 30 年。
  A. 原始憑證   B. 記帳憑證
  C. 銀行對帳單   D. 匯總憑證
 17. 會計檔案銷毀清冊中應列明所銷毀會計檔案的（ ）等內容。
  A. 起止年度和檔案編號 B. 應保管期限
  C. 已保管期限   D. 銷毀時間

【參考答案】

1. ABCD	2. BCD	3. ABCD	4. CD	5. ABC
6. ABCD	7. BD	8. ABD	9. AB	10. CD
11. ABCD	12. ABD	13. ACD	14. ABCD	15. ABC
16. ABD	17. ABCD			

【解析】

8. 銀行對帳單保管期限為 10 年。

12. 銀行存款餘額調節表的保管期限為 10 年。

13. 會計檔案的保管期限從會計年度終了後的第一天算起。

15. 對移交本單位檔案機構保管的會計檔案，原則上應保持原卷冊的封裝，個別需要拆封重新整理的，應當由本單位檔案機構會同財務會計部門和經辦人員共同拆封整理，以分清責任。

16. 根據《會計檔案管理辦法》的規定，企業原始憑證、記帳憑證、匯總憑證的保管期限為 30 年。銀行存款餘額調節表、銀行對帳單應當保存 10 年。

17. 會計檔案銷毀清冊一般應包括銷毀會計檔案的名稱、卷號、冊數、起止年度和檔案編號、應保管期限、已保管期限、銷毀時間等內容。

(三) 判斷題

1. 單位財務會計部門可以保管會計檔案 2 年，期滿後再移交本單位的檔案部門保管。（ ）
2. 各單位的會計檔案不得借出，但經批准後可以複製。（ ）
3. 會計檔案的保管期限分為永久保管和定期保管兩種。其中，定期保管又分為 3 年、5 年、10 年、15 年和 25 年。（ ）
4. 本單位的會計檔案機構為方便保管會計檔案，可以根據需要對其拆封重新整理。（ ）
5. 會計帳簿類會計檔案的保管期限均為 15 年。（ ）
6. 企業會計帳簿中的總帳應當保管 30 年。（ ）
7. 企業和其他組織的銀行存款餘額調節表、銀行對帳單和固定資產報廢清理後的固定資產卡片等會計檔案保管期限應當為 3 年。（ ）

8. 當年形成的會計檔案，在會計年度終了後，可暫由本單位會計機構保管1年。
（　）
9. 企業年度會計報告（包括文字分析）保管期限為永久。（　）
10. 會計檔案的內容包括會計憑證、會計帳簿和財務會計報告等會計核算專業材料。（　）
11. 財會部門或經辦人員必須在會計年度終了後的第一天將應歸檔的會計檔案移交檔案部門，保證會計檔案完整。（　）
12. 單位負責人應在會計檔案銷毀清冊上簽署意見。（　）
13. 財政部門銷毀會計檔案時，應當由同級財政部門派員監銷。（　）
14. 各種會計檔案的保管期限，從會計年度開始後的第一天算起。（　）
15. 正在項目建設期間的建設單位，其保管期滿的會計檔案也不得銷毀。（　）
16. 各單位保存的會計檔案如有特殊需要，經上級主管單位批准，可以提供查閱或者複製，並辦理登記手續。（　）
17. 各單位銷毀會計檔案時，應由單位檔案機構和會計機構共同派員監銷。
（　）
18. 保管期滿但尚未結清的債權債務原始憑證，不得銷毀，應單獨抽出立卷。
（　）
19. 銀行存款餘額調節表、銀行對帳單是會計檔案。（　）
20. 實行會計電算化的單位應將保存在磁介質上的數據、程序文件及其他會計核算資料作為會計檔案管理，不必保存打印出的紙質會計檔案。（　）
21. 會計檔案銷毀後，監銷人員和經辦人員應當在會計檔案銷毀清冊上簽名蓋章，註明「已銷毀」字樣和銷毀日期。（　）

【參考答案】
1. ×　　2. √　　3. ×　　4. ×　　5. ×
6. √　　7. ×　　8. √　　9. √　　10. √
11. ×　　12. √　　13. ×　　14. ×　　15. √
16. √　　17. √　　18. √　　19. √　　20. ×
21. √

【解析】
5. 會計帳簿類會計檔案的保管期限有15年的，也有25年的，如庫存現金日記帳和銀行存款日記帳，還有5年的，如固定資產卡片。
11. 當年形成的會計檔案，在會計年度終了可暫由單位財務會計部門保管1年，期滿之後，原則上應由財務會計部門編造清冊，移交本單位的檔案部門保管；未設立檔案部門的，應在財務部門指定專人保管，但出納人員不得兼管會計檔案保管。
13. 財政部門銷毀會計檔案時，應當由同級審計部門派員參加監銷。

（四）不定項選擇題

1. 不需要永久保留的會計檔案是（　　）。
   A. 年度財務報告　　　　　　B. 會計檔案保管清冊
   C. 現金日記帳　　　　　　　D. 會計檔案銷毀清冊

2. 下列各項中，不屬於會計檔案的是（　　）。
   A. 固定資產卡片　　　　　　B. 銀行對帳單
   C. 生產經營計劃　　　　　　D. 明細分類帳

3. 下列各項中，不屬於會計憑證類會計檔案的是（　　）。
   A. 自製原始憑證　　　　　　B. 記帳憑證匯總表
   C. 外來原始憑證　　　　　　D. 存貨明細分類帳

4. 下列各項中，不屬於財務會計報告類會計檔案的是（　　）。
   A. 生產計劃月度報表　　　　B. 會計報表附註
   C. 中期財務會計報告　　　　D. 所有者權益變動表

5. 會計檔案保管期限為 5 年的檔案是（　　）。
   A. 輔助帳簿登記完畢后
   B. 會計檔案銷毀后簽署的清冊
   C. 會計移交后簽署的清冊
   D. 固定資產卡片在固定資產報廢清理后

6. 其他單位因特殊原因需要查閱或複製原始憑證時，必須經本單位的（　　）批准。
   A. 財務部負責人　　　　　　B. 總會計師
   C. 財務總監　　　　　　　　D. 單位負責人

7. 企業銀行存款餘額調節表的保管期限為（　　）年。
   A. 3　　　　　　　　　　　B. 5
   C. 10　　　　　　　　　　　D. 15

8. 會計憑證類會計檔案的保管期限為（　　）年。
   A. 5　　　　　　　　　　　B. 10
   C. 30　　　　　　　　　　　D. 25

9. 企業單位銷毀會計檔案，正確的做法是（　　）。
   A. 由單位檔案機構和同級財政部門共同派員參加監銷
   B. 由單位會計機構和同級財政部門共同派員參加監銷
   C. 由單位檔案機構和會計機構共同派員參加監銷
   D. 由單位檔案機構和上級財政部門共同派員參加監銷

10. 下列會計檔案中，採用定期保管的會計檔案是（　　）。
    A. 會計帳簿類會計檔案　　　B. 年度財務報告（決算）
    C. 會計檔案保管清冊　　　　D. 會計檔案銷毀清冊

11. 下列各項中，屬於會計檔案範圍的有（　　）。

A. 會計檔案銷毀清冊　　　　　B. 固定資產卡片
C. 財會部門預算計劃　　　　　D. 單位會計政策制度

12. 會計檔案分類時，按分類標準統一將會計核算資料劃分為（　　）。
A. 案冊封面　　　　　　　　　B. 會計憑證
C. 會計報表　　　　　　　　　D. 會計帳簿

13. 會計檔案卷的保管期限，一般可分為（　　）。
A. 臨時保管期限　　　　　　　B. 永久保管期限
C. 長期保管期限　　　　　　　D. 定期保管期限

14. 下列關於會計檔案的銷毀說法中，正確的有（　　）。
A. 單位銷毀會計檔案時，由單位負責人主持會計檔案的銷毀
B. 單位銷毀會計檔案時，單位檔案機構和會計機構共同派員監銷
C. 國家機關銷毀會計檔案時，應由同級財政部門和審計部門派員參加監銷
D. 財政部門銷毀會計檔案時，應由同級審計部門派員參加監銷

15. 下列會計帳簿類會計檔案中，保管期限為30年的有（　　）。
A. 日記總帳　　　　　　　　　B. 現金日記帳
C. 銀行存款日記帳　　　　　　D. 輔助帳簿

16. 保管期滿，但不得銷毀的會計檔案有（　　）。
A. 保管期滿但未結清的債權債務原始憑證的會計檔案
B. 保管期滿但已結清的債權債務原始憑證的會計檔案
C. 正在項目建設期間的建設單位的會計檔案
D. 保管期滿的會計移交清冊

17. 下列有關會計檔案查閱的表述中，正確的有（　　）。
A. 如有特殊需要，經本單位負責人批准後會計檔案可以借出
B. 外部人員需查閱或複製會計檔案應當持有單位正式介紹信
C. 單位內部人員查閱或複製會計檔案，應經單位負責人批准
D. 單位內部查閱人員可以自行拆散原卷冊，查閱后裝訂成冊

【參考答案】
1. C　　　2. C　　　3. D　　　4. A　　　5. D
6. D　　　7. C　　　8. C　　　9. C　　　10. A
11. AB　　12. BCD　　13. BD　　14. BCD　　15. ABCD
16. AC　　17. ABC

【解析】
14. 單位銷毀會計檔案時，由單位負責人在會計檔案銷毀清冊上簽署意見，而不是主持會計檔案的銷毀。

153

第十章　主要經濟業務事項帳務處理

一、本章考點

　　1. 款項和有價證券的核算
　　（1）庫存現金；
　　（2）銀行存款；
　　（3）其他貨幣資金；
　　（4）交易性金融資產。
　　2. 財產物資的核算
　　（1）存貨概述；
　　（2）原材料；
　　（3）庫存商品；
　　（4）固定資產。
　　3. 債權債務的核算
　　（1）應收及預付款項；
　　（2）應付及預收款項；
　　（3）應付職工薪酬；
　　（4）應交稅費；
　　（5）銀行借款。
　　4. 資本的核算
　　（1）實收資本；
　　（2）資本公積。
　　5. 收入、成本和費用的核算
　　（1）收入；
　　（2）成本；
　　（3）費用；
　　（4）營業外收支。
　　6. 財務成果的核算
　　（1）利潤；
　　（2）所得稅；
　　（3）利潤分配。

二、本章習題

　　（一）單選題

　　1. 企業購入原材料，買價為 2,000 元，增值稅（進項稅額）為 340 元，發生運雜

費230元，入庫前發生整理挑選費90元。該批原材料的實際成本為（　　）元。

  A. 2,660   B. 2,570

  C. 2,320   D. 2,230

2. 固定資產折舊採用平均年限法，年折舊率計算公式的分子是（　　）。

  A. 1－預計淨殘值率   B. 1－預計淨殘值

  C. 1－預計殘值率   D. 1－預計殘值

3. 下列選項中，應計入產品成本的工資費用是（　　）。

  A. 基本生產車間管理人員工資   B. 行政管理部門人員工資

  C. 在建工程人員工資   D. 專設銷售機構人員工資

4. 企業上一年年末應收帳款餘額為600,000元，下一年收回已轉銷的壞帳為1,000元，下一年年末應收帳款餘額為900,000元。該企業按5‰的比率計提壞帳準備，下一年年末應計提的壞帳準備為（　　）元。

  A. 500   B. 3,000

  C. 4,500   D. 1,500

5. 企業計提壞帳準備時應借記（　　）科目。

  A.「應收帳款」   B.「壞帳準備」

  C.「資產減值損失」   D.「銷售費用」

6. 企業於201×年11月份售出商品，201×年12月份發生退貨，應衝減（　　）的銷售收入。

  A. 201×年11月份   B. 201×年12月份

  C. 次年1月份   D. 次年2月份

7. 下列選項中，能夠作為費用核算的是（　　）。

  A. 以現金對外投資   B. 以現金分派股利

  C. 支付勞動保險費   D. 購買固定資產支出

8. 庫存現金收入不包括（　　）。

  A. 銀行匯票轉帳結算取得的銷售收入

  B. 銷售商品取得的現金收入

  C. 提供勞務取得的現金收入

  D. 出差人員報銷差旅費退回的多餘款項

9. 企業作為交易性金融資產持有的股票投資，在持有期間對於被投資單位宣告發放的現金股利，應當（　　）。

  A. 確認為應收股利，並衝減交易性金融資產的初始確認金額

  B. 確認為應收股利，並計入當期投資收益

  C. 增加交易性金融資產的成本，並計入當期投資收益

  D. 增加交易性金融資產的成本，並確認為公允價值變動損益

10. 固定資產清理的淨損失，若屬於自然災害原因造成的損失，應（　　）。

  A. 借記「營業外支出——非常損失」科目

B. 貸記「營業外支出——非常損失」科目
C. 借記「營業外支出——處置固定資產淨損失」科目
D. 貸記「營業外支出——處置固定資產淨損失」科目

11. 企業出租無形資產所得的租金收入，記入（　　）帳戶。
    A.「營業外收入」　　　　　　B.「投資收益」
    C.「其他業務收入」　　　　　D.「主營業務收入」

12. 為構建固定資產而專門借入的款項發生的溢價攤銷，在所構建的固定資產達到預定可使用狀態之前發生的，應（　　）。
    A. 借記「在建工程」科目　　　B. 貸記「在建工程」科目
    C. 借記「財務費用」科目　　　D. 貸記「財務費用」科目

13. 下列選項中，應通過「應付帳款」帳戶核算的是（　　）。
    A. 應付賠款　　　　　　　　　B. 應付租金
    C. 應付存入保證金　　　　　　D. 應付供貨單位代墊的運雜費

14. 期末計提一次還本付息長期借款利息時，貸記的科目是（　　）。
    A.「財務費用」　　　　　　　B.「應付利息」
    C.「長期借款」　　　　　　　D.「管理費用」

15. 某企業年初未分配利潤為 100 萬元，本年實現的淨利潤為 200 萬元，按 10% 和 5% 分別提取法定盈餘公積和任意盈餘公積。該企業可供投資者分配的利潤為（　　）萬元。
    A. 200　　　　　　　　　　　B. 225
    C. 270　　　　　　　　　　　D. 300

16. 利潤分配——未分配利潤帳戶的借方餘額反映（　　）。
    A. 本年度發生的虧損　　　　　B. 本年度實現的淨利潤
    C. 歷年累積的分配利潤　　　　D. 歷年累積的未彌補虧損

17. 下列各項中，不屬於企業業務收入的有（　　）。
    A. 固定資產出售收入　　　　　B. 技術轉讓收入
    C. 包裝物出租收入　　　　　　D. 材料銷售收入

18. 某企業 8 月份共增加銀行存款 80,000 元，其中出售商品取得 30,000 元，增值稅稅額 5,100 元，出售固定資產取得 20,000 元，接受捐贈取得 10,000 元，出租固定資產取得 14,900 元。該企業本月收入為（　　）元。
    A. 35,100　　　　　　　　　　B. 64,900
    C. 50,000　　　　　　　　　　D. 44,900

19. 對於企業已經發出商品但尚未確認銷售收入的商品成本為 200,000 元，應進行的會計處理是（　　）。
    A. 借：應收帳款　　　　　　　　　　　　　　　　200,000
    　　貸：庫存商品　　　　　　　　　　　　　　　　200,000
    B. 借：應收帳款　　　　　　　　　　　　　　　　200,000
    　　貸：主營業務收入　　　　　　　　　　　　　　200,000

C. 借：主營業務成本　　　　　　　　　　　　　　200,000
　　　　　貸：庫存商品　　　　　　　　　　　　　　　　200,000
　　D. 借：發出商品　　　　　　　　　　　　　　　　　200,000
　　　　　貸：庫存商品　　　　　　　　　　　　　　　　200,000

20. 201×年11月30日，甲公司應支付其銷售部職工工資200,000元，社會保險40,000元。下列會計分錄正確的是（　　）。
　　A. 借：管理費用　　　　　　　　　　　　　　　　　240,000
　　　　　貸：應付職工薪酬——工資　　　　　　　　　　200,000
　　　　　　　　　　　　——社會保險費　　　　　　　　　40,000
　　B. 借：財務費用　　　　　　　　　　　　　　　　　240,000
　　　　　貸：應付職工薪酬——工資　　　　　　　　　　200,000
　　　　　　　　　　　　——社會保險費　　　　　　　　　40,000
　　C. 借：銷售費用　　　　　　　　　　　　　　　　　240,000
　　　　　貸：應付職工薪酬——工資　　　　　　　　　　200,000
　　　　　　　　　　　　——社會保險費　　　　　　　　　40,000
　　D. 借：製造費用　　　　　　　　　　　　　　　　　240,000
　　　　　貸：應付職工薪酬——工資　　　　　　　　　　200,000
　　　　　　　　　　　　——社會保險費　　　　　　　　　40,000

21. 下列項目中，按照現行會計制度的規定，銷售企業應當作為財務費用處理的是（　　）。
　　A. 購貨方獲得的現金折扣　　　　B. 購貨方獲得的商業折扣
　　C. 購貨方獲得的銷售折讓　　　　D. 購貨方放棄的現金折扣

22. 下列各項業務中，在進行會計處理時應記入「管理費用」帳戶的是（　　）。
　　A. 支付離退休人員工資　　　　　B. 銷售用固定資產計提折舊
　　C. 生產車間管理人員的工資　　　D. 計提壞帳準備

23. 下列各項中，不屬於營業外支出的是（　　）。
　　A. 固定資產盤虧的淨損失　　　　B. 非常損失
　　C. 壞帳損失　　　　　　　　　　D. 固定資產清理的淨損失

24. 企業的營業利潤為（　　）。
　　A. 營業收入－營業成本－稅金及附加
　　B. 營業收入－營業成本－稅金及附加－銷售費用－管理費用－財務費用－
　　　　資產減值損失＋投資收益（減投資損失）＋公允價值變動收益（或減公允
　　　　價值變動損失）
　　C. 主營業務利潤＋其他業務利潤－營業費用
　　D. 主營業務利潤＋其他業務利潤－營業費用－管理費用

25. 下列各帳戶中，年末結轉後可能有餘額的是（　　）。
　　A.「營業外收入」　　　　　　　　B.「主營業務收入」

C.「營業外支出」　　　　　　　　D.「利潤分配——未分配利潤」

26. 利潤分配——未分配利潤帳戶貸方餘額反映（　　）。
    A. 企業歷年積存的未彌補虧損　　B. 企業歷年積存的未分配利潤
    C. 企業本年的虧損　　　　　　　D. 企業本年的利潤

27. 下列各項中，（　　）不屬於財務費用。
    A. 利息支出　　　　　　　　　　B. 匯兌損失
    C. 金融機構手續費　　　　　　　D. 工會經費

28. 某企業年初未分配利潤為 100 萬元，本年淨利潤為 1,000 萬元，按 10% 計提法定盈餘公積，按 5% 計提任意盈餘公積，宣告發放現金股利 80 萬元，該企業期末未分配利潤為（　　）萬元。
    A. 855　　　　　　　　　　　　B. 867
    C. 870　　　　　　　　　　　　D. 874

29. 某上市公司發行普通股 1,000 萬股，每股面值 1 元，每股發行價格為 5 元，支付手續費 20 萬元，支付諮詢費 60 萬元。該公司發行普通股計入股本的金額為（　　）萬元。
    A. 1,000　　　　　　　　　　　B. 4,920
    C. 4,980　　　　　　　　　　　D. 5,000

30. 當現金折扣實際發生時，應記入（　　）帳戶。
    A.「製造費用」　　　　　　　　B.「財務費用」
    C.「銷售費用」　　　　　　　　D.「主營業務收入」

31. 下列項目中，不屬於營業外支出的是（　　）。
    A. 處置固定資產淨損失　　　　　B. 出售固定資產淨損失
    C. 無形資產攤銷　　　　　　　　D. 捐贈支出

32. 採購人員預借差旅費，以庫存現金支付，應借記（　　）科目核算。
    A.「庫存現金」　　　　　　　　B.「管理費用」
    C.「其他應收款」　　　　　　　D.「其他應付款」

33. 利潤分配結束後，利潤分配總分類帳科目所屬的明細分類科目中只有（　　）科目有餘額。
    A.「提取盈餘公積」　　　　　　B.「其他轉入」
    C.「應付利潤」　　　　　　　　D.「未分配利潤」

34. 下列屬於「營業外支出」科目核算內容的是（　　）。
    A. 行政管理人員的工資　　　　　B. 各種銷售費用
    C. 借款的利息　　　　　　　　　D. 非常損失

35. 下列項目中，影響營業利潤的因素是（　　）。
    A. 營業外收入　　　　　　　　　B. 所得稅費用
    C. 管理費用　　　　　　　　　　D. 營業外支出

36. 201×年，某一般納稅人企業購入不需要安裝設備一臺，取得的增值稅專用發票註明買價為 40,000 元，增值稅稅金為 6,800 元，另支付運雜費 1,200 元，保險費 600

元。該設備的入帳價值為（　　）元。

A. 41,800 B. 48,600
C. 48,000 D. 41,200

37. 某一般納稅人企業購入材料一批，取得的增值稅專用發票註明買價為150,000元，增值稅稅金為25,500元，另支付運雜費1,000元，其中運費800元（可抵扣增值稅率為11%）。則該材料收到時的入帳價值為（　　）元。

A. 150,912 B. 151,000
C. 150,744 D. 176,500

38. 某企業購買材料一批，買價3,000元，增值稅進項稅額為510元，運雜費為200元，開出商業匯票支付，但材料尚未收到，應貸記（　　）科目。

A.「原材料」 B.「材料採購」
C.「銀行存款」 D.「應付票據」

39. 當企業不設置「預付帳款」科目時，預付貨款時應通過（　　）核算。

A. 應收帳款的借方 B. 應收帳款的貸方
C. 應付帳款的借方 D. 應付帳款的貸方

40. 某一般納稅人企業購入甲材料800千克、乙材料600千克，增值稅專用發票上註明甲材料的買價為16,000元，乙材料的買價為18,000元，增值稅稅金為5,780元。甲、乙材料共同發生運雜費為4,480元，其中運費4,000元，運費中允許抵扣的增值稅進項稅額為440元。企業規定按甲、乙材料的重量比例分配採購費用。甲材料應負擔的運雜費為（　　）元。

A. 2,309 B. 2,560
C. 2,240 D. 2,000

41. 某企業生產車間主任出差歸來，報銷會議費登記差旅費1,560元，應借記（　　）科目。

A.「管理費用」 B.「製造費用」
C.「財務費用」 D.「銷售費用」

42. 某企業生產車間機器設備計提折舊5,800元，應借記（　　）科目。

A.「製造費用」 B.「生產成本」
C.「管理費用」 D.「庫存商品」

43. 某企業月初甲產品在產品成本為7,800元，本月為生產甲產品投入生產費用18,000元，月末有在產品成本為6,200元，則本月完工入庫甲產品成本為（　　）元。

A. 25,800 B. 18,000
C. 19,600 D. 11,800

44. 某企業8月份一車間生產A、B兩種產品，本月一車間發生製造費用24,000元，要求按照生產工人的工資比例分配製造費用。本月A產品生產工人工資為80,000元，B產品生產工人工資為40,000元，則B產品應承擔的製造費用為（　　）元。

A. 16,000 B. 8,000
C. 12,000 D. 24,000

45. 某企業以銀行存款支付產品展覽費5,000元，應借記（　　）科目。
    A.「管理費用」　　　　　　　　B.「銷售費用」
    C.「財務費用」　　　　　　　　D.「製造費用」

46. 某企業以銀行存款支付業務招待費4,200元，應借記（　　）科目。
    A.「管理費用」　　　　　　　　B.「銷售費用」
    C.「財務費用」　　　　　　　　D.「製造費用」

47. 當企業不設置「預收帳款」科目時，預收貨款時應通過（　　）核算。
    A.「應收帳款」科目的借方　　　B.「應收帳款」科目的貸方
    C.「應付帳款」科目的借方　　　D.「應付帳款」科目的貸方

48. 某企業月末計提短期借款利息600元，應借記（　　）科目。
    A.「管理費用」　　　　　　　　B.「銷售費用」
    C.「財務費用」　　　　　　　　D.「製造費用」

49. 下列不應作為其他業務收入核算的是（　　）。
    A. 產品銷售收入　　　　　　　B. 材料銷售收入
    C. 出租無形資產收入　　　　　D. 出租固定資產收入

50. 某企業以銀行存款支付合同違約金4,500元，應借記（　　）科目。
    A.「管理費用」　　　　　　　　B.「銷售費用」
    C.「其他業務成本」　　　　　　D.「營業外支出」

51. 某企業收到捐贈款12,000元，收存銀行，應貸記（　　）科目。
    A.「主營業務收入」　　　　　　B.「其他業務收入」
    C.「營業外收入」　　　　　　　D.「捐贈收入」

52. 所有損益類科目期末都應該結轉至（　　）科目，結轉后損益類科目無餘額。
    A.「利潤分配——未分配利潤」　B.「本年利潤」
    C.「實收資本」　　　　　　　　D.「資本公積」

53. 某企業月末計提短期借款利息600元，應貸記（　　）科目。
    A.「銷售費用」　　　　　　　　B.「財務費用」
    C.「管理費用」　　　　　　　　D.「應付利息」

54. 某企業支付罰款1,000元，應借記（　　）科目。
    A.「營業外收入」　　　　　　　B.「營業外支出」
    C.「管理費用」　　　　　　　　D.「應付利息」

55. 廠部李某出差，預借差旅費6,000元，應借記（　　）科目。
    A.「管理費用」　　　　　　　　B.「銷售費用」
    C.「其他應付款」　　　　　　　D.「其他應收款」

56. 企業為生產產品和提供勞務而發生的間接費用應先在「製造費用」科目歸集，期末再按一定的標準和方法分配記入（　　）科目。
    A.「管理費用」　　　　　　　　B.「生產成本」
    C.「本年利潤」　　　　　　　　D.「庫存商品」

57. 下列票據中，應通過「應收票據」科目核算的是（　　）。

A. 現金支票　　　　　　　　　　B. 銀行匯票
C. 商業匯票　　　　　　　　　　D. 銀行本票

58. 下列關於「本年利潤」科目的表述中不正確的是（　　）。
A. 貸方登記轉入的營業收入、營業外收入等金額
B. 借方登記轉入的營業成本、營業外支出等金額
C. 年度終了結帳後，該科目無餘額
D. 全年的任何一個月末都不應該有餘額

59. 甲公司採用先進先出法計算發出存貨成本，4月初庫存產品數量為50件，單價為1,000元，4月10日購入產品100件，單價為1,050元，4月12日領用產品100件。如果甲公司本月未發生其他購貨和領貨業務，4月份發出產品總成本為（　　）元。
A. 102,500　　　　　　　　　　B. 100,000
C. 105,000　　　　　　　　　　D. 100,000

60. 201×年12月，乙公司購入小汽車一輛供管理部門使用，增值稅專用發票中註明貨款為300,000元，增值稅稅金為51,000元，款項已用銀行存款支付。此項業務的正確會計分錄是（　　）。
A. 借：庫存商品　　　　　　　　　　　　　　300,000
　　　應交稅費——應交增值稅（進項稅額）　 51,000
　　　貸：銀行存款　　　　　　　　　　　　　　351,000
B. 借：固定資產　　　　　　　　　　　　　　300,000
　　　應交稅費——應交增值稅（進項稅額）　 51,000
　　　貸：銀行存款　　　　　　　　　　　　　　351,000
C. 借：材料採購　　　　　　　　　　　　　　300,000
　　　應交稅費——應交增值稅（進項稅額）　 51,000
　　　貸：銀行存款　　　　　　　　　　　　　　351,000
D. 借：固定資產　　　　　　　　　　　　　　351,000
　　　貸：銀行存款　　　　　　　　　　　　　　351,000

61. 直接參加產品生產的工人，其職工薪酬應記入（　　）科目。
A.「生產成本」　　　　　　　　B.「製造費用」
C.「管理費用」　　　　　　　　D.「生產費用」

62. 某公司於1月15日向乙公司銷售產品一批，應收帳款總額為11萬元，規定的付款條件為「2/10，1/20，N/30」。如果乙公司於1月22日付款，甲公司實際收到的金額是（　　）萬元。
A. 11　　　　　　　　　　　　　B. 10
C. 10.78　　　　　　　　　　　D. 8.8

63. 短期借款應按（　　）設置明細帳。
A. 借款性質　　　　　　　　　　B. 借款數額
C. 債權人　　　　　　　　　　　D. 債務人

64. 當新投資者加入有限責任公司時，其出資額大於按約定比例計算的在註冊資本中所占的份額部分，應記入（　　）帳戶。
    A.「實收資本」　　　　　　　B.「營業外收入」
    C.「資本公積」　　　　　　　D.「盈餘公積」

65. 不屬於其他業務收入的是（　　）。
    A. 罰款利得　　　　　　　　B. 專項技術使用權轉讓收入
    C. 包裝物出租收入　　　　　D. 材料銷售收入

66. 丙公司購買甲材料200千克，單價為90元，增值稅進項稅額為3,060元，另支付運雜費800元。材料已全部驗收入庫，則丙公司驗收入庫甲材料的實際採購成本是（　　）元。
    A. 18,000　　　　　　　　　B. 21,060
    C. 18,800　　　　　　　　　D. 21,860

67. 丁公司向銀行借入為期14個月的借款，應貸記（　　）科目。
    A.「短期借款」　　　　　　　B.「長期借款」
    C.「銀行存款」　　　　　　　D.「長期應付款」

68. 企業收到出租包裝物押金時，應貸記（　　）科目。
    A.「其他應收款」　　　　　　B.「其他業務收入」
    C.「營業外收入」　　　　　　D.「其他應付款」

69. A公司1月份發生下列支出：預付本年度全年保險費2,400元，支付上年第四季度借款利息3,000元（已預提），支付本月辦公費800元，計入本月的費用為（　　）元。
    A. 1,000　　　　　　　　　　B. 6,200
    C. 3,200　　　　　　　　　　D. 3,800

70. 不屬於期間費用的是（　　）。
    A. 銷售費用　　　　　　　　B. 管理費用
    C. 財務費用　　　　　　　　D. 製造費用

71. 在進行工資分配時，「應付職工薪酬——工資」科目的貸方發生額應等於（　　）。
    A. 實發工資總數
    B. 應發工資總數
    C. 應發工資總數扣除各種代墊、代扣款項後的餘額
    D. 應發工資總數加上代發款項後的總額

72. 不能計入產品成本的是（　　）。
    A. 管理費用　　　　　　　　B. 直接材料
    C. 生產工人工資　　　　　　D. 製造費用

73. 按月計提固定資產折舊時，應貸記的會計科目是（　　）。
    A.「管理費用」　　　　　　　B.「固定資產」
    C.「製造費用」　　　　　　　D.「累計折舊」

74. 採用實地盤存制時，財產物資的期末結存數必定等於（　　）。

A. 帳面結存數 B. 實地盤存數
C. 收支抵減數 D. 滾存結餘數

75. 淨利潤等於利潤總額減去（　　）。
A. 稅金及附加 B. 利潤分配數
C. 應交所得稅 D. 所得稅費用

76. 丙公司以銀行存款購入需要安裝的設備一臺，支付設備價款 8,000 元，增值稅 1,360 元，另支付設備安裝費 1,200 元。該設備的入帳價值為（　　）元。
A. 8,000 B. 9,360
C. 9,200 D. 10,560

77. 與「本年利潤」科目沒有對應關係的科目是（　　）。
A.「生產成本」 B.「主營業務成本」
C.「管理費用」 D.「財務費用」

78. 某公司對發出存貨採用月末一次加權平均法計價。10 月份月初庫存不銹鋼 40 噸，單價為 3,100 元/噸；10 月份一次購入不銹鋼 60 噸，單價為 3,000 元/噸。本月發出不銹鋼的單價為（　　）。
A. 3,060 元/噸 B. 3,040 元/噸
C. 3,100 元/噸 D. 3,050 元/噸

79. 企業申請使用銀行承兌匯票而向承兌銀行繳納的手續費應記入（　　）帳戶。
A.「管理費用」 B.「財務費用」
C.「生產成本」 D.「銷售費用」

80. 不屬於無形資產的是（　　）。
A. 商標權 B. 專利權
C. 非專利技術 D. 商譽

81. 萬豪公司系小規模納稅人企業，201×年 3 月銷售甲產品 1,000 件，開出增值稅普通發票中的總金額為 123,600 元，增值稅徵收率為 3%。對於該筆業務，萬豪公司確認的應交增值稅為（　　）元。
A. 3,708 B. 3,819
C. 3,600 D. 4,000

82. 某公司系增值稅一般納稅人企業，201×年 3 月收購農產品一批，收購發票上註明的買價為 950,000 元，款項以現金支付，收購的農產品已驗收入庫，稅法規定按 13% 的扣除率計算進項稅額，該批農產品的入帳價值為（　　）元。
A. 950,000 B. 827,000
C. 840,708 D. 826,500

83. 某公司 201×年年初所有者權益總額為 1,500,000 元。201×年，該公司以盈餘公積轉增資本 300,000 元，實現利潤總額 3,000,000 元，應交所得稅 1,000,000 元（實際上交 900,000 元），提取盈餘公積 200,000 元，向投資者分配利潤 100,000 元。該公司 201×年年末所有者權益總額為（　　）元。

A. 300,000　　　　　　　　　　B. 3,100,000

C. 3,500,000　　　　　　　　　D. 3,400,000

84. 能夠導致企業資本及債務規模和構成發生變化的活動是（　　）。

　　A. 經營活動　　　　　　　　　B. 投資活動

　　C. 籌資活動　　　　　　　　　D. 業務活動

85. 某公司發行普通股1,000萬股，每股面值1元，每股發行價5元，向證券公司支付發手續費20萬元，向會計師事務所和律師事務所支付諮詢費60萬元。該公司發行普通股計入股本的金額應為（　　）萬元。

　　A. 5,000　　　　　　　　　　B. 4,920

　　C. 4,980　　　　　　　　　　D. 1,000

86. 某公司為增值稅一般納稅人企業，適用增值稅稅率為17%，201×年3月25日，該公司向甲公司提供一項加工勞務，勞務成本為15,000元，共收取加工費26,325元（含增值稅）。不考慮其他因素，該加工勞務實現的營業利潤為（　　）元。

　　A. 11,325　　　　　　　　　　B. 7,500

　　C. 3,825　　　　　　　　　　 D. 22,500

87. 「利潤分配——未分配利潤」帳戶的借方餘額表示（　　）。

　　A. 本期實現的淨利潤　　　　　B. 本期發生的淨虧損

　　C. 累計實現的淨利潤　　　　　D. 累計的未彌補虧損

88. 下列表述中正確的是（　　）

　　A. 計提的短期借款利息通過「短期借款」科目核算，計提的長期借款利息通過「長期借款」科目核算

　　B. 計提的短期借款利息和長期借款利息均通過「應付利息」科目核算

　　C. 計提的短期借款利息通過「短期借款」科目核算，計提的長期借款利息通過「應付利息」科目核算

　　D. 計提的短期借款利息通過「應付利息」科目核算，計提的長期借款利息可以通過「長期借款」科目核算

89. 某公司對發出存貨採用月末一次加權平均法計價。201×年3月1日，乙材料的月初結存量為40噸，單價為3,100元/噸；3月份共購入乙材料60噸，單價為3,000元/噸；3月份生產領用乙材料共計70噸。本月發出存貨的成本為（　　）元。

　　A. 217,000　　　　　　　　　B. 210,000

　　C. 213,500　　　　　　　　　D. 212,800

90. 企業增加實收資本的途徑不包括（　　）。

　　A. 資本公積轉增資本　　　　　B. 發放現金股利

　　C. 所有者投入資本　　　　　　D. 盈餘公積轉增資本

91. 某公司為增值稅一般納稅人企業，適用增值稅稅率為17%，201×年10月，公司董事會決定將本公司生產的500件產品作為福利發放給公司管理人員。該批產品的單位成本為102萬元，市場售價為每件2萬元（不含增值稅）。不考慮其他稅費，該公

司因該項業務而應記入「管理費用」帳戶的金額為（　　）萬元。

　　A．600　　　　　　　　　　B．702
　　C．1,000　　　　　　　　　 D．1,170

92. 採購員李正報銷差旅費 600 元，原借款 500 元，正確的會計分錄是（　　）。

　　A．借：管理費用　　　　　　　　　　　　　　　　500
　　　　　庫存現金　　　　　　　　　　　　　　　　100
　　　　　　貸：其他應收款——李正　　　　　　　　　　　　　600
　　B．借：管理費用　　　　　　　　　　　　　　　　600
　　　　　　貸：庫存現金　　　　　　　　　　　　　　　　100
　　　　　　　　其他應收款——李正　　　　　　　　　　　　500
　　C．借：管理費用　　　　　　　　　　　　　　　　100
　　　　　　貸：其他應收款——李正　　　　　　　　　　　　100
　　D．借：庫存現金　　　　　　　　　　　　　　　　600
　　　　　　貸：其他應收款——李正　　　　　　　　　　　　600

93. 某企業以開會名義提取現金 50,000 元，用於發放一次性獎金，根據《現金管理暫行條例》的規定，該行為屬於（　　）。

　　A．套取現金　　　　　　　　B．白條抵庫
　　C．私設小金庫　　　　　　　D．出借帳戶

94. 某公司 201×年 7 月 10 日銀行存款餘額為 20 萬元，同日簽發一張金額為 30 萬元的轉帳支票用以支付貨款。如果財務部門預計 10 日內肯定沒有銀行存款收入業務，則該行為屬於簽發（　　）。

　　A．遠期支票　　　　　　　　B．空白支票
　　C．空頭支票　　　　　　　　D．無效支票

95. 公司管理人員的養老保險應記入（　　）帳戶。

　　A．「產品成本」　　　　　　B．「製造費用」
　　C．「銷售費用」　　　　　　D．「管理費用」

96. 某增值稅一般納稅人企業 201×年 3 月初「應交稅費——應交增值稅」帳戶無餘額，3 月份銷項稅額為 30,000 元，進項稅額為 40,000 元；4 月份銷項稅額為 50,000 元，進項稅額為 20,000 元。該企業 3 月份和 4 月份的應交增值稅分別為（　　）元。

　　A．0、20,000　　　　　　　　B．10,000、20,000
　　C．0、30,000　　　　　　　　D．－10,000、20,000

97. 某小規模納稅人適用的增值稅徵收率為 3%。201×年 10 月 25 日銷售產品 400 件，開具的普通發票中總價為 82,400 元。對於上述業務，「主營業務收入」和「應交稅費——應交增值稅」科目的發生額分別是（　　）。

　　A．貸方 824,000 元、借方 2,400 元
　　B．貸方 80,000 元、借方 2,400 元
　　C．貸方 80,000 元、貸方 2,400 元

D. 貸方 824,000 元、貸方 2,400 元

98. 某企業為增值稅一般納稅人企業，適用的增值稅徵收率為 17%，以一批資產產品對外投資，產品成本為 180,000 元，售價和計稅價格均為 210,000 元，雙方協議按該批產品的售價作價（假定協議價是公允的）。該企業長期股權投資的入帳金額為（　　）元。

  A. 210,000　　　　　　　　　　B. 180,000
  C. 210,600　　　　　　　　　　D. 245,700

99. 某公司 201×年 6 月購買某種股票 10 萬股（劃分為交易性金融資產），支付銀行存款 103 萬元（其中，相關交易費用為 3 萬元）。如果 201×年 6 月 30 日公司仍然持有該股票且市價為每股 12 元，則 6 月 30 日應確認的公允價值變動損益為（　　）萬元。

  A. 20　　　　　　　　　　　　　B. 17
  C. 120　　　　　　　　　　　　D. 117

100. 不屬於存貨成本的是（　　）。

  A. 採購成本
  B. 進一步加工存貨發生的直接人工費用
  C. 進一步加工存貨發生的直接材料費用
  D. 進一步加工存貨應負擔的管理費用

101. 某企業 201×年 3 月 5 日購買不需要安裝的機器設備一臺，價款為 200,000 元，增值稅稅額為 34,000 元，發生運輸費用 10,000 元（扣除率為 11%），全部款項已通過銀行轉帳付訖。固定資產的入帳價值為（　　）元。

  A. 244,000　　　　　　　　　　B. 210,000
  C. 234,000　　　　　　　　　　D. 208,900

102. 某製藥公司為增值稅一般納稅人企業。該公司於 201×年 10 月 28 日購買原材料一批，增值稅專用發票上註明的價款為 800,000 元，增值稅稅額為 136,000 元。假定該批原材料直接用於免徵增值稅藥品的生產，則該原材料的入帳價值為（　　）元。

  A. 664,000　　　　　　　　　　B. 936,000
  C. 800,000　　　　　　　　　　D. 900,000

103. 按照實際成本進行原材料核算時，不可能使用的會計科目是（　　）科目。

  A.「原材料」　　　　　　　　　B.「在途物資」
  C.「材料採購」　　　　　　　　D.「銀行存款」

104. 201×年 4 月 1 日，B 公司因生產經營的臨時性需要從銀行取得借款 40,000 萬元，借款期限為 6 個月，借款年利率為 6%，利息按季結算，確認 4 月份利息費用的會計分錄是（　　）。

  A. 借：財務費用　　　　　　　　　　　　　　　　2,000,000
    貸：短期借款　　　　　　　　　　　　　　　　　　　2,000,000

B. 借：管理費用　　　　　　　　　　　　　2,000,000
　　貸：應付利息　　　　　　　　　　　　　　2,000,000
C. 借：財務費用　　　　　　　　　　　　　2,000,000
　　貸：應付利息　　　　　　　　　　　　　　2,000,000
D. 借：應付利息　　　　　　　　　　　　　2,000,000
　　貸：銀行存款　　　　　　　　　　　　　　2,000,000

105. 某公司系增值稅一般納稅人企業，為生產產品購入一批原材料，增值稅專用發票上註明的價格為210,000元，增值稅稅額為35,700元。C公司後來將這些原材料的10%用於生產免徵增值稅的產品。為生產免徵增值稅產品而領用原材料時，「應交稅費」的正確會計處理是（　　）。

A. 借記「應交稅費——應交增值稅（進項稅額轉出）」科目3,570元
B. 貸記「應交稅費——應交增值稅（進項稅額轉出）」科目3,570元
C. 借記「應交稅費——應交增值稅（銷項稅額）」科目3,570元
D. 貸記「應交稅費——應交增值稅（銷項稅額）」科目3,570元

106. 企業到外地進行臨時或零星採購時，匯往採購地銀行開立採購帳戶的款項稱為（　　）。

A. 銀行匯票存款　　　　　　　B. 銀行本票存款
C. 信用卡存款　　　　　　　　D. 外埠存款

107. 某公司為增值稅一般納稅人企業，201×年3月5日該公司銷售一批產品，按價目表標明的價格為30,000元（不含稅）。由於是成批銷售，該公司給予購貨方10%的商業折扣，則應收帳款的入帳金額為（　　）元。

A. 27,000　　　　　　　　　　B. 31,590
C. 30,000　　　　　　　　　　D. 35,100

108. 在物價變動的情況下，期末庫存存貨成本最接近市價的發出存貨計價方法是（　　）。

A. 個別計價法　　　　　　　　B. 移動加權平均法
C. 全月一次加權平均法　　　　D. 先進先出法

109. 《中華人民共和國公司法》規定，企業應按淨利潤的（　　）提取法定盈餘公積。

A. 5%　　　　　　　　　　　　B. 10%
C. 15%　　　　　　　　　　　D. 25%

110. 企業為車間管理人員繳納的失業保險費應記入（　　）帳戶。

A. 「管理費用」　　　　　　　B. 「製造費用」
C. 「銷售費用」　　　　　　　D. 「財務費用」

111. 某公司201×年1月份利潤表「本期金額」欄有關數字如下：營業利潤32,000元，營業外收入5,000元，營業外支出50,000元。該公司1月份利潤總額為（　　）元。

A. -32,000　　　　　　　　　B. 32,000

C. 13,000　　　　　　　　　　　　D. －13,000

112. 信用卡的最長透支期限為（　　）天。
    A. 30　　　　　　　　　　　　　B. 60
    C. 90　　　　　　　　　　　　　D. 120

113. 甲材料月初結存實際成本為100,000元，結存數量為1,000件，本月增加材料1,200件，增加金額為126,000元。甲材料本月加權平均單價為（　　）元/件。
    A. 100　　　　　　　　　　　　 B. 102.73
    C. 105　　　　　　　　　　　　 D. 102

114. 某公司為增值稅一般納稅人企業，201×年3月1日應交稅費——應交增值稅帳戶無餘額，3月份銷項稅額為30,000元，進項稅額為40,000元，進項稅額轉出為20,000元。該公司3月份應交增值稅（　　）元。
    A. －10,000　　　　　　　　　　B. 102.73
    C. 10,000　　　　　　　　　　　D. 20,000

115. 某公司購入某種材料2,000千克，每千克不含稅單價為100元，發生運雜費1,000元（不考慮運費抵扣增值稅），入庫前發生挑選整理費800元，途中合理損耗10千克。該公司系增值稅一般納稅人企業，適用的增值稅稅率為17%。該批材料的單位成本為（　　）元/千克。
    A. 117.90　　　　　　　　　　　B. 118.49
    C. 101.41　　　　　　　　　　　D. 100.90

116. 201×年2月，某公司董事會決定將本公司生產的1,500件產品作為福利發放給本公司職工，其中發放給生產工人1,000件。該批產品的單位成本為500元，市場銷售價格為每件800元（不含增值稅）。該公司系增值稅一般納稅人企業，適用的增值稅稅率為17%。不考慮其他稅費，由於該項業務的發生，該公司201×年2月的生產成本應增加（　　）元。
    A. 800,000　　　　　　　　　　 B. 636,000
    C. 936,000　　　　　　　　　　 D. 500,000

117. 某公司備用金實行非定額制管理。201×年9月20日，公司辦公室工作人員張平報銷差旅費2,368元，原預借款3,000元，餘額交回現金。對於此項經濟業務，正確的會計分錄是（　　）。
    A. 借：管理費用　　　　　　　　　　　　　　　　　　2,368
　　　　庫存現金　　　　　　　　　　　　　　　　　　632
　　　　貸：其他應收款——張平　　　　　　　　　　　　3,000
    B. 借：庫存現金　　　　　　　　　　　　　　　　　　632
　　　　貸：其他應收款——張平　　　　　　　　　　　　632
    C. 借：管理費用　　　　　　　　　　　　　　　　　　3,000
　　　　貸：其他應收款——張平　　　　　　　　　　　　3,000

D. 借：管理費用　　　　　　　　　　　　　　　　　632
　　　貸：其他應收款——張平　　　　　　　　　　　　　632

118. 庫存現金限額按照企業日常零星開支需要來核定。庫存現金低於限額時，可以簽發（　　）從銀行提取現金，補足限額。
　　A. 轉帳支票　　　　　　　　　　B. 現金支票
　　C. 銀行本票　　　　　　　　　　D. 銀行匯票

119. 對於一般納稅人，相關進項稅額應貸記「應交稅費——應交增值稅（進項稅額轉出）」科目的經濟業務是（　　）。
　　A. 以自產產品對外投資
　　B. 將自產產品對外捐贈
　　C. 將自產產品用於集體福利設施建設
　　D. 外購原材料發生非正常損失

120. 某企業系增值稅一般納稅人企業，201×年9月18日接受投資方投入原材料一批，作價70,000元，增值稅專用發票上註明增值稅為11,900元。該企業的下述會計處理中，不正確的是（　　）
　　A. 原材料入帳金額為70,000元
　　B. 「應交稅費——應交增值稅（進項稅額）」科目借方發生額為11,900元
　　C. 實收資本增加81,900元
　　D. 資本公積增加11,900元

121. 不應計入固定資產入帳價值的是（　　）。
　　A. 固定資產買價
　　B. 為取得固定資產而繳納的契稅
　　C. 購買機器設備取得的增值稅專用發票上註明的增值稅額
　　D. 固定資產安裝調試費

122. 201×年6月2日，某小規模納稅人企業銷售產品400件，開出的增值稅普通發票上註明總價為72,100元。「主營業務收入」和「應交稅費——應交增值稅」科目的發生額分別是（　　）。
　　A. 貸方72,100元、借方2,100元
　　B. 貸方70,000元、借方2,100元
　　C. 貸方70,000元、貸方2,100元
　　D. 貸方72,100元、貸方2,100元

123. 201×年5月6日，某增值稅一般納稅人企業用銀行存款繳納4月份應交而未交的增值稅8,000元，正確的會計分錄是（　　）。
　　A. 借：應交稅費——應交增值稅（已交稅金）　　8,000
　　　　貸：銀行存款　　　　　　　　　　　　　　　8,000
　　B. 借：應交稅費——未交增值稅　　　　　　　　8,000
　　　　貸：銀行存款　　　　　　　　　　　　　　　8,000

C. 借：應交稅費——應交增值稅（未交增值稅）　　　　8,000
　　　貸：銀行存款　　　　　　　　　　　　　　　　　　8,000
D. 借：應交稅費——應交增值稅（轉出未交增值稅）　8,000
　　　貸：銀行存款　　　　　　　　　　　　　　　　　　8,000

124. 201×年12月31日，某公司實收資本帳戶貸方餘額為690,000元，資本公積帳戶貸方餘額為70,000元，盈餘公積帳戶貸方餘額為60,000元，利潤分配——未分配利潤帳戶貸方餘額為120,000元。下一年度，該公司用資本公積20,000元轉增資本，實現淨利潤850,000元，提取盈餘公積85,000元，向投資者分配利潤70,000元。下年年底，該公司所有者權益總額應為（　　　）元。

　　A. 1,615,000　　　　　　　　B. 835,000
　　C. 1,720,000　　　　　　　　D. 870,000

125. 影響主營業務收入入帳金額的是（　　　）。
　　A. 商業折扣　　　　　　　　　B. 現金折扣
　　C. 一般納稅人的增值稅　　　　D. 所得稅

126. 不屬於應付職工薪酬構成的是（　　　）。
　　A. 工資　　　　　　　　　　　B. 工會經費
　　C. 職工教育經費　　　　　　　D. 出差期間的伙食補貼

127. 計算10月份固定資產應計提折舊額時，不需要的數據是（　　　）。
　　A. 9月份固定資產計提的折舊額
　　B. 9月份增加固定資產應計提的折舊額
　　C. 10月份增加固定資產應計提的折舊額
　　D. 9月份減少固定資產應計提的折舊額

【參考答案】

1. C	2. A	3. A	4. A	5. C
6. B	7. C	8. A	9. B	10. A
11. C	12. A	13. D	14. C	15. C
16. D	17. A	18. D	19. D	20. C
21. A	22. A	23. C	24. B	25. D
26. B	27. D	28. C	29. A	30. B
31. C	32. C	33. D	34. D	35. C
36. A	37. C	38. D	39. C	40. A
41. B	42. A	43. C	44. B	45. B
46. A	47. B	48. C	49. A	50. D
51. C	52. B	53. D	54. B	55. C
56. B	57. C	58. D	59. C	60. B
61. A	62. C	63. C	64. C	65. A
66. C	67. B	68. C	69. A	70. D
71. B	72. A	73. D	74. B	75. D

76. C	77. A	78. B	79. B	80. D
81. C	82. D	83. D	84. C	85. D
86. B	87. D	88. D	89. D	90. B
91. D	92. B	93. A	94. C	95. D
96. D	97. C	98. D	99. A	100. D
101. D	102. B	103. C	104. C	105. B
106. D	107. B	108. D	109. B	110. B
111. D	112. B	113. B	114. C	115. C
116. C	117. A	118. B	119. B	120. D
121. C	122. C	123. B	124. C	125. A
126. D	127. C			

【解析】

2. 年折舊率＝（1－預計淨殘值率）÷預計使用壽命（年）×100%

4. 該企業上年年末應收帳款餘額為600,000元，壞帳準備帳戶應保持的貸方餘額為3,000元（600,000×5‰）。下年收回已轉銷的壞帳為1,000元，壞帳準備帳戶貸方增加1,000元。下年年末應收帳款餘額為900,000元，壞帳準備帳戶應保持的貸方餘額為4,500元（900,000×5‰），故下年年末應計提的壞帳準備為500元（4,500－3,000－1,000）。

6. 銷售退回如果發生在企業確認收入之前，只需將已記入「發出商品」帳戶的商品成本轉回「庫存商品」帳戶；如果企業已經確認收入，又發生銷售退回的，不論是當年銷售的，還是以前年度銷售的（除屬於資產負債表日後事項外），均應衝減退回當月的銷售收入，同時衝減退回當月的銷售成本。

15. 企業本年實現的淨利潤加上年初未分配利潤（或減去年初未彌補虧損）和其他轉入后的金額為可供分配的利潤。可供分配的利潤減去提取的法定盈餘公積、任意盈餘公積等后，為可供投資者分配的利潤＝100＋200－200×（10%＋5%）＝270（萬元）。

18. 增值稅不作為收入；出售固定資產、接受捐贈取得的款項應通過營業外收入帳戶核算。

29. 股本帳戶用來核算股份有限公司核定的股本總額及在核定的股份總額範圍內實際發行股票的面值。

43. 利用公式「期初餘額＋本期增加的發生額－本期減少的發生額＝期末餘額」進行計算。本期減少發生額就是本期完工入庫產品的成本。7,800＋18,000－本期減少的發生額＝6,200元，計算得本期減少發生額等於19,600元。

60. 2013年8月1日以后，增值稅一般納稅人辦公用轎車，取得的符合規定的稅控機動車銷售統一發票，可以從銷項稅額中抵扣。

81. 123,600÷（1＋3%）×3%＝3,600（元）

82. 購進免稅農產品，按買價的13%計入可抵扣進項稅額，剩餘的87%計入成本。

(二) 多選題

1. 期末結轉后無餘額的帳戶有（　　）。
   A.「實收資本」　　　　　　B.「主營業務成本」
   C.「庫存商品」　　　　　　D.「銷售費用」
2. 估計壞帳損失的方法有（　　）。
   A. 銷售額百分比法　　　　　B. 直接轉銷法
   C. 帳齡分析法　　　　　　　D. 餘額百分比法
3. 核對長期借款利息涉及的會計科目可能有（　　）科目。
   A.「管理費用」　　　　　　B.「財務費用」
   C.「在建工程」　　　　　　D.「長期借款」
4. 應通過「應收帳款」科目核算的有（　　）。
   A. 銷售產品尚未收到的貨款
   B. 銷售產品時代客戶墊付的運雜費
   C. 預付給供貨單位的購貨款
   D. 銷售產品時應向客戶收取的增值稅
5. 領用原材料的會計分錄通常涉及的借方科目有（　　）科目。
   A.「生產成本」　　　　　　B.「管理費用」
   C.「製造費用」　　　　　　D.「財務費用」
6. 不必進行會計處理的經濟業務有（　　）。
   A. 用盈餘公積轉增資本
   B. 取得股票股利
   C. 用稅前利潤彌補虧損
   D. 用稅后利潤彌補虧損
7. 中國會計準則允許採用的存貨計價方法有（　　）。
   A. 先進先出法　　　　　　　B. 后進先出法
   C. 加權平均法　　　　　　　D. 個別計價法
8. 採購員報銷差旅費，其會計分錄可能涉及的會計科目有（　　）科目。
   A.「其他應收款」　　　　　B.「庫存現金」
   C.「其他應付款」　　　　　D.「管理費用」
9. 由利潤形成的所有者權益包括（　　）。
   A. 實收資本　　　　　　　　B. 資本公積
   C. 盈餘公積　　　　　　　　D. 未分配利潤
10. 某公司201×年2月計提折舊額為120,000元，2月份增加的固定資產應計提的折舊額為10,000元，減少固定資產應計提的折舊額為25,000元；201×年3月增加固定資產應計提折舊額為28,000元，減少固定資產應計提折舊額為21,000元。該公司201×年3月份和4月份應計提的折舊額分別為（　　）元。
    A. 105,000　　　　　　　　B. 127,000

C. 134,000　　　　　　　　D. 112,000

11. 不符合現金管理規定的行為包括（　　）。
    A. 白條抵庫　　　　　　　B. 提取現金
    C. 出租出借帳戶　　　　　D. 設立小金庫

12. 201×年7月25日，某公司採用委託收款結算方式從甲公司購入A材料一批，材料已驗收入庫，月末尚未收到發票帳單，暫估價為60,000元。201×年8月10日，該公司收到甲公司寄來的發票帳單，貨款為70,000元，增值稅稅額為119,000元，已用銀行存款付訖。該公司所進行的從暫估價入帳到用銀行存款付訖全過程的帳務處理，正確的會計分錄有（　　）。

    A. 借：原材料——A材料　　　　　　　　　　　　60,000
          貸：應付帳款——暫估應付帳款　　　　　　60,000
    B. 借：應付帳款——暫估應付帳款　　　　　　　60,000
          貸：原材料——A材料　　　　　　　　　　60,000
    C. 借：原材料——A材料　　　　　　　　　　（60,000）
          貸：應付帳款——暫估應付帳款　　　　（60,000）
    D. 借：原材料——A材料　　　　　　　　　　　　70,000
          應交稅費——應交增值稅（進項稅額）　　11,900
          貸：銀行存款　　　　　　　　　　　　　81,900

13. 構成留存收益的有（　　）。
    A. 實收資本　　　　　　　B. 盈餘公積
    C. 資本公積　　　　　　　D. 未分配利潤

14. 下列會計分錄中，反映企業資金籌集業務的有（　　）。
    A. 借：銀行存款
          貸：實收資本
    B. 借：固定資產
          貸：銀行存款
    C. 借：銀行存款
          貸：主營業務收入
    D. 借：銀行存款
          貸：長期借款

15. 長期股權投資包括（　　）。
    A. 對子公司的投資
    B. 對合營企業的投資
    C. 對聯營企業的投資
    D. 投資企業對被投資企業不具有控制、共同控制和重大影響，並且在活躍市場中有報價、公允價值能夠可靠計量的權益性投資

16. 某單位購買材料時以銀行存款預付貨款，材料驗收入庫的會計分錄涉及的會計科目可能有（　　）科目。

A. 「應收帳款」　　　　　　　　　B. 「預付帳款」
C. 「應付帳款」　　　　　　　　　D. 「預收帳款」

17. 某企業201×年營業利潤為3,200萬元，營業外收入為500萬元，營業外支出為100萬元，淨利潤為3,100萬元。關於該企業201×年度有關指標的表述，正確的有（　　）。

A. 利潤總額為3,600萬元　　　　　B. 利潤總額為3,700萬元
C. 所得稅費用為500萬元　　　　　D. 所得稅費用為900萬元

18. 某企業為小規模納稅人企業，月初庫存A材料100千克，單位成本80元；本月購入A材料700千克，單位成本80元，本期生產領用A材料300千克，期末經實地盤點，A材料實存450千克，下列表述正確的有（　　）。

A. 永續盤存制下本月領用A材料的成本為24,000元
B. 永續盤存制下A材料帳面餘額為40,000元
C. 實地盤存制下本月領用A材料的成本為28,000元
D. 永續盤存制下A材料盤虧4,000元，若系收發計量錯誤，應計入管理費用

19. 某企業購入生產設備並投入使用，價款為30萬元，進項稅額為5.1萬元。該企業以銀行存款支付20萬元，餘款以商業承兌匯票承付。對於該項經濟業務的會計處理正確的有（　　）。

A. 借記「固定資產」科目35.1萬元
B. 借記「固定資產」科目30萬元
C. 貸記「應付票據」科目15.1萬元
D. 貸記「銀行存款」科目20萬元

20. 201×年2月7日，乙公司用銀行存款3,500元購買甲種原材料一批，材料已驗收入庫。對於該項業務的會計處理，需要用到的會計方法和技術有（　　）。

A. 復式記帳　　　　　　　　　　B. 成本計算
C. 財產清查　　　　　　　　　　D. 平行登記

21. 201×年2月12日，丙公司向甲公司採購材料，按合同規定向甲公司預付貨款400,000元。201×年2月28日，丙公司收到甲公司按合同發來的材料，發票顯示貨款為600,000元，增值稅稅額為102,000元，丙公司當即按合同規定用銀行存款補付貨款。以下丙公司對於該項經濟業務的會計處理正確的會計分錄有（　　）。

A. 借：預付帳款——甲公司　　　　　　　　　　　　400,000
　　　貸：銀行存款　　　　　　　　　　　　　　　　　　400,000
B. 借：原材料　　　　　　　　　　　　　　　　　　600,000
　　　　應交稅費——應交增值稅（進項稅額）　　　102,000
　　　貸：預付帳款——甲公司　　　　　　　　　　　　702,000
C. 借：原材料　　　　　　　　　　　　　　　　　　600,000
　　　　應交稅費——應交增值稅（進項稅額）　　　102,000
　　　貸：預付帳款——甲公司　　　　　　　　　　　　400,000
　　　　　應付帳款——甲公司　　　　　　　　　　　　302,000

D. 借：預付帳款——甲公司　　　　　　　　　302,000
　　　貸：銀行存款　　　　　　　　　　　　　　　　302,000

22. 必須通過「應付職工薪酬」科目核算的有（　　）。
　　A. 應支付的工會經費　　　　　　B. 應支付的職工教育經費
　　C. 應支付的職工住房公積金　　　D. 為職工無償提供的醫療保健服務

23. 某公司按合同規定銷售產品一批，開出的增值稅專用發票上標明價款為10,000元，增值稅為1,700元，產品已發出。之前已預收購貨單位貨款8,000元，預收款不足部分購貨單位暫欠。對於該交易的下列會計處理中，不正確的有（　　）。
　　A. 借記「主營業務收入」10,000元
　　B. 借記「預收帳款」11,700元
　　C. 貸記「應交稅費」1,700元
　　D. 借記「預收帳款」8,000元

24. 有關支票的下列表述中正確的有（　　）。
　　A. 單位或個人均可使用支票進行款項結算
　　B. 普通支票既可以用於支取現金，又可以用於轉帳
　　C. 現金支票可以背書轉讓
　　D. 支票必須記名

25. 可供分配利潤的來源有（　　）。
　　A. 本年淨利潤　　　　　　　　　B. 年初未分配利潤
　　C. 盈餘公積轉入　　　　　　　　D. 資本公積轉入

26. 下列公式中正確的有（　　）。
　　A. 營業利潤＝營業收入－營業成本－稅金及附加－銷售費用－管理費用－財務費用－資產減值損失＋公允價值變動收益（減損失）＋投資收益（減損失）
　　B. 利潤總額＝營業利潤＋營業外收入－營業外支出
　　C. 淨利潤＝營業利潤－所得稅費用
　　D. 淨利潤＝利潤總額－所得稅費用

27. 留存收益包括（　　）。
　　A. 資本公積　　　　　　　　　　B. 法定盈餘公積
　　C. 任意盈餘公積　　　　　　　　D. 未分配利潤

28. 屬於營業外收入的是（　　）。
　　A. 取得的政府補助收入　　　　　B. 銀行存款利息收入
　　C. 收到的捐贈款　　　　　　　　D. 出售原材料取得的收入

29. 材料按實際成本計價，應設置的帳戶是（　　）。
　　A.「原材料」　　　　　　　　　　B.「材料採購」
　　C.「在途物資」　　　　　　　　　D.「材料成本差異」

30. 工業企業外購存貨的實際成本包括（　　）。

A. 採購人員差旅費 B. 包裝費
C. 安裝費 D. 運輸費

31. 下列選項中，應當計入外購固定資產成本的是（　　）。
   A. 場地整理費 B. 包裝費
   C. 安裝費 D. 運輸費

32. 下列選項中，應通過應付帳款帳戶核算的是（　　）。
   A. 應付租金 B. 應付購入包裝物款項
   C. 應付存入保證金 D. 應付接受勞務的款項

33. 下列選項中，不通過銀行存款帳戶核算的有（　　）。
   A. 人民幣存款 B. 外幣存款
   C. 外埠存款 D. 信用證存款

34. 下列支出中，屬於營業外支出的有（　　）。
   A. 捐贈支出 B. 債務重組損失
   C. 固定資產盤虧 D. 罰款支出

35. 其他貨幣資金主要包括（　　）。
   A. 銀行存款 B. 外埠存款
   C. 銀行匯票、銀行本票存款 D. 信用證存款

36. 企業以現金發放職工工資，應（　　）。
   A. 借記「庫存現金」科目 B. 貸記「應付職工薪酬」科目
   C. 借記「應付職工薪酬」科目 D. 貸記「庫存現金」科目

37. 下列選項中，應計入固定資產成本的有（　　）。
   A. 固定資產進行日常修理發生的人工費用
   B. 固定資產安裝過程中領用原材料的費用
   C. 固定資產達到預定可使用狀態后發生的專門借款利息
   D. 固定資產達到預定可使用狀態前發生的工程物資盤虧淨損失

38. 企業固定資產取得的方式有（　　）。
   A. 外購 B. 自行建造
   C. 投資者投入 D. 融資租入

39. 企業讓渡資產使用權的收入是指（　　）。
   A. 無形資產的使用費收入 B. 包裝物出租的租金收入
   C. 固定資產出租的租金收入 D. 貸款利息收入

40. 下列各項中，應通過「應交稅費——未交增值稅」科目核算的有（　　）。
   A. 本月上交本月的應交增值稅 B. 本月上交上期的應交增值稅
   C. 結轉本月應交未交增值稅 D. 結轉本月多交的增值稅

41. 應通過「應付職工薪酬」科目核算的內容包括（　　）。
   A. 職工福利費
   B. 工傷保險費和生育保險等社會保險費
   C. 住房公積金

D. 工會經費和職工教育經費

42. 下列各項中，影響年末未分配利潤數額的因素有（　　）。
    A. 年初未分配利潤　　　　　　B. 提取盈餘公積
    C. 結轉本期實現的淨利潤　　　D. 盈餘公積補虧

43. 下列關於收入的說法中，正確的有（　　）。
    A. 收入從日常活動中產生，而不是從偶發的交易或事項中產生
    B. 收入可能表現為資產的增加
    C. 收入可能表現為所有者權益的增加
    D. 收入包括代收的增值稅

44. 企業日常活動中取得的收入包括（　　）。
    A. 銷售商品取得的收入　　　　B. 提供勞務的收入
    C. 他人使用本企業資產的收入　D. 銷售固定資產

45. 下列項目中，屬於銷售費用的有（　　）。
    A. 利息支出　　　　　　　　　B. 產品的廣告費
    C. 專設銷售機構人員的工資　　D. 產品展覽費

46. 期間費用包括（　　）。
    A. 銷售費用　　　　　　　　　B. 製造費用
    C. 財務費用　　　　　　　　　D. 管理費用

47. 下列各項中，屬於製造費用的有（　　）。
    A. 生產車間為組織和管理生產所發生的工資及福利費用
    B. 生產車間為組織和管理生產所發生的設備折舊費
    C. 企業管理部門的房屋折舊費
    D. 生產車間為組織和管理生產所發生的辦公費

48. 在固定資產清理帳戶借方登記的是（　　）。
    A. 轉入清理的固定資產淨值　　B. 轉入清理的固定資產原值
    C. 發生的清理費用　　　　　　D. 由保險公司或過失人承擔的損失

49. 長期借款所發生的利息支出，可能借記的帳戶有（　　）。
    A. 「銷售費用」　　　　　　　B. 「財務費用」
    C. 「在建工程」　　　　　　　D. 「管理費用」

50. 下列各項中，構成企業外購存貨入帳價值的有（　　）。
    A. 買價　　　　　　　　　　　B. 運雜費
    C. 運輸途中的合理損耗　　　　D. 入庫前的挑選整理費

51. 下列固定資產的折舊方法中，屬於加速折舊的有（　　）。
    A. 平均年限法　　　　　　　　B. 雙倍餘額遞減法
    C. 工作量法　　　　　　　　　D. 年數總和法

52. 根據《企業會計制度》的規定，下列各項中，應計入企業產品成本的有（　　）。
    A. 生產工人的工資　　　　　　B. 車間管理人員的工資

C. 企業行政管理人員的工資　　D. 在建工程人員的工資

53. 下列各項中，構成應收帳款入帳價值的是（　　）。
    A. 銷售商品的價款　　　　　B. 增值稅銷項稅額
    C. 代購買方墊付的包裝費　　D. 代購買方墊付的運雜費

54. 下列會計科目中，可能成為「本年利潤」科目的對應科目的有（　　）科目。
    A. 「管理費用」　　　　　　B. 「所得稅費用」
    C. 「利潤分配」　　　　　　D. 「製造費用」

55. 年末結帳後，下列會計科目中一定沒有餘額的有（　　）科目。
    A. 「生產成本」　　　　　　B. 「材料採購」
    C. 「本年利潤」　　　　　　D. 「主營業務收入」

56. 計提固定資產折舊時，下列科目可能被涉及的有（　　）科目。
    A. 「固定資產」　　　　　　B. 「累計折舊」
    C. 「製造費用」　　　　　　D. 「管理費用」

57. 下列項目中，應記入「營業外支出」科目的有（　　）。
    A. 廣告費　　　　　　　　　B. 借款利息
    C. 固定資產盤虧　　　　　　D. 捐贈支出

58. 某企業於201×年3月銷售一批化妝品，化妝品的成本為80萬元，為了銷售發生推銷費用0.5萬元，化妝品的銷售價款為100萬元，應收取的增值稅銷項稅額為17萬元，銷售該批化妝品應繳納的消費稅30萬元。根據該項經濟業務，下列表述中正確的項目有（　　）。
    A. 「主營業務成本」科目反映借方發生額80萬元
    B. 「主營業務收入」科目反映貸方發生額100萬元
    C. 「稅金及附加」科目反映借方發生額30萬元
    D. 「銷售費用」科目反映借方發生額0.5萬元

59. A公司原由甲、乙、丙三人投資，三人各投入100萬元。兩年後丁想加入，經協商，甲、乙、丙、丁各擁有100萬元的資本，但丁必須投入120萬元的銀行存款方可擁有100萬元的資本。若丁以120萬元投入A公司，並已辦妥增資手續，則下列表述中能組合在一起形成該經濟業務的會計分錄項目是（　　）。
    A. 該筆業務應借記「銀行存款」科目120萬元
    B. 該筆業務應貸記「實收資本」科目100萬元
    C. 該筆業務應貸記「資本公積」科目20萬元
    D. 該筆業務應貸記「銀行存款」科目120萬元

60. 下列關於「預付帳款」科目的表述中，正確的有（　　）。
    A. 預付及補付的款項登記在該科目的借方
    B. 該科目的借方餘額表示預付給供貨單位的款項
    C. 該科目的貸方餘額表示應當補付的款項
    D. 預付款項不多的企業，也可將預付款項記入「應付帳款」科目的借方

61. 下列票據中，通過「應付票據」科目核算的有（　　）。

A. 商業承兌匯票 B. 銀行承兌匯票
C. 銀行匯票 D. 轉帳支票

62. 下列費用中，應計入產品成本的有（　　）。
A. 直接用於產品生產，構成產品實體的輔助材料
B. 直接從事產品生產的工人的工資
C. 直接從事產品生產的工人的非貨幣性福利
D. 車間管理人員的工資及福利費

63. 甲公司於 201×年 1 月 1 日借入 3 個月的借款 1,000 萬元，年利率為 6%，3 月 31 日到期一次還本付息。按照權責發生制原則，201×年 3 月 31 日甲公司還本付息時應編制的會計分錄中可能涉及的應借應貸科目及金額是（　　）。
A. 借記「短期借款」科目 1,000 萬元
B. 借記「財務費用」科目 5 萬元
C. 借記「應付利息」科目 10 萬元
D. 貸記「銀行存款」科目 1,015 萬元

64. 以下稅費可能記入「稅金及附加」科目核算的有（　　）。
A. 增值稅 B. 消費稅
C. 企業所得稅 D. 教育費附加

65. 下列關於「所得稅費用」科目的表述中正確的有（　　）。
A. 該科目屬損益類科目
B. 該科目的餘額期末結帳時應轉入「本年利潤」科目
C. 該科目屬負債類科目
D. 該科目餘額一般在貸方

66. 下列項目中，應記入「營業外收入」科目核算的有（　　）。
A. 固定資產盤盈 B. 處置固定資產淨收益
C. 無法償付的應付款項 D. 出售無形資產淨收益

67. 下列票據中，不通過「應付票據」科目核算的有（　　）。
A. 商業承兌匯票 B. 銀行匯票
C. 銀行承兌匯票 D. 銀行本票

68. 在借貸記帳法下，當貸記「主營業務收入」科目時，下列會計科目中可能成為其對應科目的有（　　）科目。
A.「應收帳款」 B.「銀行存款」
C.「利潤分配」 D.「應收票據」

69. 某企業於 201×年 3 月 31 日按照規定計提本期固定資產的折舊 24,000 元，其中生產車間折舊為 19,000 元，行政管理部門折舊為 5,000 元。根據該項經濟業務，下列表述中正確的有（　　）。
A.「生產成本」科目應反映借方發生額 19,000 元
B.「製造費用」科目應反映借方發生額 19,000 元

C.「管理費用」科目應反映借方發生額 5,000 元

D.「累計折舊」科目應反映貸方發生額 24,000 元

70. 下列項目中，應記入「財務費用」科目的是（　　）。

  A. 利息收支   B. 銀行承兌匯票承兌手續費

  C. 財務會計人員工資   D. 匯兌損益

71. 以銀行存款支付本企業負擔的銷售產品的運雜費 1,000 元，則下列表述中正確的有（　　）。

  A. 該筆業務應借記「銷售費用」科目 1,000 元

  B. 該筆業務應借記「材料採購」科目 930 元

  C. 該筆業務應借記「應交稅費——應交增值稅（進項稅額）」科目 70 元

  D. 該筆業務應貸記「銀行存款」科目 1,000 元

72. 企業行政管理人員王華出差回來，報銷差旅費 600 元，交回現金 200 元。根據該項經濟業務，下列表述中正確的有（　　）。

  A.「庫存現金」科目反映借方發生額 200 元

  B.「管理費用」科目反映借方發生額 800 元

  C.「管理費用」科目反映借方發生額 600 元

  D.「其他應收款」科目反映貸方發生額 800 元

73. 年末結轉後，「利潤分配」科目餘額可能表示（　　）。

  A. 未分配利潤   B. 營業利潤

  C. 利潤總額   D. 未彌補虧損

【參考答案】

1. BD	2. ACD	3. BCD	4. ABD	5. ABC
6. BCD	7. ACD	8. ABD	9. CD	10. AD
11. ACD	12. ACD	13. BD	14. AD	15. ABC
16. BC	17. AC	18. ABCD	19. BCD	20. ABD
21. ABD	22. ABCD	23. ABC	24. ABD	25. ABC
26. ABD	27. BCD	28. AC	29. AC	30. BCD
31. ABCD	32. BD	33. CD	34. ABCD	35. ABC
36. CD	37. BD	38. ABCD	39. ABCD	40. ABCD
41. ABCD	42. ABCD	43. ABC	44. ABC	45. BCD
46. ACD	47. ABD	48. AC	49. BCD	50. ABCD
51. BD	52. AB	53. ABCD	54. ABC	55. CD
56. BCD	57. CD	58. ABCD	59. ABC	60. ABCD
61. AB	62. ABCD	63. ABCD	64. BCD	65. AB
66. BCD	67. BD	68. ABD	69. BCD	70. ABD
71. AD	72. ACD	73. AD		

（三）判斷題

1. 採用信用證付款方式的企業，在其他貨幣資金帳戶進行核算。（　　）

2. 應收帳款帳戶核算企業因銷售產品或材料、提供勞務、職工借款等業務，應向購貨單位或本單位職工個人收取的款項。（　　）
3. 庫存現金帳戶的期末餘額在借方，反映期末庫存現金的實有數。（　　）
4. 庫存現金是存放於企業財會部門由會計機構負責人經管的貨幣。（　　）
5. 企業在固定資產清理過程中發生的清理費用，應貸記「固定資產清理」科目。（　　）
6. 企業對於確實無法支付的應付帳款，應衝減已計提的壞帳準備。（　　）
7. 企業為取得固定資產而繳納的契稅，應計入資產入帳價值。（　　）
8. 企業預提短期借款利息時，應記入「應付利息」帳戶的貸方。（　　）
9. 應付職工薪酬包括職工在職期間和離職后提供給職工的全部貨幣性薪酬和非貨幣性薪酬。（　　）
10. 未分配利潤是本期實現的淨利潤，減去提取的各種盈餘公積和分出利潤后的餘額。（　　）
11. 企業轉讓無形資產使用權的收入應通過營業外收入帳戶核算。（　　）
12. 主營業務收入帳戶的借方登記已確認實現的銷售收入。（　　）
13. 工業企業為拓展銷售市場所發生的業務招待費，應記入「管理費用」帳戶。（　　）
14. 企業以前年度虧損未彌補完時，不得向投資者分配利潤，但可以提取法定盈餘公積。（　　）
15. 主營業務成本帳戶的期末餘額應結轉至本年利潤帳戶的貸方。（　　）
16. 企業專設銷售機構的費用是企業產品成本的一個重要組成部分。（　　）
17. 企業當期利潤總額減去向國家繳納所得稅后的餘額即為企業的淨利潤。（　　）
18. 年度終了，企業應將本年利潤帳戶的數額轉入利潤分配——未分配利潤帳戶。（　　）
19. 生產車間管理人員的職工工資薪酬屬於管理性質費用，不能記入「產品成本」帳戶。（　　）
20. 企業在實際計提固定資產折舊時，當月增加的固定資產，當月計提折舊；當月減少的固定資產，當月不計提折舊。（　　）
21. 工資分配時，生產工人工資應借記「生產成本」科目，車間管理人員工資應借記「製造費用」科目。（　　）
22. 計提短期借款的利息，應貸記「預付帳款」科目。（　　）
23. 「本年利潤」科目餘額如果在借方，則表示自年初至本期末累計發生的虧損。（　　）
24. 「長期借款」科目期末餘額表示企業尚未償還的長期借款的本息。（　　）
25. 職工預借差旅費應借記「管理費用」科目。（　　）
26. 企業長期借款利息和短期借款利息都應計入財務費用。（　　）
27. 購入交易性金融資產發生的交易費用應計入財務費用核算。（　　）

28. 發生壞帳損失時，編制的會計分錄應借記「壞帳準備」科目，貸記「應收帳款」科目。（　　）
29. 從銀行提取的備用金應記入「其他應收款」科目的借方。（　　）
30. 「本年利潤」科目和「利潤分配」科目年終結帳後，餘額都為零。（　　）
31. 根據完工產品入庫業務編制的會計分錄為借記「庫存商品」科目，貸記「原材料」科目。（　　）
32. 購入固定資產業務的會計分錄一律應借記「固定資產」科目。（　　）
33. 計提生產產品的機器設備的折舊應借記「生產成本」科目。（　　）
34. 固定資產處置淨損失最終形成營業外支出。（　　）
35. 在預付帳款業務中，預付貨款和補付貨款編制的會計分錄借、貸方科目相同。（　　）
36. 超出企業法定資本額的投入資本應作為資本公積處理。（　　）
37. 通常，製造費用應於期末分配轉入各種產品的生產成本。（　　）
38. 常用的存貨發出計價方法包括月末一次加權平均法、先進先出法、后進先出法和個別計價法。（　　）
39. 月末一次加權平均法平時逐筆登記入庫存貨的數量、單價和金額，發出存貨只登記數量，不登記單價和金額。（　　）
40. 存貨發出計價方法中，個別計價法下發出的存貨實物與價值最為一致，因而成本計算最為準確和符合實際情況，但其實物保管和成本分辨工作量大。（　　）
41. 托收承付結算方式可用於同城結算。（　　）
42. 固定資產是指為生產產品、提供勞務、出租或經營管理而持有的，使用期限超過一年且單位價值較高的資產。（　　）
43. 實地盤存制的缺點是控製制度不嚴，存貨發出數不太可靠。（　　）
44. 加班工資也應計入工資總額。（　　）
45. 在收入確認前發生的銷售折讓應計入財務費用。（　　）
46. 企業預付的貨款實質上也是企業的一項資產。（　　）
47. 企業在建工程領用本企業生產的應交增值稅的產成品應視同銷售，按計稅價格計算確認銷項稅額。（　　）
48. 由於商業折扣在銷售時已經發生，企業按扣除商業折扣后的淨額確認銷售收入和應收帳款即可。（　　）
49. 企業對於購入的免稅農產品，可以按照買價和規定的扣除率計算進項稅額，並將計算的進項稅額從其購買價格中扣除，其餘額即為購入農產品的採購成本。（　　）
50. 資本公積屬於資本的範疇，是準資本和資本的儲備形式。（　　）
51. 工業企業出租固定資產取得的收入應確認為營業外收入。（　　）
52. 公司管理人員薪酬計入生產成本。（　　）
53. 201×年3月28日，飛達公司購入一臺固定資產，增值稅專用發票註明價款為200,000元，增值稅為34,000元並可以抵扣，發生運費5,000元，稅務部門允許按11%的扣除率計算扣除增值稅。該項固定資產的入帳價值為204,450元。（　　）

54. 應收及預付款項都是企業的短期債權，應收帳款收取的對象是貨物，預付帳款的收取對象是貨幣資金。（　）

55. 在途物資帳戶期末貸方餘額表示期末尚未收到的在途物資的實際成本。（　）

56. 企業應當按月計提固定資產折舊，並根據用途分別計入相關資產的成本或當期費用。（　）

57. 某公司為增值稅一般納稅人企業，因管理不善，毀損庫存原材料一批。對於該批毀損的原材料的增值稅進項稅額為 17,000 元，在進行帳務處理時應貸記「應交稅費——應交增值稅（進項稅額轉出）」科目。（　）

58. 某公司於 201×年 3 月 6 日在上海證券交易所用存出投資款購入某種股票 100,000 股，每股成交價為 8.2 元（含已宣告尚未發放的 201×年度現金股利每股 0.20 元），另支付相關稅費 2,000 元。某公司將該股票投資劃分為交易性金融資產，則該交易性金融資產的入帳價值為 800,000 元。（　）

59. 在實地盤存制下，本期發出數＝期初結存數＋本期收入數－期末實存數。（　）

60. 銀行匯票存款、銀行本票存款和商業匯票存款均必須通過其他貨幣資金帳戶核算。（　）

61. 在存貨單價始終保持不變的情況下，對同一企業的存貨收發業務，無論採用什麼計價方法，所計算的存貨發出成本都相同。（　）

62. 為簡化核算，對那些發票帳單尚未到達的入庫材料，月末可以暫時不進行會計處理，待收到發票帳單時，再按實際價款進行會計處理。（　）

63. 為了反映在途物資的詳細情況，在途物資明細帳通常採用數量金額式。（　）

64. 一個企業只能選擇一種存貨發出計價方式，不得同時選用其他計價方法。（　）

65. 企業銷售一批商品，銷售價款為 10,000 元，增值稅銷項稅額為 1,700 元，現金折扣為 200 元，確認的收入額為 10,000 元。（　）

66. 實行定額備用金制度的企業，需設置其他應收款——備用金帳戶進行核算，也可單獨設置備用金帳戶核算。（　）

67. 存出投資款屬於其他貨幣資金。（　）

68. 商業折扣是指為了鼓勵客戶盡快償付貨款而提供的一種價款優惠。（　）

69. 已提足折舊的固定資產，無論是否繼續使用，均不再提取折舊，但提前報廢的固定資產應補提折舊。（　）

70. 企業購買的股票、債券、基金等均應分為交易性金融資產。（　）

71. 增值稅一般納稅人的應交增值稅明細帳應採用多欄式，小規模納稅人應交增值稅明細帳應採用三欄式。（　）

72. 增值稅一般納稅人用於個人消費購進貨物，其進項稅額不得從銷項稅額中抵

扣，應通過應交稅費——應交增值稅（進項稅額轉出）帳戶轉入應付職工薪酬帳戶。
（　　）

73. 對於企業收到的投資方投入的實物資產，如果確定資產價值超過其在註冊資本中所占的份額，差額應作為資本溢價，計入盈餘公積。（　　）

74. 企業支付的工會經費、職工教育經費，以及按照國家有關規定繳納的社會保險和住房公積金等，應借記相關成本費用科目，貸記「應付職工薪酬」科目。（　　）

75. 備用金的核算分為定額制和非定額制兩種。定額制是指根據使用部門和人員的實際工作需要，先核定其備用金定額並依次撥付備用金，使用後再付給現金，補足其定額的制度。（　　）

76. 如果取得交易性金融資產所支付的價款中包含已宣告但尚未發放的現金股利或已到付息期但尚未領取的債券利息的，應單獨確認為應收項目，不構成交易性金融資產的成本。（　　）

77. 對於企業簽發的空頭支票，銀行除退票外，還按票面金額處以5%但不低於1,000元的罰款。（　　）

78. 固定資產是指使用壽命超過一個會計年度的有形資產。（　　）

79. 企業在無形資產預計使用壽命內採用系統合理的方法對應攤銷金額進行攤銷。
（　　）

80. 企業應當按照工資總額的14%計提職工福利費。（　　）

81. 增值稅一般納稅人的銷售收入不包括銷項稅額，但小規模納稅人的銷售收入包括增值稅。（　　）

82. 原材料按實際成本計價核算時，從材料日常收發憑證到明細帳、總分類帳均按實際成本計價。只有按實際成本計價時，才存在先進先出法、加權平均法和個別加計法之分。（　　）

83. APP公司通過二級市場購入另一公司80%的有表決權股票，共計支出5,000萬元，APP公司應將此投資劃分為交易性金融資產。（　　）

84. 移動加權平均法與全月一次加權平均法的區別在於，前者在每次增加存貨時都需要重新計算加權平均單價，后者只需要每月計算一次加權平均單價。（　　）

85. 企業購入需要安裝的固定資產買價以及發生的安裝費用等，均應通過在建工程帳戶核算。待安裝完畢達到預定可使用狀態時，再按其實際成本從在建工程帳戶轉入固定資產帳戶。

86. 個別計價法便於逐筆結轉發出存貨成本，計算比較正確，且工作量小，尤其適用於進貨批次少，能分清發貨批次的品種。（　　）

87. 可變現淨值是指在正常生產經營過程中，以預計售價減去進一步加工成本和預計銷售費用以及相關稅費后的淨值。（　　）

88. 企業在生產經營過程中為生產產品、提供勞務而發生的耗費，應計入產品或勞務的成本。（　　）

89. 無形資產的攤銷自其可供使用時開始，至終止確認時停止。（　　）

90. 存在外幣現金收支業務的企業，應將外幣折算為人民幣，統一設置現金日記

帳，統一使用人民幣進行明細核算。　　　　　　　　　　　　　　　（　　）

91. 利得和損失可能計入所有者權益，也可能計入當期損益。　　　（　　）

92. 研究階段發生的無形資產研發支出應計入當期管理費用，開發階段發生的無形資產研發支出應計入無形資產成本。　　　　　　　　　　　　　　（　　）

【參考答案】

1. √	2. ×	3. √	4. ×	5. ×
6. ×	7. √	8. √	9. √	10. ×
11. ×	12. √	13. √	14. ×	15. ×
16. ×	17. √	18. √	19. ×	20. ×
21. √	22. ×	23. √	24. √	25. ×
26. ×	27. ×	28. √	29. ×	30. ×
31. ×	32. √	33. ×	34. √	35. √
36. √	37. √	38. ×	39. √	40. √
41. ×	42. √	43. √	44. √	45. √
46. √	47. √	48. √	49. √	50. √
51. ×	52. √	53. √	54. √	55. √
56. √	57. √	58. √	59. √	60. ×
61. √	62. √	63. ×	64. ×	65. √
66. √	67. √	68. √	69. √	70. ×
71. √	72. √	73. √	74. √	75. √
76. √	77. √	78. ×	79. √	80. ×
81. ×	82. √	83. ×	84. √	85. √
86. ×	87. √	88. √	89. √	90. ×
91. √	92. ×			

（四）不定項選擇題

1. 「生產成本」科目期末借方餘額意味著（　　）。
   A. 在產品成本　　　　　　　　B. 已完工產品成本
   C. 當期投入的總成本　　　　　D. 當期和以前期間所有產品的總成本

2. 下列不屬於期間費用的是（　　）。
   A. 製造費用　　　　　　　　　B. 銷售費用
   C. 管理費用　　　　　　　　　D. 財務費用

3. 財務費用一般包括（　　）。
   A. 會計人員工資　　　　　　　B. 廣告費用
   C. 銀行短期借款利息　　　　　D. 匯兌手續費

4. 根據現行《企業會計準則》規定，企業計提的盈餘公積包括（　　）。
   A. 法定盈餘公積　　　　　　　B. 任意盈餘公積

C. 公益金　　　　　　　　　　D. 資本公積

5. 「利潤分配——未分配利潤」科目的年末借方餘額，反映（　　　）。
   A. 本年度發生的虧損　　　　　B. 本年度實現的淨利潤
   C. 歷年累計的未分配利潤　　　D. 歷年累計的未彌補虧損

6. 「本年利潤」科目的貸方餘額反映（　　　）。
   A. 自年初起至本月末止累計實現的利潤
   B. 歷年累計發生的虧損
   C. 歷年累計實現的利潤
   D. 自年初起至本月末止累計發生的虧損

7. 關於「利潤分配——未分配利潤」科目，下列說法中不正確的是（　　　）。
   A. 期末餘額一定在貸方
   B. 期末餘額在借方表示未彌補虧損數額
   C. 期末餘額可能在借方也可能在貸方
   D. 期末餘額在貸方表示未分配利潤的數額

8. 下列各項業務中，應通過「營業外收入」科目核算的有（　　　）。
   A. 存貨盤盈　　　　　　　　　B. 轉銷無法償付的應付帳款
   C. 無法查明原因的現金溢餘　　D. 固定資產盤盈

9. 下列各科目中，年末可能有餘額的是（　　　）。
   A. 「管理費用」　　　　　　　B. 「資產減值損失」
   C. 「營業外收入」　　　　　　D. 「預收帳款」

10. 下列各科目的餘額期末應結轉到「本年利潤」科目的有（　　　）。
    A. 「營業外收入」　　　　　　B. 「營業外支出」
    C. 「投資收益」　　　　　　　D. 「製造費用」

11. 「製造費用」科目餘額一般在期末應轉入（　　　）科目。
    A. 「生產成本」　　　　　　　B. 「庫存商品」
    C. 「本年利潤」　　　　　　　D. 「利潤分配」

12. 成本項目的具體內容一般包括（　　　）等。
    A. 直接材料　　　　　　　　　B. 直接人工
    C. 管理費用　　　　　　　　　D. 製造費用

13. 下列不能計入管理費用的稅金是（　　　）。
    A. 房產稅　　　　　　　　　　B. 土地使用稅
    C. 城市維護建設稅　　　　　　D. 印花稅

14. 計提工資編制的會計分錄中，可能涉及的科目有（　　　）科目。
    A. 「生產成本」　　　　　　　B. 「管理費用」
    C. 「製造費用」　　　　　　　D. 「應付職工薪酬」

15. 交易性金融資產的出售損益應記入（　　　）帳戶。
    A. 「投資收益」　　　　　　　B. 「公允價值變動損益」
    C. 「資本公積」　　　　　　　D. 「營業外支出」

16. 下列影響營業利潤計算的因素有（　　）。
    A.　所得稅費用　　　　　　　　B.　營業外支出
    C.　製造費用　　　　　　　　　D.　管理費用
17. 下列不影響利潤總額計算的因素是（　　）。
    A.　所得稅費用　　　　　　　　B.　管理費用
    C.　主營業務成本　　　　　　　D.　營業外收入
18. 材料銷售成本應記入（　　）科目核算。
    A.　「生產成本」　　　　　　　B.　「其他業務成本」
    C.　「主營業務成本」　　　　　D.　「營業外支出」
19. 購買和出售交易性金融資產發生的交易費用應記入（　　）科目核算。
    A.　「本年利潤」　　　　　　　B.　「營業外支出」
    C.　「財務費用」　　　　　　　D.　「投資收益」
20. 某公司為增值稅一般納稅人企業，適用的增值稅稅率為17%。201×年3月份該公司發生下列業務：

①2日，銷售甲產品100臺，單價為450元/臺，貨款尚未收到；甲產品3月初結存數量500臺，單位成本310元/臺；本月入庫2,000臺，單位成本為320元/臺；甲產品發出庫存商品的成本按全月一次加權平均法計算。

②20日，為增加本公司員工福利，公司管理層決定向全體職工每人發放1臺本企業生產的乙產品。公司共有職工300人，其中生產工人200元，車間管理人員40人，廠部管理人員60人。乙產品不含稅市場售價為2,000元，單位成本為1,450元。

③該公司3月份共實現營業利潤260,000元，發生財務費用12,000元，管理費用50,000元，營業外支出4,000元，所得稅稅率25%（本月應交所得稅全部上交），按10%提取法定盈餘公積，按5%提取任意盈餘公積。

要求：根據上述資料，回答（1）～（3）題。

（1）下列表述中正確的有（　　）。
    A.　3月份甲產品的加權平均單位成本是318元/臺
    B.　3月2日銷售的甲產品應結轉成本31,800元
    C.　企業向員工發放本企業生產的產品屬於向職工提供貨幣性福利
    D.　財務費用和管理費用均屬於期間費用
（2）3月20日，對於利用產品發放福利的會計分錄，正確的有（　　）。
    A.　借：生產成本　　　　　　　　　　　　　　　468,000
    　　　　製造費用　　　　　　　　　　　　　　　 93,600
    　　　　管理費用　　　　　　　　　　　　　　　140,400
    　　　　　貸：應付職工薪酬——非貨幣性福利　　　　　　702,000
    B.　借：生產成本　　　　　　　　　　　　　　　400,000
    　　　　製造費用　　　　　　　　　　　　　　　 80,000
    　　　　管理費用　　　　　　　　　　　　　　　120,000
    　　　　　貸：應付職工薪酬——非貨幣性福利　　　　　　600,000

C. 借：應付職工薪酬——非貨幣性福利　　　　　　　702,000
　　　貸：主營業務收入　　　　　　　　　　　　　　　　600,000
　　　　　應交稅費——應交增值稅（銷項稅額）　　　　102,000
D. 借：主營業務成本　　　　　　　　　　　　　　　　435,000
　　　貸：庫存商品　　　　　　　　　　　　　　　　　　435,000

（3）該公司繳納所得稅、計提盈餘公積的會計分錄，正確的有（　　）。
A. 借：應交稅費——應交所得稅　　　　　　　　　　　64,000
　　　貸：銀行存款　　　　　　　　　　　　　　　　　　64,000
B. 借：應交稅費——應交所得稅　　　　　　　　　　　48,500
　　　貸：銀行存款　　　　　　　　　　　　　　　　　　48,500
C. 借：利潤分配——提取法定盈餘公積　　　　　　　　14,550
　　　　　　　　——提取任意盈餘公積　　　　　　　　7,275
　　　貸：盈餘公積——法定盈餘公積　　　　　　　　　14,550
　　　　　　　　　——任意盈餘公積　　　　　　　　　7,275
D. 借：利潤分配——提取法定盈餘公積　　　　　　　　19,200
　　　　　　　　——提取任意盈餘公積　　　　　　　　9,600
　　　貸：盈餘公積——法定盈餘公積　　　　　　　　　19,200
　　　　　　　　　——任意盈餘公積　　　　　　　　　9,600

21. 某公司為增值稅一般納稅人企業，適用的增值稅稅率為17%。201×年3月1日銷售產品200件，單價3,000元/件（不含稅），單位成本2,250元/件。由於是成批銷售，該公司給予購貨方5%的商業折扣，同時提供現金折扣，折扣條件為「2/20，N/30」（增值稅部分不能使用折扣）。客戶於3月19日付款，同時退回不符合質量要求的10件產品（假定相應的銷項稅額可以衝減），其餘貨款全部用銀行存款付訖，3月1日該銷售業務符合收入確認條件。

要求：根據上述資料，回答下列（1）~（4）題。

（1）3月1日，該公司應編制的會計分錄包括（　　）。
A. 借：應收帳款　　　　　　　　　　　　　　　　　　702,000
　　　貸：主營業務收入　　　　　　　　　　　　　　　　600,000
　　　　　應交稅費——應交增值稅　　　　　　　　　　　102,000
B. 借：應收帳款　　　　　　　　　　　　　　　　　　666,900
　　　貸：主營業務收入　　　　　　　　　　　　　　　　570,000
　　　　　應交稅費——應交增值稅　　　　　　　　　　　96,900
C. 借：應收帳款　　　　　　　　　　　　　　　　　　653,562
　　　貸：主營業務收入　　　　　　　　　　　　　　　　558,600
　　　　　應交稅費——應交增值稅　　　　　　　　　　　94,962
D. 借：主營業務成本　　　　　　　　　　　　　　　　450,000
　　　貸：庫存商品　　　　　　　　　　　　　　　　　　450,000

（2）3月19日，對於銷售退回，該公司應編制的會計分錄包括（　　）。

A. 借：主營業務收入　　　　　　　　　　　　　　28,500
　　　應交稅費——應交增值稅（銷項稅額）　　　4,845
　　貸：應收帳款　　　　　　　　　　　　　　　33,345
B. 借：庫存商品　　　　　　　　　　　　　　　　22,500
　　貸：主營業務成本　　　　　　　　　　　　　22,500
C. 借：主營業務成本　　　　　　　　　　　　　　35,100
　　貸：應收帳款　　　　　　　　　　　　　　　35,100
D. 借：主營業務收入　　　　　　　　　　　　　　29,400
　　　應交稅費——應交增值稅（銷項稅額）　　　4,998
　　貸：應收帳款　　　　　　　　　　　　　　　34,398

（3）3月19日，該公司收到貨款編制的會計分錄中不正確的是（　　）。

A. 借：銀行存款　　　　　　　　　　　　　　　687,960
　　　財務費用　　　　　　　　　　　　　　　　14,040
　　貸：應收帳款　　　　　　　　　　　　　　　702,000
B. 借：銀行存款　　　　　　　　　　　　　　　619,164
　　　財務費用　　　　　　　　　　　　　　　　12,636
　　貸：應收帳款　　　　　　　　　　　　　　　631,800
C. 借：銀行存款　　　　　　　　　　　　　　　620,883.90
　　　財務費用　　　　　　　　　　　　　　　　12,671.70
　　貸：應收帳款　　　　　　　　　　　　　　　633,555.60
D. 借：銀行存款　　　　　　　　　　　　　　　622,725
　　　財務費用　　　　　　　　　　　　　　　　10,830
　　貸：應收帳款　　　　　　　　　　　　　　　633,555

（4）如果該公司適用的所得稅稅率為25%，在只考慮上述業務的情況下，該公司的營業利潤、利潤總額和淨利潤分別增加（　　）。

A. 114,000元、103,170元和77,377.50元
B. 109,170元、109,170元和81,877.50元
C. 103,170元、103,170元和77,377.50元
D. 103,170元、142,500元和106,875元

22. 某公司201×年8月1日期初結存某種存貨10,000千克，單價2.5元/千克，計價25,000元，8月份該存貨的收發記錄如表2-10所示。

表2-10　　　　　　　某公司201×年8月份存貨收發記錄　　　　　單位：元

201×年		摘要	收入		發出
月	日		數量	單價	
8	5	購入存貨，驗收入庫	56,000	2.7	
	8	購入存貨，驗收入庫	80,000	2.6	
	10	生產領用			66,000

表2-10(續)

201×年		摘要	收入		發出
月	日		數量	單價	
	18	購入存貨，驗收入庫	20,000	3.0	
	20	生產領用			90,000
	25	購入存貨，驗收入庫	76,000	2.8	
	28	管理領用			72,000
	31	合計	232,000		228,000

要求：根據上述材料，回答下列（1）~（3）題。

(1) 如果該公司採用先進先出法計算存貨發出成本，下列表述正確的有（　　）。

　　A. 8月10日發出存貨的成本為176,200元

　　B. 8月28日發出存貨的成本為203,600元

　　C. 8月份發出存貨的總成本為617,800元

　　D. 8月份結存存貨的成本為39,200元

(2) 如果該公司採用全月一次加權平均法計算存貨發出成本，下列表述正確的有（　　）。

　　A. 加權平均單價為2.80元/千克

　　B. 加權平均單價為2.71元/千克

　　C. 8月份發出存貨總成本為617,880元

　　D. 8月份結存存貨總成本為37,940元

(3) 如果該公司採用移動加權平均法計算存貨發出成本，下列表述正確的有（　　）。

　　A. 8月份應計算3次加權平均單價

　　B. 8月份應計算4次加權平均單價

　　C. 8月份發出存貨的總成本為618,360元

　　D. 8月份結存存貨的總成本為38,640元

23. 201×年1月1日，丁公司相關科目的期初餘額分別是「實收資本」500,000元，「資本公積」120,000元，「盈餘公積」90,000元，「利潤分配——未分配利潤」250,000元。丁公司201×年有關業務及相關資料如下：

①某投資者追加資本110,000元，但協議規定，計入實收資本的金額為100,000元，全部款項已存銀行。

②201×年度有關損益類科目的發生額分別是「主營業務收入」560,000元（貸方），「其他業務收入」38,000元（貸方），「公允價值變動損益」24,000元（貸方），「主營業務成本」460,000元（借方），「其他業務成本」35,000元（借方），「稅金及附加」28,000元（借方），「管理費用」24,000元（借方），「財務費用」16,000元（借方），「營業外支出」9,000元（借方），「所得稅費用」12,500元（借方）。

③按照淨利潤的10%提取盈餘公積。

④經股東大會同意，將盈餘公積 50,000 元轉增實收資本。

要求：根據上述資料，回答（1）~（3）題。

（1）201×年 1 月 1 日資產扣除負債后的餘額為（　　　）元。

    A. 500,000　　　　　　　　　　B. 620,000

    C. 710,000　　　　　　　　　　D. 960,000

（2）關於 201×年度的有關指標正確的有（　　　）。

    A. 營業利潤為 59,000 元　　　　B. 營業利潤為 35,000 元

    C. 利潤總額為 50,000 元　　　　D. 淨利潤為 37,500 元

（3）下列表達中正確的有（　　　）。

    A. 201×年度「本年利潤」科目的借方發生額為 584,500 元

    B. 201×年度「本年利潤」科目的貸方發生額為 622,000 元

    C. 「利潤分配——未分配利潤」的年末餘額為 283,750 元

    D. 201×年的所有者權益總額為 1,107,500 元

24. 某公司為一般納稅人，201×年 3 月 1 日「應交稅費」總帳科目貸方餘額為 86,000元。201×年 3 月 1 日部分明細帳科目的餘額如下：「應交稅費——應交增值稅」科目借方餘額為 28,600 元，「應交稅費——未交增值稅」科目貸方餘額為 54,000 元。該公司 201×年 3 月份發生的有關經濟業務如下：

① 5 日，購入生產用原材料一批，增值稅專用發票註明的價款為 40,000 元，增值稅為 6,800 元，材料已驗收入庫，貨款用銀行存款支付。

② 8 日，以銀行存款上交未交增值稅。

③ 15 日，銷售產品一批，金額為 285,000 元，增值稅為 48,450 元，所有款項均以銀行存款收訖。

④ 20 日，因管理不善，損毀原材料一批，相應的增值稅為 8,500 元。

⑤ 25 日，用銀行存款繳納所得稅 10,000 元。

⑥ 26 日，用銀行存款繳納本月增值稅 20,000 元。

⑦ 31 日，結轉本月未交增值稅。

要求：根據上述資料，回答下列（1）~（4）題。

（1）下列表述正確的有（　　　）。

    A. 「應交稅費」總帳科目 3 月份借方發生額為 90,800 元

    B. 「應交稅費」總帳科目 3 月份借方發生額為 92,350 元

    C. 「應交稅費」總帳科目 3 月份貸方發生額為 56,950 元

    D. 「應交稅費」總帳科目 3 月份貸方餘額為 52,150 元

（2）下列表述正確的有（　　　）。

    A. 「應交稅費——應交增值稅」科目 3 月份借方發生額為 38,350 元

    B. 「應交稅費——應交增值稅」科目 3 月份借方發生額為 28,350 元

    C. 「應交稅費——應交增值稅」科目 3 月份貸方發生額為 36,800 元

    D. 「應交稅費——應交增值稅」科目 3 月份貸方餘額為 26,800 元

(3) 下列表述正確的有（　　）。
　　A.「應交稅費——應交增值稅」科目 3 月份貸方發生額為 58,500 元
　　B.「應交稅費——應交增值稅」科目月末餘額為 0 元
　　C.「應交稅費——應交增值稅」科目 3 月份貸方發生額為 56,950 元
　　D.「應交稅費——應交增值稅」科目 3 月末貸方餘額為 1,550 元
(4) 下列表述正確的有（　　）。
　　A.「應交稅費——未交增值稅」科目 3 月份借方發生額為 54,000 元
　　B.「應交稅費——未交增值稅」科目 3 月份貸方發生額為 1,550 元
　　C.「應交稅費——未交增值稅」科目 3 月份借方發生額為 55,550 元
　　D.「應交稅費——未交增值稅」科目 3 月份貸方餘額為 1,550 元

25. 某公司為增值稅一般納稅人企業，適用的增值稅稅率為 17%，201×年 8 月份發生的部分經濟業務如下：

①「發料憑證匯總表」顯示，當月生產車間共領用 A 材料 198,000 元（其中，用於甲產品生產 120,000 元，用於乙產品生產 78,000 元），車間管理部門領用 A 材料 3,000 元，公司行政管理部門領用 A 材料 2,000 元。

②「工資結算匯總表」顯示，本月應付生產工人薪酬為 114,000 元（其中，生產甲產品的工人薪酬 67,000 元，生產乙產品的工人薪酬 47,000 元），應付車間管理人員薪酬為 17,100 元，應付行政管理人員薪酬為 22,800 元。

③本月計提固定資產折舊 5,000 元（其中，生產車間用固定資產折舊 4,000 元，行政管理部門用固定資產計提折舊 1,000 元）。生產車間購買辦公用品 4,400 元，以銀行存款付訖。

④8 月 1 日向 A 公司銷售商品一批，增值稅專用發票上註明銷售價格為 200,000 元，增值稅稅額為 34,000 元。提貨單和增值稅專用發票已交 A 公司，A 公司已承諾付款。該批商品的實際成本為 140,000 元。8 月 31 日，該批產品因質量問題被 A 公司全部退回，退回的商品已全部入庫。

⑤將丙產品 15 臺作為福利已分配給本公司行政管理人員，丙產品每臺成本為 140 元，市場售價每臺 200 元（不含增值稅）。

要求：根據上述資料，回答下列 (1)～(4) 題。

(1) 根據業務①和②所編制的會計分錄中，正確的有（　　）

```
A. 借：生產成本——甲產品              120,000
            ——乙產品              78,000
        製造費用                   3,000
        管理費用                   2,000
      貸：原材料——A 材料                    203,000
B. 借：生產成本——甲產品              120,000
            ——乙產品              78,000
        製造費用                   5,000
      貸：原材料——A 材料                    203,000
```

C. 借：生產成本——甲產品　　　　　　　　　　　　67,000
　　　　　　——乙產品　　　　　　　　　　　　47,000
　　　　製造費用　　　　　　　　　　　　　　　　17,100
　　　　管理費用　　　　　　　　　　　　　　　　22,800
　　　貸：應付職工薪酬　　　　　　　　　　　　　　　　153,900
D. 借：生產成本——甲產品　　　　　　　　　　　　67,000
　　　　　　——乙產品　　　　　　　　　　　　47,000
　　　　製造費用　　　　　　　　　　　　　　　　17,100
　　　　管理費用　　　　　　　　　　　　　　　　22,800
　　　貸：應付工資　　　　　　　　　　　　　　　　　153,900

（2）根據業務③編制的會計分錄中，正確的有（　　　）
A. 借：製造費用　　　　　　　　　　　　　　　　　4,000
　　　　管理費用　　　　　　　　　　　　　　　　1,000
　　　貸：累計折舊　　　　　　　　　　　　　　　　　5,000
B. 借：製造費用　　　　　　　　　　　　　　　　　4,400
　　　貸：銀行存款　　　　　　　　　　　　　　　　　4,400
C. 借：製造費用　　　　　　　　　　　　　　　　　8,400
　　　　管理費用　　　　　　　　　　　　　　　　1,000
　　　貸：累計折舊　　　　　　　　　　　　　　　　　5,000
　　　　　銀行存款　　　　　　　　　　　　　　　　4,400
D. 借：管理費用　　　　　　　　　　　　　　　　　4,400
　　　貸：銀行存款　　　　　　　　　　　　　　　　　4,400

（3）根據業務④編制的銷貨退回業務會計分錄中，正確的是（　　　）
A. 借：銀行存款　　　　　　　　　　　　　　　　234,000
　　　貸：主營業務收入　　　　　　　　　　　　　　200,000
　　　　　應交稅費——應交增值稅（銷項稅額）　　　　34,000
B. 借：主營業務收入　　　　　　　　　　　　　　200,000
　　　　應交稅費——應交增值稅（銷項稅額）　　　　34,000
　　　貸：銀行存款　　　　　　　　　　　　　　　　234,000
C. 借：主營業務收入　　　　　　　　　　　　　　200,000
　　　　應交稅費——應交增值稅（進項稅額）　　　　34,000
　　　貸：銀行存款　　　　　　　　　　　　　　　　234,000
D. 借：庫存商品　　　　　　　　　　　　　　　　140,000
　　　貸：主營業務成本　　　　　　　　　　　　　　140,000

（4）根據業務⑤編制的會計分錄中，正確的是（　　　）
A. 借：管理費用　　　　　　　　　　　　　　　　　3,510
　　　貸：應付職工薪酬　　　　　　　　　　　　　　　3,510

B. 借：生產成本　　　　　　　　　　　　　　　3,510
　　　貸：應付職工薪酬　　　　　　　　　　　　　　　3,510
C. 借：應付職工薪酬　　　　　　　　　　　　　3,510
　　　貸：主營業務收入　　　　　　　　　　　　　　　3,000
　　　　　應交稅費——應交增值稅（銷項稅額）　　　　510
D. 借：主營業務成本　　　　　　　　　　　　　2,100
　　　貸：庫存商品　　　　　　　　　　　　　　　　　2,100

【參考答案】

1. A	2. A	3. CD	4. ABC	5. D
6. A	7. A	8. BC	9. D	10. ABC
11. A	12. ABD	13. C	14. ABCD	15. A
16. CD	17. A	18. B	19. D	

20. （1）ABD　（2）ACD　（3）AD
21. （1）BD　（2）AB　（3）ABC　（4）C
22. （1）ABCD　（2）BCD　（3）A
23. （1）D　（2）ACD　（3）ABCD
24. （1）BD　（2）B　（3）BC　（4）ABD
25. （1）AC　（2）AB　（3）BD　（4）ACD

（五）計算分析題

1. 某公司201×年年末進行全面財產清查，發現存在下列情況，請據以編制相關會計分錄：

（1）A材料帳面結存數為4,000千克，每千克5元，實際盤點為4,200千克。經查屬於收發計量差錯而致，經批准衝減管理費用。

（2）發現B材料盤虧5,000元，相應的增值稅稅額為850元。經查系倉庫保管員張平管理不善造成，屬於責任事故，公司決定由張平賠償，但賠償款尚未收到。

（3）發現盤虧設備一臺，其原始價值為5,000元，已提折舊3,500元，上述設備盤虧無法查明原因，經批准計入營業外支出。

（4）發現毀損庫存商品8,000元，其中毀損的外購材料占60%，該批毀損材料的增值稅稅率為17%。經查，上述庫存商品毀損系自然災害造成。

2. 某公司2008年3月份發生以下經濟業務，請據以編制相關會計分錄（題目中有特殊要求的，請按要求進行相應處理）：

（1）2日，收到現金900元，系出租包裝物租金收入。

（2）5日，以銀行匯票支付採購材料價款20,000元，增值稅稅額3,400元。該公司對該種材料採用實際成本核算，材料已經驗收入庫。

（3）8日，購入材料一批，貨款300,000元，增值稅稅額51,000元，發票帳單已收到，計劃成本為290,000元，材料已驗收入庫，全部款項以銀行存款付訖。該公司對該種材料採用計劃成本核算，要求編制收到結算憑證、材料驗收入庫和結轉材料成

本差異的會計分錄。

（4）12日，購入不需要安裝的設備一臺，價款30,000元，支付增值稅5,100元，另支付運輸費300元，包裝費500元，款項均以銀行存款支付。

（5）20日，根據「固定資產折舊計算表」，本月固定資產折舊共計35,000元。其中，生產車間用固定資產折舊23,000元，管理部門用固定資產折舊12,000元。

（6）31日，根據「工資結算匯總表」，本月應付工資總額560,000元，代扣企業代墊的職工醫藥費60,000元，實發工資500,000元。要求編制提取現金、發放工資、代扣款項的會計分錄；

（7）31日，「應收帳款」科目的借方餘額為150,000元，2月末「壞帳準備」科目貸方餘額為350元。該公司採用應收帳款餘額百分比法計提壞帳準備，計提比例為5‰，不考慮其他因素，要求編制計提壞帳準備的會計分錄。

3. 某公司201×年10月份有關損益類科目的發生額如下：

表2-11　　　　　　　　　損益類科目發生額　　　　　　　　單位：元

序號	科目	發生額
（1）	主營業務收入	700,000
（2）	其他業務收入	70,000
（3）	投資收益	3,500
（4）	營業外收入	14,000
（5）	主營業務成本	520,000
（6）	銷售費用	16,000
（7）	管理費用	18,000
（8）	財務費用	4,000
（9）	營業外支出	20,000
（10）	其他業務成本	56,000
（11）	稅金及附加	1,000

所得稅稅率為25%

要求：假定無納稅調整事項，根據上述資料，計算該公司10月份的營業利潤、利潤總額、所得稅費用、淨利潤。

【參考答案】

1.

(1) 借：原材料——A材料　　　　　　　　　　　　　　　　1,000
　　　貸：待處理財產損溢　　　　　　　　　　　　　　　　　　1,000
　　借：待處理財產損溢　　　　　　　　　　　　　　　　　　1,000
　　　貸：管理費用　　　　　　　　　　　　　　　　　　　　　1,000
(2) 借：待處理財產損溢　　　　　　　　　　　　　　　　　　5,850

```
         貸：原材料——B 材料                                    5,000
              應交稅費——應交增值稅（進項稅額轉出）              850
   借：其他應收款                                              5,850
      貸：待處理財產損溢                                        5,850
（3）借：待處理財產損溢                                         1,500
        累計折舊                                              3,500
      貸：固定資產                                             5,000
   借：營業外支出                                              1,500
      貸：待處理財產損溢                                        1,500
（4）借：待處理財產損溢                                         8,816
      貸：庫存商品                                             8,000
           應交稅費——應交增值稅（進項稅額轉出）                 816
   借：營業外支出                                              8,816
      貸：待處理財產損溢                                        8,816
2.
（1）借：庫存現金                                               900
      貸：其他業務收入                                           900
（2）借：原材料                                                20,000
         應交稅費——應交增值稅（進項稅額）                    3,400
      貸：其他貨幣資金                                         23,400
（3）借：材料採購                                             300,000
         應交稅費——應交增值稅（進項稅額）                   51,000
      貸：銀行存款                                            351,000
   借：原材料                                                290,000
      貸：材料採購                                            290,000
   借：材料成本差異                                            10,000
      貸：材料採購                                             10,000
（4）借：固定資產                                              35,900
      貸：銀行存款                                             35,900
（註：2009 年 1 月 1 日前，購置固定資產的進項稅額不可抵扣）
（5）借：製造費用                                              23,000
        管理費用                                              12,000
      貸：累計折舊                                             35,000
（6）提取現金時：
   借：庫存現金                                              500,000
      貸：銀行存款                                            500,000
   發放工資時：
   借：應付職工薪酬                                          500,000
```

貸：庫存現金　　　　　　　　　　　　　　　　　500,000
代扣代墊職工醫藥費：
借：應付職工薪酬　　　　　　　　　　　　　　　　60,000
　　　貸：其他應收款　　　　　　　　　　　　　　　　60,000
(7) 應計提壞帳準備金額＝150,000×5‰＝750（元）
已計提壞帳準備金額＝750－350＝400（元）
借：資產減值損失　　　　　　　　　　　　　　　　　400
　　　貸：壞帳準備　　　　　　　　　　　　　　　　　　400
3.
(1) 營業利潤＝700,000＋70,000＋3,500－520,000－16,000－18,000－4,000
　　　　　　－56,000－1,000
　　　　　＝158,500（元）
(2) 利潤總額＝158,500＋14,000－20,000＝152,500（元）
(3) 所得稅費用＝152,500×25%＝38,125（元）
(4) 淨利潤＝152,500－38,125＝114,375（元）

第三部分　會計從業資格考試綜合練習

一、填空題

1. 會計是以_____為主要計量單位，反映和監督一個單位_____的一種經濟管理工作。
2. 會計的基本職能有_____和_____。
3. 會計核算的基本前提包括會計主體、_____、會計分期和_____四項。
4. 會計核算職能是指會計貨幣為主要計量單位，通過_____、計量、記錄、報告等環節，對主體的經濟活動進行_____、算帳、報帳，為各有方面提供_____的功能。
5. 會計的監督職能是指會計人員在進行會計核算的同時，對特定主體經濟活動的_____和_____進行審查。
6. 會計對象是指會計所_____的內容。凡是特定單位能夠以貨幣表現的_____，都是會計核算和監督的內容，也就是會計的對象。
7. 會計主體是指會計核算和監督的_____，界定了從事會計工作和提供會計信息的_____。
8. 持續經營是指_____在可預見的未來，將根據_____經營方針和既定的經營目標持續經營下去。
9. 會計分期是指將一個會計主體持續經營的_____劃分成若干個相等的_____，以便分期結算帳目和編制財務會計報告。
10. 貨幣計量是指會計主體在_____中採用_____作為統一的計量單位。
11. 會計要素是對_____進行的_____，是會計核算對象的具體化。
12. 會計要素包括資本、_____、所有者權益、收入、_____和利潤六大要素。
13. 所有者權益包括實收資本、_____、盈餘公積和_____等。
14. 資產恒等於_____和_____之和。
15. 利潤等於_____與_____之差。
16. 企業的資產可以分為流動資產、長期股權投資、_____、無形資產和其他資產等。
17. 會計主體與法律主體並非_____，法人可作為_____，但會計主體不一定是法人。
18. 會計期間分為年度、半年度、季度和_____。年度、半年度、季度、月度均按_____日期確定。

19. 以貨幣表現的經濟活動，通常稱為_____或_____。

20. 單位的核算應以_____作為記帳本位幣。業務收支以_____的單位，也可以選擇某種外幣作為記帳本位幣，但編制的財務會計報告應當折算為人民幣反映。在境外設立的中國企業向國內報送的財務會計報告，應當折算為人民幣。

21. 款項是作為支付手段的_____。

22. 貨幣資金包括_____、_____、其他視同現金和銀行存款的銀行匯票存款、銀行本票存款、信用卡存款、信用證存款等。

23. 有價證券是表示一定_____或_____的證券，如國庫券、股票、企業債券等。

24. 財物是_____的簡稱，企業的財物是企業進行生產經營活動具有實物形態的_____。

25. 資本是投資者為了開展生產經營活動而投入的_____。會計上的資本專指所有者權益中的_____。

26. 支出是指企業實際發生的_____以及在正常生產經營活動以外的_____。

27. 收入、_____、_____和成本是計算和確定企業經營成果和盈虧狀況的主要依據。

28. 成本是指企業為生產產品、提供勞務而發生的_____，是按一定的產品或勞務對象所歸集的費用，是_____的費用。

29. 各單位對_____、_____、財務會計報告和其他會計資料應當建立檔案，妥善保管。

30. 會計記錄的文字應當使用_____。在民族自治地方，會計記錄可以同時使用當地通用的一種_____。在中華人民共和國境內的外商投資企業、外國企業和其他外國組織的會計記錄可以同時使用一種外國文字。

31. 財務成果主要是指企業在一定時期內通過從事生產經營活動而在_____所取得的結果，具體表現為_____。

32. 債權是企業收取款項的_____，債務則是指由於過去的交易、事項形成的企業需要以資產或勞務等償付的_____。

33. 各單位必須根據實際發生的經濟業務事項進行_____，編制_____。

34. 會計核算步驟包括_____、復式記帳、_____、登記帳簿、進行成本計算、財產清查、編制會計報表。

35. 成本計算是指按照一定的成本計算方法，對生產、經營過程中所發生的成本、費用進行分配歸集，以確定各成本計算對象的_____和_____。

36. 各單位發生的各項經濟業務事項應當在_____的會計帳簿上統一登記、核算，不得違反會計法和國家統一的會計制度的規定_____登記、核算。

37. 使用_____進行會計核算的，其軟件及其生成的_____、會計帳簿、財務會計報告和其他會計資料，也必須符合國家統一的會計制度的規定。

38. 債權屬於_____要素，債務屬於_____要素。

39. 會計科目是對會計要素的具體內容進行＿＿＿＿＿的項目。
40. 在設置會計科目時應當遵循的原則是＿＿＿＿＿、＿＿＿＿＿和實用性原則。
41. 會計科目按其反映的經濟內容可分為資產類、負債類、＿＿＿＿＿、損益類和＿＿＿＿＿。
42. 會計科目按其提供核算指標的詳細程度，可以分為＿＿＿＿＿和＿＿＿＿＿兩種。
43. 會計科目設置應當遵循的＿＿＿＿＿是指所設置的會計科目應為提供有關各方所需要的會計信息服務，滿足對外報告與對內管理的要求。
44. 會計科目設置應當遵循的＿＿＿＿＿是指所設置的會計科目應當符合國家統一的會計制度的規定。
45. 會計科目設置應當遵循的＿＿＿＿＿是指所設置的會計科目應符合單位自身特點，滿足單位實際需要。
46. 帳戶是根據＿＿＿＿＿設置的，具有一定＿＿＿＿＿，用來分類反映會計要素增加變動情況及其結果的載體。
47. 總分類帳戶是根據＿＿＿＿＿設置的，用於對會計要素具體內容進行＿＿＿＿＿的帳戶，簡稱總帳帳戶或總帳。
48. 明細分類帳戶是根據＿＿＿＿＿設置的，用來對會計要素具體內容進行分類核算的帳戶，簡稱＿＿＿＿＿。
49. 帳戶的四個金額要素分別是期初餘額、期末餘額、＿＿＿＿＿和＿＿＿＿＿。
50. 帳戶的基本結構具體包括帳戶名稱（會計科目）、記錄經濟業務的日期、所依據記帳憑證編號、經濟業務摘要、＿＿＿＿＿、＿＿＿＿＿等。
51. 企業的現金帳戶，按提供信息的詳細程度，屬於＿＿＿＿＿帳戶，按所歸屬的會計要素，屬於＿＿＿＿＿帳戶。
52. 復式記帳法是以＿＿＿＿＿平衡關係作為記帳基礎，對於每一筆經濟業務，都要在＿＿＿＿＿相互聯繫的帳戶中進行登記，系統地反映資金運動變化結果的一種記帳方法。
53. 借貸記帳法是指採用＿＿＿＿＿作為記帳符號的一種復式記帳法，以＿＿＿＿＿這一會計等式作為理論依據。
54. 借貸記帳法的記帳規則是＿＿＿＿＿、＿＿＿＿＿。
55. 資產類帳戶，＿＿＿＿＿登記資產的增加，＿＿＿＿＿登記資產的減少，該帳戶的期初期末餘額在借方。
56. 權益類帳戶，＿＿＿＿＿登記權益的增加，＿＿＿＿＿登記權益的減少，期初期末餘額在貸方。
57. 費用（成本）類帳戶結構與＿＿＿＿＿相同，收入類帳戶結構與＿＿＿＿＿相同。
58. 試算平衡包括＿＿＿＿＿和＿＿＿＿＿兩種方法。
59. 試算平衡是指根據＿＿＿＿＿恒等關係以及＿＿＿＿＿的記帳規則，檢查所有帳戶記錄是否正確的過程。

60. 發生額試算平衡法是指根據本期所有帳戶_____等於_____的恒等關係，檢驗本期發生額記錄是否正確的方法。

61. 餘額試算平衡法是指根據本期所有帳戶_____與_____的恒等關係，檢驗本期帳戶記錄是否正確的方法。

62. 會計分錄是指對某項經濟業務事項標明其_____及其_____的記錄。

63. 會計分錄包括了_____、_____和發生額三個基本要素。

64. 會計分錄按照所涉及帳戶的多少可以分為_____和_____兩類。

65. 複合會計分錄的情形有_____、_____、多借多貸。

66. 總分類帳戶對明細分類帳戶具有_____作用，明細分類帳戶對總分類帳戶具有_____作用，總分類帳戶與其所屬明細分類帳戶在_____上應當相等。

67. 總分類帳戶與明細分類帳戶平行登記要求做到_____、_____、所屬會計期間相同和記入總分類帳戶的金額與記入其所屬明細分類帳戶的合計金額相等。

68. 餘額試算平衡的公式是_____、_____。

69. 明細分類帳戶是用於對會計要素具體內容進行_____的帳戶，簡稱_____。

70. 實際工作中，餘額試算平衡通過編制_____的方式進行。

71. 一次憑證只是反映_____或_____的憑證。

72. 會計憑證按其_____可分為原始憑證和記帳憑證。

73. 原始憑證是_____的依據，而記帳憑證是_____的依據。

74. 一般外來原始憑證都是_____。自製原始憑證既有_____，也有累計憑證。

75. 記帳憑證按編制的方法不同，可分為_____和_____。

76. 為了保證原始憑證內容的真實性，應從_____和_____兩方面對原始憑證進行嚴格的審查和核對。

77. 收款憑證左上角的「借方科目」按收款的性質填寫_____或_____。

78. 收款憑證的日期填寫的是_____的日期。

79. 對於涉及現金與銀行存款之間和不同的銀行存款之間收付的經濟業務，只填制_____。

80. 記帳憑證按照其所反映的經濟內容不同，一般分為收款憑證、_____和_____。

81. 原始憑證按其來源的不同，可以分為_____和_____。

82. 只有經過_____的原始憑證，才能作為編制記帳憑證和登記帳簿的依據。

83. 原始憑證的審核主要包括_____、合法性、準確性、_____的審核。

84. 記帳憑證是根據_____的原始憑證填制的，記帳憑證填制以後，要經過_____才能據以登記帳簿。

85. 出納人員在辦理收款或付款業務後，應在憑證上加蓋_____或_____，以避免重收重付。

86. 編制記帳憑證時應當對記帳憑證_____，以分清會計事項處理的先後順

序，便於記帳憑證與會計帳簿核對，確保記帳平整完整無缺。

87. 一筆經濟業務需要填制兩張以上記帳憑證的，可以採用_____編號。

88. 匯總憑證指對一定時期內反映_____原始憑證，按照一定標準綜合填制的原始憑證。

89. 帳簿按外表形式分類可以分為_____、_____和卡片式。

90. 更正錯帳的方法一般有_____、_____和補充登記法等。

91. 多欄式銀行存款支出日記帳中_____按日轉記到_____中。

92. 明細分類帳的格式，通常有_____、_____和多欄式。

93. 分類帳簿又分為_____和_____兩類。

94. 帳簿按用途不同可分為_____、_____和備查帳三種。

95. _____、_____等的明細分類帳的格式一般採用卡片式。

96. 會計人員在啟用新的會計帳簿時，應當在帳簿封面上寫明_____，在帳簿扉頁上應當附_____。

97. 對帳的內容包括_____、_____和帳實核對。

98. 帳簿按格式不同可分為_____、_____、多欄式帳簿三種。

99. 帳簿中書寫的文字和數字上面要留有適當空格，不要寫滿格，一般應占格距的_____。

100. 登記會計帳簿時，應當將會計憑證日期、編號、業務內容摘要、金額和其他有關資料逐項記入帳內，做到_____、摘要清楚、登記及時和_____。

101. 帳實核對是指各項財產物資、債權債務等_____與_____之間的核對。

102. _____、_____和大部分的明細帳，要每年更換一次。

103. 租入固定資產備查簿是_____，不需要每個會計年度都更換新帳。

104. 常用帳務處理程序包括_____、_____、科目匯總表帳務處理程序。

105. _____是最基本的一種帳務處理程序。

106. 記帳憑證帳務處理程序的主要特點就是根據_____直接登記_____。

107. 根據_____、_____逐筆登記現金日記帳和銀行存款日記帳。

108. 匯總記帳憑證處理程序是指根據原始憑證或匯總原始憑證編制記帳憑證，定期根據記帳憑證分類編制_____、_____和匯總轉帳憑證，再根據匯總記帳憑證登記總分類帳的一種帳務處理程序。

109. 科目匯總表帳務處理程序又稱記帳憑證匯總表帳務處理程序，它是根據記帳憑證定期編制_____，再根據_____登記總分類帳務處理程序。

110. 加強財產清查工作，對於_____、_____具有重要意義。

111. 財產清查按其清查的範圍可分為_____和_____。

112. 財產清查按其清查的時間可分為_____和_____。

113. 現金的清查應該採用_____來確定庫存現金的實存數，然后再與_____的帳面核對，以查明帳實是否相符及盈虧情況。

114. 所謂_____，是指單位與銀行之間一方已取得有關憑證登記入帳，另一

方由於未取得有關憑證沒有入帳的款項。

115. 為了消除因未達帳項而導致的不相符，應根據雙方核對后發現的未達帳項，編制＿＿＿＿＿，據以調節雙方的帳面餘額。

116. 實物清查常用的方法有＿＿＿＿＿、＿＿＿＿＿。

117. 往來款項的清查一般採用＿＿＿＿＿的方法進行核對。

118. 對財產清查結果的處理，必須遵循一定的程序和步驟。具體來說，可以分為＿＿＿＿＿和＿＿＿＿＿兩種情況。

119. 對於財產清查的結果，在得到審批之前，應該先根據清查中填寫的＿＿＿＿＿、＿＿＿＿＿等已經查實的數據資料，編制記帳憑證，記入有關帳簿，使帳簿記錄與實際盤存數相符。

120. 對財產清查結果進行處理時，在得到審批之後，應當根據審批的意見，進行＿＿＿＿＿，並＿＿＿＿＿。

121. 對財產清查結果進行帳務處理時，企業應當設置＿＿＿＿＿帳戶。

122. 財務會計報告是單位根據經過審核的＿＿＿＿＿和＿＿＿＿＿編制對外提供的反映單位某一特定日期財務狀況和某一會計期間經營成果、現金流量的文件。

123. 單位編制財務會計報告的目的就是為＿＿＿＿＿、＿＿＿＿＿、政府及相關機構、單位管理人員、社會公眾等財務會計等會計報告的使用者進行決策提供會計信息。

124. 根據中國現行《企業會計制度》的規定，年度、半年度財務會計報告應當包括＿＿＿＿＿、＿＿＿＿＿和財務狀況說明書三個部分。

125. 會計報表包括＿＿＿＿＿、＿＿＿＿＿、現金流量表及其相關附表。

126. 會計報表附註是對會計報表及其相關附表的＿＿＿＿＿，它也是企業財務會計報告的重要組成部分。

127. 企業財務會計報告的編報要求是＿＿＿＿＿、＿＿＿＿＿、全面完整、編報及時以及便於理解。

128. 資產負債表是反映企業某一特定日期（如月末、季末、年末等）＿＿＿＿＿的會計報表。

129. 資產負債表的理論依據是＿＿＿＿＿。

130. 資產負債表左方列示＿＿＿＿＿各項目，右方列示＿＿＿＿＿和＿＿＿＿＿各項目。

131. 資產負債表資產類項目按照＿＿＿＿＿順序排列。

132. 資產負債表負債類和所有者權益類項目一般按照＿＿＿＿＿順序排列。

133. 目前，資產負債表的編制格式主要有＿＿＿＿＿和＿＿＿＿＿兩種，中國會計制度規定的格式是帳戶式。

134. 利潤表是反映企業一定期間（月份、季度、半季度、年度）經營成果的會計報表。

135. 目前，利潤表的編制格式主要有＿＿＿＿＿和＿＿＿＿＿。

136. 會計檔案的保管期期限分為＿＿＿＿＿和＿＿＿＿＿。

137. 會計檔案包括＿＿＿＿＿、＿＿＿＿＿和財務會計報告等會計核算資料。

138. 移交本單位檔案保管機構保管的會計檔案，原則上應當保持原卷冊的封裝，個別需要拆封重新整理的，應當會同＿＿＿＿＿和＿＿＿＿＿共同拆封整理，以分清責任。

139. 各單位保存的會計檔案不得借出。如有特殊需要，經＿＿＿＿＿批准，可以提供查閱或者複製，並辦理登記手續。

140. 會計檔案保管期滿需要銷毀時，＿＿＿＿＿提出銷毀意見，會同＿＿＿＿＿共同鑒定和審查，編造會計檔案銷毀清冊。

141. 會計檔案的保管期限，從＿＿＿＿＿算起。

142. 庫存現金限額由開戶銀行根據單位＿＿＿＿＿天日常零星開支的需要確定，邊遠地區和交通不便地區單位的庫存現金限額，最多不得超過＿＿＿＿＿天的日常零星開支。

143. 單位收取的現金，應於＿＿＿＿＿送存銀行，當日送存確有困難的，由開戶銀行確定送存時間。單位支付現金，可以從庫存現金或開戶銀行支付，不得從本單位的現金收入中直接支付，即不得＿＿＿＿＿。

144. 出納人員必須在每天營業終了後，對實際庫存現金和現金日記帳帳的帳面餘額相互核對，做到＿＿＿＿＿，發現帳實不符應及時查明原因，並予以處理。

145. 目前銀行結算方式主要有支票、＿＿＿＿＿、銀行本票、商業匯票、＿＿＿＿＿、異地托收承付、委託收款七種。

146. 銀行存款清查應按月編制＿＿＿＿＿，並調節相符。

147. 應收票據是指企業因採用商業匯票方式銷售商品、產品、提供勞務等而收取的商業匯票，包括＿＿＿＿＿和＿＿＿＿＿。

148. 票據是以「天數」表示的，計算票據到期日，應採用票據簽發日與到期日＿＿＿＿＿或＿＿＿＿＿的方法，按照實際天數計算到期日。

149. 按照企業會計制度和有關會計準則的規定，存貨應按照取得時的實際成本入帳。存貨成本包括＿＿＿＿＿、＿＿＿＿＿和其他成本。

150. 確定發出存貨的實際成本，可以採用的方法有個別計價法、＿＿＿＿＿、加權平均法和＿＿＿＿＿等。

151. 投資企業對被投資單位＿＿＿＿＿、＿＿＿＿＿且無重大影響，長期股票投資應採用成本法核算。

152. 固定資產取得的入帳價值，包括企業為購建固定資產達到預定可使用狀態前發生的一切＿＿＿＿＿、＿＿＿＿＿支出。

153. 影響固定資產可選用的折舊方法包括＿＿＿＿＿、＿＿＿＿＿和固定資產的使用壽命。

154. 固定資產可選用的折舊方法包括＿＿＿＿＿、工作量法、雙倍餘額遞減法或者＿＿＿＿＿。

155. 所有者權益中的＿＿＿＿＿和＿＿＿＿＿統稱為留存收益。

156. 在日常的存貨成本核算中，企業可以採用＿＿＿＿＿計價核算或＿＿＿＿＿

計價核算。

157. 根據《現金管理暫行條例》的規定，現金管理制度主要包括_____、_____、現金收支的日常管理、現金管理的內部控製制度等內容。

158. 銀行存款的清查是指企業對銀行存款日記帳的_____記錄與其開戶銀行轉來的_____記錄逐筆進行核對，每月至少核對一次。

159. 銀行計算貼現利息的利率為_____，企業從銀行獲得的票據到期值扣除貼現利息后的貨幣收入，稱為_____。

160. 企業從銀行獲得的貼現收入等於應收票據_____扣除_____后的餘額。

161. 壞帳是指企業無法收回的_____。由於壞帳而造成的損失稱為_____。

162. 壞帳損失的處理方法有兩種，即_____和_____。根據中國的有關企業會計制度規定，中國對壞帳損失的處理只能採用備抵法。

163. 壞帳損失的估計方法主要有_____、帳齡分析法、_____和個別認定法。

164. 應收帳款餘額百分比法是指根據會計期末_____乘以估計的_____來估計壞帳損失的方法。

165. 個別認定法是指根據單筆_____的_____估計壞帳損失的方法。

166. 存貨的加工成本包括_____以及按照一定方法分配的_____。

167. 投資者投入的存貨的成本，應當按照_____確定。

168. 先進先出法是指以_____先發出的_____假設為前提，對發出存貨進行計價的一種方法。

169. 后進先出法是指以_____先發出的實物流轉假設為前提，來確定存貨成本和_____的一種方法。

170. 「材料成本差異」科目用於核算各種材料物資的_____與_____的差異，借方登記入庫材料的超支差異，貸方登記企業入庫材料的節約差異，發出材料應負擔的成本差異（超支用藍字，節約用紅字）。

171. 存貨清查是指對存貨實地盤點，確定存貨的_____，並與_____進行核對，從而確定存貨是否帳實相符的一種方法。

172. 企業進行存貨清查，應根據地清查結果編製_____，並將其作為存貨清查的_____。

173. 投資指企業為通過_____來增加財富，或為謀求其他利益，而將_____讓渡給其他單位所獲得的另一項資產。

174. 按照投資的變現能力和投資目的，投資通常分為_____和_____兩類。

175. 實際支付價款中所包含的_____和_____不構成投資成本。

176. 長期投資按照投資性質可以分為_____和_____。

177. 成本法下，股票持有期間，應於被投資單位_____時確認投資收益。

205

178. 外購的固定資產的成本包括_____、增值稅、進口關稅等相關稅費，以及為使固定資產達到預定可使用狀態前所發生的可直接歸屬於該資產的_____。

179. 自行建造的固定資產，按建造該項資產達到預定可使用狀態前所發生的_____作為入帳價值。

180. 固定資產折舊是指企業的固定資產隨著磨損而逐漸轉移的價值。這部分轉移的價值以_____的形式計入成本費用，並從_____中得到補償。

181. 當月增加的固定資產，當月_____折舊，從下月起_____折舊；當月減少的固定資產，當月仍提折舊，從下月起停止計提折舊。

182. 年限平均法又稱_____，是指將固定資產的折舊額均衡地分攤到固定資產_____內的一種方法。

183. 雙倍餘額遞減法是指在不考慮_____的情況下，根據每期期初固定資產帳面淨值和_____計算固定資產折舊的一種方法。

184. 企業因出售、報廢、毀損等原因處置固定資產，都需要通過「_____」科目核算。

185. 無形資產可分為_____無形資產和_____無形資產。

186. 購入的無形資產，應以_____作為入帳價值。

187. 自行開發並依法申請取得的無形資產，其入帳價值應按依法取得時發生的_____、_____等費用確定。

188. 無形資產的成本，應自取得_____起在預計使用年限內分期平均攤銷，即無形資產的攤銷開始月份為無形資產取得的當月，無形資產處置的_____不再攤銷。

189. 負債按照償還期的長短不同可以分為_____和_____。

190. 流動負債是指償還期在_____或一個_____以內的債務。

191. 預收帳款與應付帳款不同，它不是發生在_____中，而是發生在銷售過程中，它所形成的負債，將來不是以貨幣償還，而是以購貨單位所需要的_____償還。

192. 長期借款所發生的利息支出應根據借款用途分別記入「_____」「財務費用」和「_____」等科目。

193. 債券的發行，根據債券發行價格和債券面值的關係，可以分為_____、折價發行和_____三種。

194. 資本公積，包括資本（股本）溢價、_____、撥款轉入、_____等。

195. 股本溢價是指股份有限公司溢價發行股票時，實際收到的款項超過_____的數額。

196. 營業利潤是指企業從事其正常生產經營活動所取得的經營成果，包括_____和_____兩個部分。

197. 「製造費用」科目用於核算企業為生產產品和提供勞務而發生的各項_____。

【參考答案】

1. 貨幣　經濟活動
2. 進行會計核算　實施會計監督
3. 持續經營　貨幣計量
4. 確認　記帳　會計信息
5. 合法性　合理性
6. 核算和監督　經濟活動
7. 特定單位或者組織　空間範圍
8. 會計主體　正常的
9. 生產經營活動　會計期間
10. 會計核算過程　貨幣
11. 會計對象　基本分類
12. 負債　費用
13. 資本公積　未分配利潤
14. 負債　所有者權益
15. 收入　費用
16. 固定資產
17. 同等概念　會計主體
18. 月度　公歷
19. 價值運動　資金運動
20. 人民幣　人民幣以外的貨幣為主
21. 貨幣資金
22. 現金、銀行存款
23. 財產擁有權　支配權
24. 財產物資　經濟資源
25. 資金　投入資本
26. 各項開支　支出和損失
27. 支出　費用
28. 各項耗費　對象化了
29. 會計憑證　會計帳簿
30. 中文　民族文字
31. 財務上　盈利或虧損
32. 權利　現時義務
33. 會計核算　財務會計報告
34. 設置會計科目和帳戶　填制和審核會計憑證
35. 總成本　單位成本
36. 依法設置　私設會計帳簿
37. 電子計算機　會計憑證

38. 資產　負債
39. 分類核算
40. 合法性原則　相關性原則
41. 所有者權益類　成本類
42. 總分類科目　明細分類科目
43. 相關性原則
44. 合法性原則
45. 實用性原則
46. 會計科目　格式和結構
47. 總分類科目　總括核算
48. 明細類科目　明細帳
49. 本期增加發生額　本期減少發生額
50. 增減金額　餘額
51. 總分類　資產類
52. 資產與權益　兩個或兩個以上
53. 借和貸　資產＝負債＋所有者權益
54. 有借必有貸　借貸必相等
55. 借方　貸方
56. 貸方　借方
57. 資產類帳戶　權益類帳戶
58. 發生額試算平衡法　餘額試算平衡法
59. 資產與權益　借貸記帳法
60. 借方發生額合計　貸方發生額合計
61. 借方餘額合計　貸方餘額合計
62. 應借應貸帳戶　金額
63. 會計帳戶　記帳符號
64. 簡單會計分錄　複合會計分錄
65. 一借多貸　一貸多借
66. 統馭控製　補充說明　總金額
67. 所依據會計憑證相同　借貸方向相同
68. 全部帳戶的借方期初餘額合計＝全部帳戶的貸方期初餘額合計
全部帳戶的借方期末餘額合計＝全部帳戶的貸方期末餘額合計
69. 明細分類核算　明細帳
70. 試算平衡表
71. 一項經濟業務　同時反映若干項同類經濟業務
72. 填制程序和用途
73. 編制記帳憑證　登記帳簿

74. 一次憑證　一次憑證
75. 復式記帳憑證　單式記帳憑證
76. 形式上　內容上
77. 庫存現金　銀行存款
78. 編制本憑證
79. 付款憑證
80. 付款憑證　轉帳憑證
81. 外來原始憑證　自製原始憑證
82. 審核無誤
83. 真實性　完整性
84. 審核無誤　審核
85. 收訖、付訖
86. 連續編號
87. 分數編號法
88. 經濟業務內容相同的若干張
89. 訂本式　活頁式
90. 劃線更正法　紅字更正法
91. 銀行存款每日支出合計數　銀行存款收入日記帳支出欄
92. 三欄式　數量金額式
93. 總分類帳　明細分類帳
94. 日記帳　分類帳
95. 固定資產　週轉材料
96. 單位名稱和帳簿名稱　啟用表
97. 帳證核對　帳帳核對
98. 三欄式帳簿　數量金額式帳簿
99. 二分之一
100. 數字準確　字跡工整
101. 帳面餘額　實有數額
102. 總帳　日記帳
103. 備查帳簿
104. 記帳憑證帳務處理程序　匯總記帳憑證帳務處理程序
105. 記帳憑證帳務處理程序
106. 記帳憑證　總分類帳戶
107. 收款憑證　付款憑證
108. 匯總收款憑證　匯總付款憑證
109. 科目匯總表　科目匯總表
110. 加強企業管理　充分發揮會計的監督作用
111. 全面清查　局部清查

112. 定期清查　不定期清查
113. 實地盤點法　現金日記帳
114. 未達帳項
115. 銀行存款餘額調節表
116. 實地盤點法　技術推算法
117. 發函詢證
118. 審批之前的處理　審批之后的處理
119. 清查結果報告表　盤點報告表
120. 差異處理　調整帳項
121. 待處理財產損溢
122. 會計帳簿記錄　有關資料
123. 投資者　債權人
124. 會計報表　會計報表附註
125. 資產負債表　利潤表
126. 補充與說明
127. 真實可靠　相關可比
128. 財務狀況
129. 資產＝負債＋所有者權益
130. 資產　負債　所有者權益
131. 流動性大小
132. 求償權順序
133. 報告式　帳戶式
134. 經營成果
135. 單步式　多步式
136. 定期　永久
137. 會計憑證　會計帳簿
138. 原會計機構　經辦人
139. 單位負責人
140. 檔案部門　會計機構
141. 會計年度終了后的第一天
142. 3～5　15
143. 當天　坐支現金
144. 日清月結
145. 銀行匯票　匯兌
146. 銀行存款餘額調節表
147. 商業承兌匯票　銀行承兌匯票
148. 算頭不算尾　算尾不算頭
149. 採購成本　加工成本

150. 先進先出　后進先出
151. 無控製　無共同控製
152. 合理的　必要的
153. 固定資產原值　固定資產淨殘值
154. 年限平均法　年數總和法
155. 盈餘公積　未分配利潤
156. 實際成本　計劃成本
157. 現金的使用範圍　庫存現金限額
158. 帳目　對帳單
159. 貼現率　貼現收入
160. 到期值　貼現利息
161. 應收款項　壞帳損失
162. 直接轉銷法　備抵法
163. 應收帳款餘額百分比法　銷貨百分比法
164. 應收帳款餘額　壞帳損失率
165. 應收帳款　可收回性
166. 直接人工　製造費用
167. 投資各方確認的價值
168. 先購入的存貨　實物流轉
169. 后入庫的存貨　期末結存存貨成本
170. 實際成本　計劃成本
171. 實存數　帳存數
172. 存貨盤點報告單　原始憑證
173. 分配　資產
174. 短期投資　長期投資
175. 股利　利息
176. 長期債權投資　長期股權投資
177. 宣告發放現金股利
178. 買價　其他支出
179. 必要支出
180. 折舊費　營業收入
181. 不提　計提
182. 直線法　預計使用年限
183. 固定資產殘值　雙倍的直線法折舊率
184. 固定資產清理
185. 可辨認　不可辨認
186. 實際支付的價款
187. 註冊費　律師費

188. 當月　當月
189. 流動負債　長期負債
190. 一年以內　營業週期
191. 購買過程　貨物或勞務
192. 在建工程　長期待攤費用
193. 溢價發行　面值發行
194. 接受捐贈資產　外幣資產折算差額
195. 股票面值總額
196. 主營業務利潤　其他業務利潤
197. 間接費用

二、綜合題

1. A公司發生以下經濟業務：

（1）A公司購入一批材料，價款為100,000元，增值稅為17,000元，材料已驗收入庫，款項尚未支付。

（2）以銀行存款支付上述款項。

（3）以銀行存款支付本月電費58,000元，其中生產車間42,000元，行政部門16,000元。

（4）與B公司簽訂銷售合同，銷售價款為200,000元，增值稅為34,000元，按照合同約定，B公司通過銀行存款預先支付100,000元，餘款在貨物驗收後付清。

（5）A公司發出貨物，並收回餘款。

要求：請根據以上A公司發生的業務編制相關會計分錄。

2. 某工業企業201×年1月發生下列經濟業務：

（1）1日，從銀行提取現金1,000元備用。

（2）2日，從黃海工廠購進材料一批，已驗收入庫，價款為5,000元，增值稅進項稅額為850元，款項尚未支付。

（3）2日，銷售給廣豐工廠C產品一批，價款為100,000元，增值稅銷項稅額為17,000元，款項尚未收到。

（4）3日，廠部的張三出差，借支差旅費500元，以現金付訖。

（5）4日，車間領用乙材料一批，其中用於B產品生產3,000元，用於車間一般消耗500元。

（6）5日，銷售給吉潤公司D產品一批，價款為20,000元，增值稅銷項稅額為3,400元，款項尚未收到。

（7）5日，從華東公司購進丙材料一批，價款為8,000元，增值稅進項稅為1,360元，材料已運達企業但尚未驗收入庫，款項尚未支付。

（8）7日，接到銀行通知，收到廣豐工廠前欠貨款117,000元，已經辦妥入帳。

（9）8日，通過銀行轉帳支付5日所欠華東公司的購料款9,360元。

（10）10日，購入電腦一臺，增值稅專用發票上註明價款為8,000元，增值稅稅額

為1,360元，簽發一張轉帳支票支付。

要求：根據以上經濟業務編制相關會計分錄，並在以下科目匯總表（見表3－1）的空格中填入正確的數字。

表3－1   科目匯總表
                  201×年1月1日至10日   單位：元

會計科目	借方發生額	貸方發生額
庫存現金	1,000	5,00
銀行存款	117,000	[1]
應收帳款	[2]	117,000
原材料	5,000	3,500
材料採購	8,000	—
生產成本	3,000	—
其他應收款	500	—
固定資產	8,000	—
主營業務收入	—	[3]
製造費用	500	—
應交稅費	[4]	20,400
應付帳款	9,360	[5]
合計	296,330	296,330

3. 某企業為增值稅一般納稅人企業，適用的增值稅稅率為17%。2009年12月發生下列有關經濟業務：

（1）購進生產材料一批，取得的增值稅專用發票上註明的買價為500,000元，增值稅為85,000元，同時支付為供應單位代墊運雜費25,000元（其中運費20,000元），材料貨款及稅款以銀行存款支付。

（2）收購免稅農產品一批，用於產品的生產，收購價為120,000元，產品已驗收入庫，款項已付。

（3）銷售產成品一批，銷售收入為1,200,000元，增值稅為204,000，價稅款收存銀行。

（4）向其他單位捐贈產成品一批，成本為80,000元，計稅銷售價為100,000元。

（5）在建工程領用一批材料，成本為30,000元。

要求：根據上述資料，編制相關會計分錄。

4. 201×年1月1日，甲公司從銀行借入資金2,700,000元，借款期限為2年，年利率為7%。利息每月計提一次，不計複利，到期還本。所借款項存入銀行。1月20日，該公司用該借款購買不需要安裝的生產設備一臺，價款為2,000,000元，增值稅為340,000元。該設備於當日投入生產使用。該設備採用年限平均法計提折舊，預計使用壽命為10年，預計報廢時的淨殘值為50,000元。

要求：根據上述資料進行相關帳務處理。

5. 某公司發生如下經濟業務：

（1）賒銷商品並開具增值稅發票，價款為200,000元，增值稅為34,000元，墊付物流公司運費6,000元。

（2）因超過正常申報期3天，接受稅務機關處罰和滯納金共505元，同時上交上個月增值稅20,000元。

（3）出售閒置材料20,000元，增值稅為3,400元，收到銀行本票一張。

（4）計算結轉出售產品成本144,000元。

（5）計提壞帳準備420元。

要求：根據上述資料進行相關帳務處理。

6. 甲公司與乙公司簽訂原材料採購合同，向乙公司採購材料6,000噸，每噸單價30元，所需支付的款項總額為180,000元。合同約定，合同訂立之日，甲公司向乙公司預付貨款的40%，驗收貨物後補付其餘款項。當日，甲公司以銀行存款預付貨款。4月30日，甲公司收到乙公司發來的材料並驗收入庫。取得增值稅專用發票上註明價款為180,000元，增值稅稅額為30,600元，次日甲公司以銀行存款補付其餘款項。根據甲公司「發料憑證匯總表」的記錄，5月，生產車間生產產品直接領用上述材料4,000噸，車間管理部門領用500噸，企業行政管理部門領用300噸，材料單位成為每噸30元。

要求：根據上述資料進行相關帳務處理。

7. 某公司發生如下經濟業務：

（1）生產產品領用材料50,000元，車間一般耗用材料30,000元。

（2）將當月製造費用5,000元轉入生產成本。

（3）完工產品成本30,000元驗收入庫。

（4）結轉已銷售產品成本20,000元。

（5）將上述業務所涉及的損益類帳戶金額結轉至本年利潤。

要求：根據上述資料進行相關帳務處理。

8. 甲公司為增值稅一般納稅人企業，適用的增值稅稅率為17%，3月份發生以下經濟業務：

（1）對外銷售商品一批，開具的增值稅專用發票上註明的銷售價為200,000元，增值稅稅額為34,000元，商品已發出，並已辦妥銀行托收手續，該批商品實際成本為120,000元。

（2）銷售一批原材料，開具的增值稅專用發票上註明的售價為30,000元，增值稅稅額為5,100元，款項已由銀行收到，該批原材料的實際成本為23,000元。

（3）計算分配本月應付職工工資共計110,000元，其中產品生產工人工資80,000元，企業行政管理人員工資30,000元。

（4）計提本月生產設備折舊50,000元，管理用設備折舊8,000元。

（5）出售所持有交易性金融資產售價總額為1,200,000元，另支付相關的交易費用490元，該交易性金融資產原取得成本為1,000,000元，未確認公允價值變動。

要求：根據上述資料進行相關帳務處理。

9. 20×8 年 8 月 1 日，甲公司出售一批商品，開具的增值稅專用發票上註明的售價為 400,000 元，增值稅稅額為 68,000 元，公司已將商品運抵乙公司，貨款尚未收到，該批商品的成本為 280,000 元。20×8 年 12 月 31 日，對甲公司應收的帳款進行減值測試，預計其未來的現金流量現值為 350,000 元。20×9 年 1 月 15 日，甲公司實際收到乙公司通過銀行轉帳來的款項 350,000 元。

要求：根據上述資料編制相關會計分錄。

10. 某公司發生如下經濟業務：
（1）生產領用原材料一批，價值 6,000 元。
（2）分配職工工資 21,000 元，其中車間管理人員工資 15,000 元，行政管理人員工資 6,000 元。
（3）計提車間固定資產折舊 1,000 元。
（4）將製造費用 7,000 元轉入生產成本。
（5）結轉完工產品成本 18,000 元。

要求：根據上述資料編制相關會計分錄。

11. 某公司發生如下經濟業務：
（1）把 200 萬元轉到證券公司。
（2）委託證券公司購買 1,000,000 元的股票，並視為交易性金融資產。

要求：根據上述資料編制相關會計分錄。

12. 某公司發生如下經濟業務：
（1）購入原材料一批，買價為 2,000 元，增值稅為 340 元，款項已通過銀行存款支付。
（2）對外銷售商品一批，價值為 5,000 元，增值稅為 850 元，款項已收到並存入銀行。
（3）購入一臺不需要安裝設備，價款為 20,000 元，增值稅為 3,400 元，款項尚未支付。
（4）以銀行存款歸還短期借款 10,000 元，利息 500 元。
（5）經核實，某公司已破產，且銀行結算帳戶已撤銷，無法支付該公司貨款 5,000 元，予以核銷。

要求：根據上述資料編制相關會計分錄。

13. 某企業年初未分配利潤貸方餘額為 150 萬元，本年利潤餘額為 400 萬元（假設不考慮所得稅的調整，所得稅稅率為 25%）。

要求：（1）計算該企業本年度的所得稅費用。
（2）編制確認所得稅時的會計分錄。
（3）分別按照 10% 和 5% 來計提法定盈餘公積和任意盈餘公積，編制相關會計分錄。
（4）編制宣告發放 40 萬元現金股利時的會計分錄。
（5）計算企業年末未分配利潤的餘額。

14. 某企業的運輸汽車 1 輛，原值為 300,000 元，預計淨殘值率為 4%，預計行使

總里程為800,000公里。該汽車採用工作量法計提折舊。某月該汽車行駛6,000公里，計算本月折舊額。

15. 某企業本期有應收帳款200萬元，原有「壞帳準備」貸方餘額25萬元，採用備抵法計算壞帳準備。

（1）銷售商品一批，不含稅金額為50萬元，增值稅為8.5萬元，款項未收。

（2）確認壞帳一筆，金額為5萬元。

（3）收到其他單位前欠貨款30萬元，存入銀行。

（4）預計未來淨現金流入量的現值是170萬元。

要求：根據上述資料進行相關帳務處理。

16. 某公司發生如下經濟業務：

（1）生產車間領用材料15,000元，直接用於產品生產。

（2）計提本月工資21,000元，其中生產工人工資15,000元，車間管理部門工資6,000元。

（3）車間使用的設備折舊5,000元。

（4）結轉製造費用到產成品成本。

（5）結轉完工產品成本170,000元。

要求：根據上述資料編制相關會計分錄。

17. 假定D公司有意投資ABC公司，經與A、B、C三公司協商，將ABC公司變更為ABCD公司，註冊資本增加到1,200萬元，A、B、C、D四方各占1/4股權。D公司需以貨幣資金出資400萬元，以取得25%的股份。協議簽訂後，修改了原公司章程，D公司所出400萬元已存入ABCD公司的開戶銀行，並辦理了變更登記手續。

要求：編制D公司投入資本的會計分錄。

18. 根據「工資結算匯總表」，當月應付工資總額為680,000元，扣除企業已為職工代墊的醫藥費2,000元和受房管部門委託代扣的職工房租26,000元，實發工資總額為652,000元。上述工資總額中，產品生產人員工資為560,000元，車間管理人員工資為50,000元，企業行政管理人員工資為70,000元。

要求：（1）編制向銀行提取現金的會計分錄。

（2）編制發放工資的會計分錄。

（3）編制代扣款項的會計分錄。

（4）編制將有關工資、費用結轉至生產成本的會計分錄。

（5）編制將有關工資、費用結轉至製造費用的會計分錄。

（6）編制將有關工資、費用結轉至管理費用的會計分錄。

19. 假定A、B、C三公司共同投資組成ABC有限責任公司。按ABC有限公司的章程規定，註冊資本為900萬元，A、B、C三方各占1/3的股份，假定A公司以廠房投資，該廠房原值500萬元，已提折舊300萬元，投資各方確認的價值為300萬元（同公允價值）；B公司以價值200萬元的新設備一套和價值100萬元的一項專利權投資，其價值已被投資各方確認，並已向ABC公司移交了專利證書等有關憑證；C公司以貨幣資金300萬元投資，已存入ABC公司的開戶銀行。又假定D、E公司有意投資ABC公

司，經與 A、B、C 三方協商，將 ABC 公司變更為 ABCDE 公司，註冊資本增加到 1,500 萬元，A、B、C、D、E 公司五方各占 1/5 的股份，D 公司需以貨幣資金出資 400 萬元，已取得 20% 的股份，E 公司以土地使用權投資，經各方確認價值為 400 萬元，取得了 20% 的股份，協議簽訂後，修改了原公司章程，D、E 公司所出各 400 萬元已存入 ABCDE 公司的開戶銀行，並辦理了變更登記手續。

要求：請根據上述資料編制相關會計分錄。

20. 某公司為增值稅一般納稅人企業，3月份發生如下經濟業務：

（1）3月2日，銷售一批商品，開具增值稅專用發票註明價款 800,000 元，增值稅額 136,000 元，商品已發出，貨款尚未收到，該批商品的成本為 600,000 元。

（2）3月10日，銷售一批原材料，開具增值稅專用發票註明價款 60,000 元，增值稅額 10,200 元，款項由銀行收取，該批原材料實際成本為 34,000 元。

（3）3月份，銷售部門發生費用 340,000 元，其中銷售人員薪酬 250,000 元，銷售部門專用辦公設備折舊費 90,000 元。

（4）3月份，行政管理部門發生費用 210,000 元，其中，行政人員薪酬 100,000 元，行政部門專用辦公設備折舊費 35,000 元，報銷行人員差旅費 25,000 元（假定報銷人未預借差旅費），發生業務招待費 50,000 元，差旅費和業務招待費以銀行存款支付。

（5）3月31日，發生公益性捐贈 40,000 元，通過銀行轉帳支付。

要求：請根據上述資料編制相關會計分錄。

21. 出售一臺舊設備給乙公司，價款為 56,000 元，原值為 100,000 元，累計折舊為 42,000 元。

要求：請根據上述資料編制相關會計分錄。

22. 車間生產一批貨物，生產 A 產品用時 200 小時，生產 B 產品用時 300 小時。

要求：計算 A、B 產品生產的工資，每件小時 20 元，並編制相關會計分錄。

23. 固定資產出售收到增值稅發票款項 82,000 元，稅金 13,940 元，原成本 100,000 元，已計提折舊 20,000 元。

要求：請根據上述資料編制固定資產處置的相關會計分錄。

24. 某企業為增值稅一般納稅人企業，材料按實際成本核算，當月發生以下經濟業務：

（1）用銀行匯票 300 萬元購入材料一批，價款為 216 萬元，增值稅為 36.72 萬元，對方代墊運費 1.8 萬元，材料已入庫，餘款已退回銀行帳戶。

（2）用商業承兌匯票購入材料 196 萬元，增值稅為 33.32 萬元，代墊保險費 0.4 萬元，材料已驗收入庫。

（3）收到投資者投入的材料，發票上的價款為 1,415 萬元，增值稅為 240.55 萬元，材料已入庫，假定價值公允，也不存在資本溢價。

（4）本月領用材料，生產車間領用 560 萬元，車間管理部門領用 192 萬元，行政管理部門領用 163 萬元，銷售部門領用 120 萬元。

要求：編制相關會計分錄，金額單位用萬元表示。

（1）編制用銀行匯票購入材料的會計分錄。

（2）編制收到銀行匯票餘款的會計分錄。

（3）編制用商業承兌匯票購入材料的會計分錄。

（4）編制收到投資材料的會計分錄。

（5）編制發出材料的會計分錄。

25. 東方公司會計人員在結帳前進行對帳時，發現企業所做的帳務處理如下：

（1）按照工程的完工進度結算建造固定資產的工程價款 40,000 元，款項以銀行存款支付，編制的會計分錄為：

借：在建工程　　　　　　　　　　　　　　　　　　40,000
　貸：銀行存款　　　　　　　　　　　　　　　　　　40,000

（2）用銀行存款預付建造固定資產的工程價款 60,000 元，編制的會計分錄為：

借：在建工程　　　　　　　　　　　　　　　　　　60,000
　貸：銀行存款　　　　　　　　　　　　　　　　　　60,000

在過帳時，「在建工程」帳戶記錄為 45,000 元。

（3）用現金支付職工生活困難補助 7,000 元，編制的會計分錄為：

借：管理費用　　　　　　　　　　　　　　　　　　7,000
　貸：庫存現金　　　　　　　　　　　　　　　　　　7,000

（4）計提車間生產用固定資產折舊 4,500 元，編制的會計分錄為：

借：製造費用　　　　　　　　　　　　　　　　　　45,000
　貸：累計折舊　　　　　　　　　　　　　　　　　　45,000

（5）用現金支付工人工資 65,000 元，編制的會計分錄為：

借：應付職工薪酬　　　　　　　　　　　　　　　　6,500
　貸：庫存現金　　　　　　　　　　　　　　　　　　6,500

要求：指出上述企業原帳務處理是否正確。如果錯誤，指明應採用何種更正方法，並編制錯帳更正的會計分錄。

26. A 公司為增值稅一般納稅人企業，2009 年月 12 月份發生下列經濟業務：

（1）用銀行存款支付公司下年度的報刊訂閱費 1,200 元。

（2）從市場上購入一臺設備，價值 100,000 元，設備已收到並交付生產使用，款項已通過銀行支付。

（3）經計算本月應提固定資產折舊 20,000 元，其中廠部使用的固定資產應提折舊 8,000 元，車間使用固定資產應提折舊 12,000 元。

（4）用銀行存款 240,000 元從其他單位購入一項專利權。

（5）採購原材料，價款為 20,000 元，款項通過銀行轉帳支付，材料尚未驗收入庫（不考慮增值稅等因素）。

要求：請根據上述資料編制相關會計分錄。

27. 某企業擬出售一座建築物，有關經濟業務如下：

（1）該建築物原值 3,000,000 元，已經計提折舊 450,000 元。將該建築物淨值轉入固定資產清理。

（2）以現金支付有關清理費用20,000元。
（3）出售價格為2,800,000元，已通過銀行收回款項。
（4）結轉清理淨損益。
要求：請根據上述資料編制相關會計分錄。

28. 甲公司於2007—2010年發生的無形資產相關業務如下：
（1）甲公司於2007年1月從乙公司購入一項專利權，以銀行存款支付買價及相關費用10萬元。
（2）甲公司於各年末計提無形資產攤銷。該專利的法定有效期為15年，合同劃定有效期為10年。
（3）2010年1月甲公司將該項專利權轉讓給丙公司，取得15萬元收入（已入銀行）。
（4）計算轉讓該項無形資產取得的淨收益。
要求：根據上述資料進行相關帳務處理。

29. X公司201×年9月的餘額試算平衡表如表3-2所示。

表3-2　　　　　　　　　　　　餘額試算平衡表

201×年9月30日　　　　　　　　　　　　　單位：元

會計科目	期末餘額	
	借方	貸方
庫存現金	740	
銀行存款	168,300	
應收帳款	85,460	
壞帳準備		6,500
原材料	66,500	
庫存商品	101,200	
存貨跌價準備		1,200
固定資產	468,900	
累計折舊		3,350
固定資產清理		5,600
長期待攤費用	14,500	
應付帳款		93,000
預收帳款		10,000
長期借款		250,000
實收資本		500,000
盈餘公積		4,500
利潤分配		19,300
本年利潤		12,150
合計	905,600	905,600

補充資料如下：
（1）長期待攤費用中含將於一年內攤銷的金額8,000元。
（2）長期借款期末餘額中將於一年內到期歸還的長期借款數為100,000元。
（3）應收帳款中有關明細帳期末餘額情況為（單位：元）：
應收帳款——A公司　借方餘額 98,000
應收帳款——B公司　貸方餘額 12,540
（4）應付帳款有關明細帳期末餘額情況為（單位：元）：
應付帳款——C公司　貸方餘額 98,000
應付帳款——D公司　借方餘額 5,000
（5）預收帳款有關明細帳期末餘額情況為（單位：元）：
預收帳款——E公司　貸方餘額 12,000
預收帳款——F公司　借方餘額 2,000
要求：請補充完整X公司的資產負債表（見表3-3）。

表3-3　　　　　　　　　　　　　資產負債表
製表單位：X公司　　　　　　201×年9月30日　　　　　　　　單位：元

資產	年初數	年末數	負債所有者權益	年初數	年末數
流動資產：	略		流動負債：	略	
貨幣資金		169,040	應付帳款		（3）
應收帳款		（1）	預收款項		（4）
預付款項		5,000	一年內到期的非流動負債		100,000
存貨		（2）	流動負債合計		（5）
一年內到期的非流動資產		8,000	非流動負債：		
流動資產合計		442,040	長期借款		150,000
非流動資產：			非流動負債合計		150,000
固定資產		465,550	負債合計		372,540
固定資產清理		-5,600	所有者權益：		
長期待攤費用		6,500	實收資本		500,000
非流動資產合計		466,450	盈餘公積		4,500
			未分配利潤		31,450
			所有者權益合計		535,950
資產總計		908,490	負債及所有者權益總計		908,490

30. X公司適用的企業所得稅稅率為25％，假定無納稅調整項目，X公司201×年1月至11月各損益類帳戶的累計發生額和12月底轉帳前各損益類帳戶的發生額如表3-4所示。

表 3-4　X 公司 201×年 1 月至 11 月各損益類帳戶累計發生額和
12 月底轉帳前各項損益類帳戶發生額　　　單位：元

帳戶名稱	12 月份發生數 借方	12 月份發生數 貸方	1 月至 11 月累計發生數 借方	1 月至 11 月累計發生數 貸方
主營業務收入		318,000		5,000,000
主營業務成本	252,500		2,800,000	
銷售費用	2,600		10,000	
稅金及附加	1,000		29,000	
其他業務成本	7,500		32,500	
營業外支出	2,000		11,000	
財務費用	3,000		30,000	
管理費用	4,400		50,000	
其他業務收入		9,500		45,000
營業外收入		3,000		
投資收益		20,000		

要求：計算 X 公司 201×年度利潤表的下列報表項目金額：

(1) 營業收入；
(2) 營業成本；
(3) 營業利潤；
(4) 利潤總額；
(5) 淨利潤。

31. X 公司適用的所得稅稅率為 25%，假定無納稅調整項目，X 公司 201×年 1 月至 11 月各損益類帳戶累計發生額和 12 月底轉帳前各損益類帳戶的發生額如表 3-5 所示。

表 3-5　X 公司 201×年 1 月至 11 月各損益類帳戶累計發生額和
12 月底轉帳前各項損益類帳戶發生額　　　單位：元

帳戶名稱	12 月份發生數 借方	12 月份發生數 貸方	1 月至 11 月累計發生數 借方	1 月至 11 月累計發生數 貸方
主營業務收入		80,000		670,000
主營業務成本	20,000		250,000	
銷售費用	8,000		80,000	
稅金及附加	2,000		20,000	
其他業務成本	15,000		50,000	
營業外支出	1,000		2,000	
財務費用	500		6,000	
管理費用	25,000		260,000	
其他業務收入		38,000		130,000
營業外收入		1,500		8,000
投資收益		5,000		

要求：根據上述資料，計算表3-6X公司201×年利潤表中（1）、（2）、（3）、（4）、（5）的金額。

表3-6　　　　　　　　　　　　　　利潤表　　　　　　　　　　　　　　會企02表
編製單位：X公司　　　　　　　　　　201×年　　　　　　　　　　　　　單位：元

項目	行次	本年金額	上年金額
一、營業收入		（1）	略
減：營業成本		（2）	
稅金及附加			
銷售費用			
管理費用			
財務費用（收益以「-」號填列）			
二、營業利潤（虧損以「-」號填列）		（3）	
加：營業外收入			
減：營業外支出			
三、利潤總額（虧損總額以「-」號填列）		（4）	
減：所得稅費用			
四、淨利潤（淨虧損以「-」號填列）		（5）	

32. 201×年3月至5月，甲上市公司發生的交易性金融資產業務如下：

（1）3月1日，向D證券公司劃出投資款1,000萬元，款項已通過開戶行轉入D證券公司銀行帳戶。

（2）3月2日，委託D證券公司購入A上市公司股票100萬股，每股8元，另發生相關的交易費用2萬元，並將該股票劃分為交易性金融資產。

（3）5月10日，出售所持有的上述全部股票，取得價款為825萬元，已存入銀行。

要求：（1）請根據上述資料編制相關會計分錄（假定不考慮相關稅費，答案中的金額單位用萬元表示）。

（2）計算甲公司投資收益的金額。

33. 甲企業為增值稅一般納稅人企業，適用的增值稅稅率為17%。20×9年發生固定資產相關經濟業務如下：

（1）1月20日，企業管理部門購入一臺不需安裝的A設備，取得的增值稅專用發票上註明的設備價款為550萬元，增值稅為93.5萬元，另發生運輸費10萬元，款項均以銀行存款支付。

（2）A設備經過調試后於1月22日投入使用，預計使用10年，淨殘值為20萬元，採用年限平均法計提折舊。

（3）7月15日，企業生產車間購入一臺需要安裝的B設備，取得的增值稅專用發票上註明的設備價款為600萬元，增值稅為102萬元，款項均以銀行存款支付。

（4）8月19日，將B設備投入安裝，以銀行存款支付安裝費3萬元。B設備於

8月25日達到預定使用狀態，並投入使用。

（5）B設備採用工作量法計提折舊，預計淨殘值為3萬元，預計總工時為5萬小時。9月，B設備實際使用工時為720小時。

要求：假設除上述資料外，不考慮其他因素，請編制相關會計分錄（答案中的金額單位用萬元表示）。

34. 甲公司由A、B、C三位股東於20×6年12月31日共同出資設立，註冊資本為800萬元。出資協議規定：A、B、C三位股東的出資比例分別為40%、35%和25%。有關資料如下：

（1）20×6年12月31日三位股東的出資方式及出資額如表3-7所示（各位股東的出資已全部到位，並經中國註冊會計師驗證，有關法律手續已經辦妥）。

表3-7　　　　　　　　　股東出資方式及出資額　　　　　　　單位：萬元

出資者	貨幣資金	實物資產	無形資產	合計
A	270		50（專利權）	320
B	130	150（設備）		280
C	170	30（轎車）		200
合計	570	180	50	800

（2）20×7年甲公司實現淨利潤400萬元，決定分配利潤100萬元，計劃在20×8年2月10日支付。

（3）20×8年12月31日，吸收D股東加入甲公司，將甲公司註冊資本由原800萬元增加到1,000萬元。D股東以銀行存款150萬元出資，占增資後註冊資本10%的股份；其餘的100萬元增資由A、B、C三位股東按原持股比例以銀行存款出資。20×8年12月31日，四位股東的出資已全部到位，有關的法律手續已經辦妥。

要求：假定不考慮其他因素，請根據上述資料編制相關會計分錄（答案中的金額單位用萬元表示）。

35. 20×8年8月1日，甲公司向乙公司銷售一批商品，開具的增值稅專用發票上註明的售價為400,000元，增值稅額為68,000元。甲公司已將商品運抵乙公司，貨款尚未收到。該批商品的成本為280,000元。20×8年12月31日，甲公司對應收乙公司的帳款進行減值測試，預計其未來現金流量現值為350,000元。20×9年1月15日，甲公司實際收到乙公司通過銀行轉帳來的款項350,000元。

要求：根據上述資料進行相關帳務處理。

36. 20×9年5月，甲公司某生產車間生產完成A產品200件和B產品300件，月末完工產品全部入庫。有關生產資料如下：

（1）領用原材料6,000噸，其中A產品耗用4,000噸，B產品耗用2,000噸，該原材料單價為每噸150元。

（2）生產A產品發生的直接生產人員工時為5,000小時，B產品發生的直接生產

人員工時為 3,000 小時,每工時的標準工資為 20 元。

(3) 生產車間發生管理人員工資、折舊費、水電費等 100,000 元,該車間本月僅生產了 A 和 B 兩種產品,甲公司採用生產工人工時比例法對製造費用進行分配。假定月初、月末均不存在任何在產品。

要求:(1) 計算 A 產品應分配的製造費用。

(2) 計算 B 產品應分配的製造費用。

(3) 計算 A 產品當月生產成本。

(4) 計算 B 產品當月生產成本。

(5) 編制產品完工入庫的會計分錄。

37. 甲公司 20×9 年有關損益類科目的年末餘額如表 3-8 所示。

表 3-8　　　　　甲公司 20×9 年有關損益類科目的年末餘額　　　　　單位:元

科目名稱	結帳前餘額	科目名稱	結帳前餘額
主營業務收入	4,500,000(貸)	稅金及附加	60,000(借)
其他業務收入	525,000(貸)	銷售費用	375,000(借)
投資收益	450,000(貸)	管理費用	450,000(借)
營業外收入	37,500(貸)	財務費用	75,000(借)
主營業務成本	3,450,000(借)	營業外支出	150,000(借)
其他業務成本	300,000(借)		

甲公司適用的所得稅稅率為 25%,假定當年不存在納稅調整事項。甲公司按當年淨利潤的 10% 提取法定盈餘公積,按當年淨利潤的 5% 提取任意盈餘公積,並決定向投資者分配利潤 500,000 元。

要求:(1) 編制甲公司年末結轉各損益類科目餘額的會計分錄。

(2) 計算甲公司 20×9 年應交所得稅金額。

(3) 編制甲公司確認並結轉所得稅費用的會計分錄。

(4) 編制甲公司將「本年利潤」科目餘額轉入「利潤分配——未分配利潤」科目的會計分錄。

(5) 編制甲公司提取盈餘公積和宣告分配利潤的會計分錄。

38. XYZ 公司 20×8 年 7 月 20 日至月末的銀行存款日記帳所記錄的經濟業務如下:

(1) 20 日,收到銷貨款轉帳支票 8,800 元。

(2) 21 日,開出支票#05130,支付購入材料的貨款 20,000 元。

(3) 23 日,開出支票#05131,支付購料的運雜費 1,000 元。

(4) 26 日,收到銷貨款轉帳支票 13,240 元。

(5) 28 日,開出支票#05132,支付公司日常辦公費用 2,500 元。

(6) 30 日,開出支票#05133,支付下半年的房租 9,500 元。

(7) 31 日,銀行存款日記帳的帳面餘額為 241,800 元。

銀行對帳單所列 XYZ 公司 7 月 20 日至月末的經濟業務如下：

（1）20 日，結算 XYZ 公司的銀行存款利息 1,523 元。

（2）22 日，收到 XYZ 公司銷售款轉帳支票 8,800 元。

（3）23 日，收到 XYZ 公司開出的支票#05130，金額為 20,000 元。

（4）25 日，銀行為 XYZ 公司代付水電費 3,250 元。

（5）26 日，收到 XYZ 公司開出的支票#05131，金額為 1,000 元。

（6）29 日，為 XYZ 公司代收外地購貨方匯來的貨款 5,600 元。

（7）31 日，銀行對帳單的存款餘額數為 244,433 元。

要求：根據上述資料，代 XYZ 公司完成以下銀行存款餘額調節表（見表 3-9）的編制。

表 3-9　　　　　　　　　　銀行存款餘額調節表

編製單位：XYZ 公司　　　　20×8 年 7 月 31 日　　　　單位：元

項目	金額	項目	金額
企業銀行存款日記帳餘額	241,800	銀行對帳單餘額	244,433
加：銀行已收企業未收的款項合計	（1）	加：企業已收銀行未收的款項合計	（3）
減：銀行已付企業未付的款項合計	3,250	減：企業已付銀行未付的款項合計	（4）
調節后餘額	（2）	調節后餘額	（5）

39. X 公司為增值稅一般納稅人企業，主要生產和銷售 A 產品和 B 產品，適用的增值稅稅率為 17%，所得稅稅率為 25%，不考慮其他相關稅費。X 公司 20×8 年 10 月發生以下經濟業務：

（1）銷售 A 產品 500 件，單價 80 元，增值稅稅率為 17%，款項已存入銀行。

（2）銷售 B 產品 1,000 件，單價 100 元，增值稅稅率為 17%，款項尚未收回。

（3）預收 B 產品貨款 20,000 元存入銀行。

（4）用現金支付管理人員工資 8,000 元和專設銷售機構的人員工資 5,000 元。

（5）銷售多餘材料 200 千克，單價 25 元，增值稅稅率為 17%，款項已收並存入銀行，該材料單位成本為 20 元。

（6）結轉已銷售的 A、B 產品的實際生產成本，A 產品的單位成本為 50 元，B 產品的單位成本為 70 元。

要求：計算 X 公司 20×8 年 10 月份利潤表的下列報表項目：

（1）營業收入；

（2）營業成本；

（3）營業利潤；

（4）利潤總額；

（5）淨利潤。

40. 甲、乙兩個投資者向某有限責任公司投資，甲投資者投入自產產品一批，雙方確認價值為 180 萬元（假設是公允的），稅務部門認定增值稅為 30.6 萬元，並開具了

增值稅專用發票。乙投資者投入貨幣資金 9 萬元和一項專利技術，貨幣資金已經存入開戶銀行。該專利技術原帳面價值為 128 萬元，預計使用壽命為 16 年，已攤銷 40 萬元，計提減值準備 10 萬元，雙方確認的價值為 80 萬元（假設是公允的）。假定甲、乙兩位投資者投資時均不產生資本公積。兩年后，丙投資者向該公司追加投資，其繳付該公司的出資額為人民幣 176 萬元，協議約定丙投資者享有的註冊資本金額為 130 萬元（假設甲、乙兩個投資者出資額與其在註冊資本中所享有的份額相等，不產生資本溢價）。

要求：根據上述資料完成下列不定項選擇題（單位：萬元）。

(1) 被投資公司收到甲投資者投資時的會計分錄為（   ）。

　　A. 借：庫存商品　　　　　　　　　　　　　　　　　　　180
　　　　　應交稅費——應交增值稅（進項稅額）　　　　　　　30.6
　　　　　　貸：實收資本——甲　　　　　　　　　　　　　　　　　210.6

　　B. 借：庫存商品　　　　　　　　　　　　　　　　　　　180
　　　　　應交稅費——應交增值稅（進項稅額）　　　　　　　30.6
　　　　　　貸：銀行存款　　　　　　　　　　　　　　　　　　　　210.6

　　C. 借：實收資本——甲　　　　　　　　　　　　　　　　210.6
　　　　　　貸：庫存商品　　　　　　　　　　　　　　　　　　　　180
　　　　　　　　應交稅費——應交增值稅（進項稅額）　　　　　　　30.6

　　D. 借：庫存商品　　　　　　　　　　　　　　　　　　　180
　　　　　應交稅費——應交增值稅（進項稅額）　　　　　　　30.6
　　　　　　貸：資本公積——甲　　　　　　　　　　　　　　　　　210.6

(2) 被投資公司收到投資者乙投資時的會計分錄為（   ）。

　　A. 借：銀行存款　　　　　　　　　　　　　　　　　　　9
　　　　　專利資產　　　　　　　　　　　　　　　　　　　80
　　　　　　貸：實收資本——乙　　　　　　　　　　　　　　　　　89

　　B. 借：銀行存款　　　　　　　　　　　　　　　　　　　9
　　　　　無形資產　　　　　　　　　　　　　　　　　　　80
　　　　　　貸：資本溢價——乙　　　　　　　　　　　　　　　　　89

　　C. 借：銀行存款　　　　　　　　　　　　　　　　　　　9
　　　　　無形資產　　　　　　　　　　　　　　　　　　　80
　　　　　　貸：實收資本——乙　　　　　　　　　　　　　　　　　89

　　D. 借：應收帳款　　　　　　　　　　　　　　　　　　　9
　　　　　專利資產　　　　　　　　　　　　　　　　　　　80
　　　　　　貸：實收資本——乙　　　　　　　　　　　　　　　　　89

(3) 被投資公司收到投資者丙投資時的會計分錄為（   ）。

　　A. 借：銀行存款　　　　　　　　　　　　　　　　　　　176
　　　　　　貸：實收資本——丙　　　　　　　　　　　　　　　　　130
　　　　　　　　資本公積——盈餘公積　　　　　　　　　　　　　　46

　　B. 借：銀行存款　　　　　　　　　　　　　　　　　　　176

            貸：實收資本——丙   130
                資本公積——資本溢價   46
    C. 借：銀行存款   176
          貸：實收資本——丙   130
              盈餘公積——資本溢價   46
    D. 借：應收帳款   176
          貸：實收資本——丙   130
              資本公積——資本溢價   46
（4）企業接受投資時涉及的會計科目有（   ）。
    A.「銀行存款」   B.「固定資產」
    C.「無形資產」   D.「庫存商品」
（5）企業追加投資超出註冊資本的部分應計入（   ）。
    A. 實收資本   B. 盈餘公積
    C. 資本公積中的資本溢價   D. 應付利潤

41. 一般納稅人企業於 2011 年 1 月 15 日購入一臺不需要安裝的生產用設備，設備的買價為 10,000 元，增值稅為 1,700 元（增值稅可以抵扣），採購過程中發生運費、保險費 500 元，採購人員差旅費 900 元。設備預計可以使用 10 年，預計淨殘值為 0，採用年限平均法計提折舊。

    要求：根據上述資料完成下列不定項選擇題。
（1）下列各項中，構成設備入帳價值的有（   ）。
    A. 設備買價   B. 增值稅
    C. 保險費   D. 差旅費
（2）該設備的入帳價值為（   ）元。
    A. 10,500   B. 11,700
    C. 11,400   D. 13,100
（3）該設備累計應該計提的折舊總額應該為（   ）元。
    A. 10,500   B. 13,100
    C. 11,400   D. 11,700
（4）2011 年應該計提的折舊額為（   ）元。
    A. 1,050   B. 962.5
    C. 1,045   D. 1,118.3
（5）該設備 2012 年應該計提的折舊額不應該為（   ）元。
    A. 1,050   B. 962.5
    C. 1,045   D. 1,118.3

42. 甲公司為增值稅一般納稅人企業，主要生產和銷售 A 產品，適用增值稅稅率為 17%，所得稅稅率為 25%，假定不考慮其他相關稅費，該公司 20×9 年 11 月份發生以下經濟業務：
（1）對外銷售 A 產品一批，開具增值稅專用發票上說明的售價為 160,000 元，增

值稅稅額為27,200元，商品已發出，款項尚未收回，該批商品成本為100,000元。

（2）對外銷售B產品一批，開具增值稅專用發票上說明的售價為80,000元，增值稅稅額為13,600元，商品已發出，貨款已全部收到並存入銀行，該批商品成本為56,000元。

（3）與運輸公司結算本月商品銷售過程中發生的運輸費5,000元，以銀行存款支付。

（4）以現金支付職工工資45,000元。

（5）對外銷售多餘材料，開具的增值稅上註明售價為10,000元，增值稅額為1,700元，款項尚未收到，該批材料的實際成本為8,000元。

要求：根據上述資料編制相關會計分錄並計算應交所得稅金額。

43. 20×8年1月1日，甲公司從銀行借入資金2,700,000元，借款期限為2年，年利率為7%（每年末付息一次，不計複利，到期還本），所借款項已存入銀行。20×8年1月20日，甲公司用該借款購買不需安裝的生產設備一臺，價款為2,000,000元，增值稅稅額為340,000元，設備於當日投入使用。該設備採用年限平均法計提折舊，預計可使用10年，預計報廢時的淨殘值為50,000元。

要求：（1）編制甲公司借入長期借款的會計分錄。

（2）編制甲公司購入生產設備的會計分錄。

（3）編制甲公司按月計提長期借款利息的會計分錄。

（4）編制甲公司按月計提固定資產折舊的會計分錄。

（5）計算甲公司20×8年12月31日固定資產帳面價值。

44. 乙公司發生如下經濟業務：

（1）乙公司從國內購入一條生產流水線，價款為500萬元，增值稅稅金為85萬元，運輸費和保險費為8萬元，乙公司開出期限為60天的商業承兌匯票一次性支付價稅及運費等593萬元。

（2）流水線運抵乙公司后，乙公司請專業安裝公司進行安裝調試，共通過銀行存款支付2萬元，生產線經過試運行，開始正常生產。

（3）乙公司因遭受水災而毀損一座倉庫，該倉庫原價為400萬元，已計提折舊120萬元，未計提減值準備。

（4）毀損倉庫發生的清理費用1.2萬元，以現金支付。經保險公司核定應賠償損失150萬元，尚未收到賠款。

（5）倉庫清理完畢，結轉相關費用。

要求：請根據上述資料編制相關會計分錄（金額單位為萬元）。

45. 甲公司會計人員在結帳前進行對帳時，發現企業所做的部分帳務處理如下：

（1）按照工程的完工進度結算建造固定資產工程價款130,000元，款項以銀行存款支付，編制的會計分錄為：

借：固定資產   130,000

  貸：庫存現金   130,000

（2）公司發生業務招待費 330,000 元，編制的會計分錄為：
借：財務費用　　　　　　　　　　　　　　　　330,000
　　貸：銀行存款　　　　　　　　　　　　　　　　330,000
（3）用現金支付辦公室人員福利費 39,000 元，編制的會計分錄為：
借：銷售費用　　　　　　　　　　　　　　　　39,000
　　貸：庫存現金　　　　　　　　　　　　　　　　39,000
（4）計提車間生產用固定資產折舊 19,000 元，編制的會計分錄為：
借：管理費用　　　　　　　　　　　　　　　　19,000
　　貸：累計折舊　　　　　　　　　　　　　　　　19,000
（5）用現金應支付的工人工資 300,000 元（已計入應付職工薪酬），編制的會計分錄為：
借：管理費用　　　　　　　　　　　　　　　　300,000
　　貸：庫存現金　　　　　　　　　　　　　　　　300,000
要求：企業原帳務處理均有錯誤，請寫出正確的會計分錄。

46. 某公司 201×年 12 月末結帳前的餘額試算表如表 3-10 所示。

表 3-10　　　　　　　　　　　結帳前餘額試算表
　　　　　　　　　　　　　　　　201×年 12 月　　　　　　　　　　　單位：元

帳戶名稱	借方餘額	貸方餘額
庫存現金	500	
銀行存款	85,000	
應收帳款	45,500	
庫存商品	170,000	
固定資產	200,000	
累計折舊		5,000
短期借款		20,000
應付帳款		50,000
實收資本		200,000
盈餘公積		2,000
利潤分配		8,000
本年利潤		40,000
主營業務收入		206,000
銷售費用	10,000	
管理費用	20,000	
合計	531,000	531,000

月末，該公司會計人員對以下經濟事項進行了結帳處理：
(1) 計提本月辦公用固定資產折舊1,000元。
(2) 結轉本月已售商品成本，共計100,000元。
(3) 結轉本月的損益類帳戶至「本年利潤」帳戶。
(4) 按25%的所得稅稅率計算本月應交所得稅。
(5) 將本月所得稅結轉至「本年利潤」帳戶。
(6) 結轉「本年利潤」帳戶至「利潤分配——未分配利潤」帳戶。

要求：根據上述資料，完成下列該公司12月份的結帳後試算平衡表（見表3－11）的編制。

表3－11　　　　　　　　　　　結帳后餘額試算表
201×年12月　　　　　　　　　　單位：元

帳戶名稱	借方餘額	貸方餘額
庫存現金	500	
銀行存款	85,000	
應收帳款	(1)	
庫存商品	(2)	
固定資產	200,000	
累計折舊		6,000
短期借款		20,000
應付帳款		50,000
應交稅費		(3)
實收資本		200,000
盈餘公積		2,000
利潤分配		(4)
合計		(5)

47. 某企業201×年8月發生的經濟業務及登記的總分類帳和明細分類帳如下：

(1) 4日，向A企業購入甲材料1,000千克，單價為17元，價款為17,000元；購入乙材料2,500千克，單價為9元，價款為22,500元。貨物已驗收入庫，款項39,500元尚未支付（不考慮增值稅，下同）。

(2) 8日，向B企業購入甲材料2,000千克，單價為17元，價款為34,000元，貨物已驗收入庫，款項尚未支付。

(3) 13日，生產車間為生產產品領用材料，其中領用甲材料1,400千克，單價為17元，價值為23,800元；領用乙材料3,000千克，單價為9元，價值為27,000元。

(4) 23日，向A企業償還前欠貨款20,000元，向B企業償還前欠貨款40,000元，用銀行存款支付。

(5) 26 日，向 A 企業購入乙材料 1,600 千克，單價為 9 元，價款 144,00 元已用銀行存款支付，貨物同時驗收入庫。

要求：根據上述資料，完成表 3-12 的編制。

表 3-12　　　　　　　　　　原材料明細分類帳

明細科目：甲材料　　　　　　　　　　　　　　原材料數量單位：千克　金額單位：元

201×年		憑證編號	摘要	收入			發出			結存		
月	日			數量	單價	金額	數量	單價	金額	數量	單價	金額
8	1		月初餘額							400	17	6,800
	4	略	購入材料	1,000	17	(1)				1,400	17	23,800
	8		購入材料	2,000	17	34,000				(2)	17	(3)
	13		領用材料				1,400	17	23,800	2,000	17	34,000
	31		合計	3,000	17	51,000	(4)	17	(5)	2,000	17	34,000

48. 某公司各帳戶的期初餘額、本期發生額及期末餘額如表 3-13 所示。

表 3-13　　　　某公司各帳戶期初餘額、本期發生額及期末餘額　　　　單位：元

帳戶名稱	期初餘額		本期發生額		期末餘額	
	借方	貸方	借方	貸方	借方	貸方
預收帳款		15,000	6,000	9,000		(1)
預付帳款	25,000		10,000	(2)	5,000	
應付帳款		(3)	14,000	12,000		40,000
應收帳款	70,000		40,000	(4)	80,000	
應收帳款——C 公司	10,000		10,000	15,000	(5)	
應收帳款——D 公司	60,000		30,000	15,000	75,000	

要求：根據上表中各帳戶的已知數據計算每個帳戶未知數據。

49. 某公司適用的企業所得稅稅率為 25%，該公司 201×年的收入和費用有關資料如表 3-14 所示。

表 3-14　　　　　　　某公司 201×年的收入和費用資料　　　　　　單位：元

帳戶名稱	借方發生額	貸方發生額
主營業務收入		650,000
其他業務收入		85,000
營業外收入		3,500
投資收益		11,800
主營業務成本	370,000	
其他業務成本	41,000	

表3-14(續)

帳戶名稱	借方發生額	貸方發生額
稅金及附加	7,800	
銷售費用	12,000	
管理費用	23,000	
財務費用	3,500	
資產減值損失	4,500	
營業外支出	8,000	

要求：請計算該公司201×年度得利潤表中下列項目的金額：

(1) 營業收入；

(2) 營業成本；

(3) 營業利潤；

(4) 利潤總額；

(5) 淨利潤。

50. 某公司201×年12月最後三天的銀行存款日記帳和銀行對帳單的有關記錄如表3-15和表3-16所示。

表3-15　　　　　銀行存款日記帳記錄

日期	摘要	金額（元）
12月29日	因銷售商品收到98#轉帳支票一張	15,000
12月29日	開出78#現金支票一張	1,000
12月30日	收到A公司交來的355#轉帳支票一張	3,800
12月30日	開出105#轉帳支票以支付貨款	11,700
12月31日	開出106#轉帳支票支付明年報刊訂閱費	500
	月末餘額	153,200

表3-16　　　　　銀行對帳單記錄（假定銀行記錄無誤）

日期	摘要	金額（元）
12月29日	支付78#現金支票	1,000
12月30日	收到98#轉帳支票	15,000
12月30日	收到托收的貨款	25,000
12月30日	支付105#轉帳支票	11,700
12月31日	結帳銀行結算手續費	100
	月末餘額	174,800

要求：代該公司完成下列錯帳更正后的銀行存款餘額調節表（見表 3-17）的編制。

表 3-17　　　　　　　　　　銀行存款餘額調節表

編製單位：某公司　　　　　　201×年 12 月 31 日　　　　　　　　　　單位：元

項目	金額	項目	金額
企業銀行存款日記帳餘額		銀行對帳餘額	
加：銀行已收，企業未收的款項合計	（1）	加：企業已收，銀行未收的款項合計	（3）
減：銀行已付，企業未付的款項合計	（2）	減：企業已付，銀行未付的款項合計	（4）
調節后餘額		調節后餘額	（5）

51. 某月末，A 公司有關帳戶的資料如表 3-18 所示。

表 3-18　　　　　　　　　A 公司有關帳戶資料　　　　　　　　　單位：元

會計科目	期初餘額 借方	期初餘額 貸方	本期發生額 借方	本期發生額 貸方	期末餘額 借方	期末餘額 貸方
銀行存款	（1）		5,000	3,000	12,000	
應收帳款	33,000		（2）	12,000	36,000	
預付帳款	15,000		20,000	（3）	25,000	
預收帳款		100,000	（4）	50,000		110,000
應付帳款		40,000	15,000	（5）		55,000

要求：完成表 3-18 的編制。

52. 某諮詢公司於 2014 年 4 月 1 日與客戶簽訂了一項諮詢合同，合同規定，諮詢期 2 年，諮詢費為 300,000 元，客戶分三次支付，第一期在項目開始時支付，第二期在項目中期支付，第三期在項目結束時支付。估計總成本 180,000 元（假定用銀行存款支付），假定成本估計十分準確，不會發生變化，按已發生成本占估計總成本的比例確定該勞務的完工程度。成本發生的情況如表 3-19 所示。

表 3-19　　　　　　　　2014—2016 年成本發生情況　　　　　　　　單位：元

年度	2014 年	2015 年	2016 年	合計
發生的成本	67,500	90,000	22,500	180,000

要求：按完工百分法確定各年的收入、成本並編制以下相關業務的會計分錄。
（1）編制收到第一期諮詢費 10 萬元的會計分錄。
（2）編制 2014 年實際發生成本的會計分錄。
（3）計算 2014 年應確認的收入。
（4）計算 2014 年應確認的成本。

(5) 計算 2015 年應確認的收入。

53. 某公司 201×年 6 月 30 日收到的銀行對帳單的餘額為 67,000 元,與銀行存款日記帳的餘額不符。經核對,公司與銀行均無記帳錯誤,但是發現有如下未達帳項:

(1) 6 月 28 日,公司開出一張金額為 15,800 元轉帳支票用於支付供貨方貨款,但供貨方尚未持該支票到銀行兌現。

(2) 6 月 29 日,公司送存銀行的某客戶轉帳支票 4,200 元,因對方存款不足而被退票,而公司未接到通知。

(3) 6 月 30 日,公司當月的水電費用 1,300 元銀行已代為支付,但公司未接到付款通知而尚未入帳。

(4) 6 月 30 日,銀行計算應付給公司的利息 360 元,銀行已入帳,而公司尚未收到收款通知。

(5) 6 月 30 日,公司委託銀行代收的款項 11,000 元,銀行已轉入公司的存款戶,但公司尚未收到通知入帳。

(6) 6 月 30 日,公司收到購貨方轉帳支票一張,金額為 7,900 元,已經送存銀行,但銀行尚未入帳。

要求:假定該公司與銀行的存款餘額調整后核對相符,請代該公司完成以下銀行存款餘額調節表(見表 3-30)編制。

表 3-30　　　　　　　　　　銀行存款餘額調節表
編製單位:某公司　　　　　　　201×年 6 月 30 日　　　　　　　單位:元

項目	金額	項目	金額
銀行存款日記帳餘額	(1)	銀行對帳單餘額	(5)
加:銀行已收企業未收的款項合計	(2)	加:企業已收銀行未收的款項合計	(6)
減:銀行已付企業未付的款項合計	(3)	減:企業已付銀行未付的款項合計	(7)
調節后的餘額	(4)	調節后的餘額	(8)

54. 某公司 201×年 8 月 31 日結帳前的餘額試算表如表 3-21 所示,由於存在若干錯誤,故該表借貸不平衡。

表 3-21　　　　　　　　　　結帳前餘額試算表
　　　　　　　　　　　　　　201×年 8 月 31 日　　　　　　　　單位:元

帳戶名稱	借方餘額	貸方餘額
庫存現金	500	
銀行存款	10,460	
應收帳款	3,870	
庫存商品	5,970	

表3-21（續）

帳戶名稱	借方餘額	貸方餘額
原材料	3,206	
固定資產	11,370	
短期借款		12,000
應付帳款		7,374
實收資本		20,000
主營業務收入		8,430
主營業務成本	4,000	
銷售費用	2,210	
管理費用	3,910	
合計	45,496	47,804

經核對日記帳及分類帳發現以下錯誤：
(1) 用銀行存款支付電話費214元，誤記為124元。
(2) 賒銷商品一批，計1,334元，過帳時誤記入「應付帳款」帳戶貸方。
(3) 從銀行存款戶中支付短期借款利息100元，誤作為歸還短期借款1,000元。
(4) 用銀行存款支付本月電費157元，過帳時管理費用帳戶借記517元。
(5) 購入辦公用的複印機一臺，價值3,400元，誤作為庫存商品登記入帳。

要求：會計人員對所發現的錯帳分別進行了更正，請代該公司完成下列錯帳更正之后的試算平衡表（見表3-22）的編制。

表3-22　　　　　　　　　　結帳前餘額試算平衡表

　　　　　　　　　　　　　201×年8月31日　　　　　　　　　　　單位：元

帳戶名稱	借方餘額	貸方餘額
庫存現金	(1)	
銀行存款	(2)	
應收帳款	(3)	
庫存商品	(4)	
原材料	(5)	
固定資產	(6)	
短期借款		(7)
應付帳款		(8)
實收資本		20,000
主營業務收入		8,430

表3-22(續)

帳戶名稱	借方餘額	貸方餘額
主營業務成本	4,000	
銷售費用	(9)	
管理費用	(10)	
財務費用	(11)	
合計	(12)	(12)

55. 某公司201×年12月31日結帳前的餘額試算平衡表如表3-23所示，由於存在若干錯誤，故該表借貸不平衡。

表3-23　　　　　　　　　結帳前餘額試算表
　　　　　　　　　　　　201×年12月31日　　　　　　　　　單位：元

帳戶名稱	借方餘額	貸方餘額
庫存現金	300	
銀行存款	86,680	
應收帳款	47,150	
庫存商品	24,900	
原材料	107,000	
固定資產	355,000	
累計折舊		15,500
短期借款		15,000
應付帳款		35,050
實收資本		400,000
盈餘公積		21,630
利潤分配		60,250
主營業務收入		134,000
主營業務成本	49,500	
銷售費用	8,900	
管理費用	15,900	
合計	695,330	681,430

經核對日記帳及分類帳發現以下錯誤：

（1）從銀行提取現金530元備用，誤記為350元。

（2）賒購材料一批，計6,500元，過帳時誤記為「應付帳款」帳戶借方。

（3）虛記一筆賒銷商品業務，金額為 15,000 元。

（4）通過銀行轉帳對外捐款 4,500 元，過帳時誤記入「管理費用」帳戶借方 5,400元。

（5）漏記辦公用設備的折舊費 2,500 元。

要求：會計人員對所發現的錯帳分別進行了更正，請代該公司完成下列錯帳更正之后的試算平衡表（見表3-24）的編制。

表 3-24　　　　　　　　　　結帳前餘額試算平衡表

201×年12月31日　　　　　　　　　　單位：元

帳戶名稱	借方餘額	貸方餘額
庫存現金	（1）	
銀行存款	（2）	
應收帳款	（3）	
庫存商品	24,900	
原材料	107,000	
固定資產	（4）	
累計折舊		（5）
短期借款		15,000
應付帳款		（6）
實收資本		400,000
盈餘公積		21,630
利潤分配		（7）
主營業務收入		（8）
主營業務成本	49,500	
銷售費用	8,900	
管理費用	（9）	
營業外支出	（10）	
合計	（11）	（12）

56. 某公司 201×年12月的試算平衡表如表3-25 所示，請根據試算平衡原理，在標號后的空格內填上正確的數字，使試算平衡表平衡。

表 3-25　　　　　　　　　　試算平衡表

201×年12月　　　　　　　　　　單位：元

會計科目	期初餘額		本期發生額		期末餘額	
	借方	貸方	借方	貸方	借方	貸方
庫存現金	（1）		500	300	680	

表3-25(續)

會計科目	期初餘額 借方	期初餘額 貸方	本期發生額 借方	本期發生額 貸方	期末餘額 借方	期末餘額 貸方
銀行存款	76,500		(2)	12,500	(3)	
應收帳款	32,100		(4)		60,600	
庫存商品	80,700		20,000	(5)	70,700	
固定資產	225,000				225,000	
累計折舊		5,000		1,500		(6)
短期借款		30,000				30,000
應付帳款		50,000		(7)		60,000
實收資本		250,000				250,000
利潤分配		79,780		(8)		(9)
合計	414,780	414,780	(10)	79,000	(11)	(12)

57. 某公司為增值稅一般納稅人企業，主要生產和銷售甲產品，適用的增值稅稅率為17%，所得稅稅率為25%，城建稅和教育費附加略。該公司201×年7月發生以下業務：

（1）對外銷售甲產品1,000件，單價400元，增值稅稅率17%，對方以商業匯票結算。

（2）通過銀行轉帳支付上述甲產品運雜費3,000元。

（3）結轉已銷售的甲產品的實際生產成本，甲產品單位成本為250元。

（4）通過銀行轉帳向紅十字會捐贈5,000元。

（5）出租一固定資產的使用權，一次性收取7～12月的租金收入，每月2,000元，共計12,000元。

（6）從銀行提取現金，支付生產工人工資30,000元，車間管理人員工資5,000元，行政管理人員工資8,000元，專設銷售機構的人員工資3,000元。

要求：計算該公司201×年7月份利潤表的下列報表項目金額：

（1）營業收入；

（2）營業成本；

（3）營業利潤；

（4）利潤總額；

（5）所得稅費用；

（6）淨利潤。

58. 某公司201×年的簡式利潤表和註冊會計師審計後發現登記記帳憑證時存在的錯誤如表3-26所示。

表 3-26　　　　　　　　　　錯誤更正前的簡式利潤表
編製單位：某公司　　　　　　　　201×年度　　　　　　　　　　單位：元

項目	行次	本年金額	上年金額
一、營業收入		1,580,000	略
減：營業成本		840,000	
稅金及附加		150,000	
銷售費用		100,000	
管理費用		200,000	
財務費用		11,000	
二、營業利潤（損失以「-」填列）		280,000	
加：營業外收入		8,000	
減：營業外支出		4,000	
三、利潤總額（損失以「-」填列）		284,000	
減：所得稅費用		71,000	
四、淨利潤（虧損以「-」填列）		213,000	

（1）有一筆產品銷售業務，結轉的銷售成本為 50,000 元，而實際應結轉的銷售成本是 55,000 元，少結轉成本 5,000 元。

（2）漏記一筆借款利息 1,000 元，導致少計財務費用 1,000 元。

（3）將一筆 210,000 元的銷售收入誤記為 120,000 元，少計收入 90,000 元（假定該銷售收入收到銀行存款）。

要求：編製正確的簡式利潤表（見表 3-27）（假定適用的所得稅稅率為 25%，不存在任何納稅調整事項）。

表 3-27　　　　　　　　　　正確的簡式利潤表
編製單位：某公司　　　　　　　　201×年度　　　　　　　　　　單位：元

項目	行次	本年金額	上年金額
一、營業收入		(1)	略
減：營業成本		(2)	
稅金及附加		150,000	
銷售費用		100,000	
管理費用		200,000	
財務費用		10,000	
二、營業利潤（損失以「-」填列）		(3)	
加：營業外收入		8,000	

表3-27(續)

項目	行次	本年金額	上年金額
減：營業外支出		4,000	
三、利潤總額（損失以「-」填列）		（4）	
減：所得稅費用		（5）	
四、淨利潤（虧損以「-」填列）		（6）	

59. 已知某公司201×年年初總資產比201×年年末總資產少100,000元，年末流動資產是年末流動負債的3倍，且比年初流動資產多20,000元。該公司201×年年末的資產負債表（簡表）如表3-28所示。

表3-28　　　　　　　　　　資產負債表（簡表）

201×年12月31日

帳戶名稱	年初數	年末數	帳戶名稱	年初數	年末數
流動資產：			流動負債：		
貨幣資金	52,500	47,200	短期借款	20,000	50,000
應收帳款	26,500	（1）	應付帳款	22,500	（9）
其他應收款	1,000	1,500	應交稅費	（10）	6,500
存貨	（2）	233,800	流動負債合計	（11）	122,000
流動資產合計	（3）	（4）	非流動負債：		
非流動資產：			長期借款	180,000	200,000
固定資產	（5）	（6）	所有者權益：		
			實收資本	300,000	300,000
			盈餘公積	18,000	（12）
			所有者權益合計	（13）	（14）
資產總計	（7）	（8）	負債及所有者權益合計	550,000	（15）

要求：請計算表3-28括號中的數據。

60. 某公司201×年9月30日有關總帳和明細帳戶的餘額如表3-29所示。

表3-29　　某公司201×年9月30日有關總帳和明細帳戶的餘額　　　單位：元

帳戶	借或貸	餘額	負債和所有者權益帳戶	借或貸	餘額
庫存現金	借	2,000	短期借款	貸	134,100
銀行存款	借	900,000	應付帳款	貸	70,000
其他貨幣資金	借	80,000	——丙企業	貸	93,000

表3-29(續)

帳戶	借或貸	餘額	負債和所有者權益帳戶	借或貸	餘額
應收帳款	借	70,000	——丁企業	借	23,000
——甲公司	借	82,000	預收帳款	貸	15,500
——乙公司	貸	12,000	——C公司	貸	15,500
壞帳準備	貸	3,000	應交稅費	貸	48,000
預付帳款	借	37,500	長期借款	貸	350,000
——A公司	借	32,200	應付債券	貸	582,500
——B公司	借	5,300	其中：一年到期的應付債券	貸	22,500
原材料	借	873,800	長期應付款	貸	175,000
生產成本	借	276,000	實收資本	貸	4,123,000
庫存商品	借	93,000	資本公積	貸	117,000
存貨跌價準備	貸	57,000	盈餘公積	貸	49,500
固定資產	借	2,950,000	利潤分配	貸	2,000
累計折舊	貸	8,300	——未分配利潤	貸	2,000
無形資產	借	490,600	本年利潤	貸	38,000
合計		5,704,600	合計		5,704,600

要求：計算該公司201×年9月末資產負債表的下列報表項目金額。

(1) 貨幣資金；
(2) 應收帳款；
(3) 預付帳款；
(4) 存貨；
(5) 流動資產合計；
(6) 固定資產；
(7) 非流動資產合計；
(8) 資產合計；
(9) 應付帳款；
(10) 預收帳款；
(11) 流動負債合計；
(12) 應付債券；
(13) 負債合計；
(14) 未分配利潤；
(15) 所有者權益合計。

61. 某公司201×年12月初有關帳戶的餘額如表3-30所示。

表3-30　　　　　　　某公司201×年12月初有關帳戶餘額　　　　　　　單位：元

帳戶名稱	借方餘額	帳戶名稱	貸方餘額
庫存現金	450	短期借款	10,000
銀行存款	41,700	累計折舊	5,500
交易性金融資產	10,000	壞帳準備	1,500
應收帳款	46,500	應交稅費	7,800
庫存商品	51,850	應付帳款	68,700
固定資產	289,000	實收資本	400,000
在建工程	75,000	未分配利潤	21,000
合計	514,500	合計	514,500

該公司12月份發生以下經濟業務：

（1）對外銷售商品500件，每件售價60元，每件成本35元，增值稅稅率為17%，款項已收，存入銀行。

（2）向外地單位採購商品一批，增值稅專用發票列明的價款為25,000元，增值稅為4,250元，貨已入庫，款未付。

（3）從銀行存款戶中支付本月借款利息200元。

（4）收到轉帳支票支付貨款18,000元，存入銀行。

（5）開出轉帳支票支付前欠外單位貨款20,000元。

要求：請根據上述資料，計算該公司201×年12月31日資產負債表中下列報表項目的期末數。

（1）貨幣資金；

（2）應收帳款；

（3）存貨；

（4）流動資產合計；

（5）固定資產；

（6）在建工程；

（7）非流動資產合計；

（8）資產合計；

（9）應付帳款；

（10）短期借款；

（11）應交稅費；

（12）負債合計；

（13）未分配利潤；

（14）所有者權益合計；

（15）負債及所有者權益合計。

62. 某公司適用的所得稅稅率為25%。該公司201×年1～11月各損益類帳戶的累

計發生額和 12 月底轉帳前各損益類帳戶的發生額如表 3-31 所示。

表 3-31　　　　201×年 1~11 月各損益類帳戶的累計發生額和
　　　　　　　12 月底轉帳前各損益類帳戶發生額　　　　單位：元

帳戶名稱	12月份發生額 借方	12月份發生額 貸方	1~11月累計發生額 借方	1~11月累計發生額 貸方
主營業務收入		80,000		670,000
主營業務成本	20,000		250,000	
銷售費用	8,000		80,000	
稅金及附加	2,000		20,000	
其他業務成本	15,000		50,000	
營業外支出	1,000		2,000	
財務費用	500		6,000	
管理費用	25,000		260,000	
其他業務收入		38,000		130,000
營業外支出		1,500		8,000
投資收益		5,000		

要求：代該公司完成以下 201×年度利潤表（見表 3-32）的編制。

表 3-32　　　　　　　　　利潤表
編製單位：某公司　　　　201×年度　　　　　　　　單位：元

項目	行次	本年金額	上年金額
一、營業收入		(1)	略
減：營業成本		(2)	
稅金及附加		22,000	
銷售費用		88,000	
管理費用		285,000	
財務費用		6,500	
加：投資收益		5,000	
二、營業利潤（損失以「-」填列）		(3)	
加：營業外收入		9,500	
減：營業外支出		3,000	
三、利潤總額（損失以「-」填列）		(4)	
減：所得稅費用		(5)	
四、淨利潤（虧損以「-」填列）		(6)	

63. 某公司 201×年 12 月銀行存款日記帳與銀行對帳單在 28 日以后的資料如表

3-33 和表 3-34 所示（假定雙方在 28 日以前的記錄均正確，而 28 日之后銀行對帳單的記錄無誤）。

表 3-33　　　　　　　　　銀行存款日記帳的帳面記錄　　　　　　　單位：元

日期	摘要	金額
29 日	開出轉帳支票#0241，用以付購料款	6,800
30 日	收到購貨方轉帳支票#0860，存入銀行	6,500
30 日	職工張某預借差旅費，以現金支票#0052 支付	5,000
31 日	開出轉帳支票#0242，以支付審計費用	10,000
31 日	收到銷貨方轉帳支票#0098	3,300
	銀行存款日記帳帳面餘額	198,500

表 3-34　　　　　　　　　　銀行對帳單記錄　　　　　　　　　　單位：元

日期	摘要	金額
30 日	轉帳支票#0241	8,600
31 日	存入轉帳支票#0860	6,500
31 日	1 年期銀行貸款到帳	200,000
31 日	扣除當月銀行手續費	300
	銀行對帳單餘額	408,100

要求：公司在更正錯帳後編制了以下銀行存款餘額調節表（見表 3-35），請完成表中有關項目的填列。

表 3-35　　　　　　　　　　銀行存款餘額調節表

編製單位：某公司　　　　　　　201×年 12 月 31 日　　　　　　　單位：元

項目	金額	項目	金額
企業銀行存款日記帳餘額	(1)	銀行對帳單餘額	(5)
加：銀行已收企業未收的款項合計	(2)	加：企業已收銀行未收的款項合計	(6)
減：銀行已付企業未付的款項合計	(3)	減：企業已付銀行未付的款項合計	(7)
調節後餘額	(4)	調節後餘額	(8)

64. 某公司適用的企業所得稅稅率為 25%，該公司 201×年 11 月份的利潤表如表 3-36 所示。

表 3-36　　　　　　　　　　利潤表（簡表）

編製單位：某公司　　　　　　　201×年 11 月　　　　　　　　　單位：元

項目	本期金額	本年累計金額
一、營業收入	略	2,985,000

表3-36(續)

項目	本期金額	本年累計金額
減：營業成本		1,500,000
稅金及附加		88,000
銷售費用		210,000
管理費用		350,000
財務費用		4,000
資產減值損失		3,000
二、營業利潤（損失以「-」號填列）		830,000
加：營業外收入		3,000
減：營業外支出		8,000
三、利潤總額（損失以「-」號填列）		825,000
減：所得稅費用		206,250
四、淨利潤（虧損以「-」號填列）		618,750

該公司12月份發生以下經濟業務：

（1）對外銷售甲商品3,500件，單價68元，增值稅稅率為17%，已辦妥銀行托收貨款手續。

（2）經批准處理財產清查中的帳外設備一臺，估計原價為10,000元，七成新。

（3）計算分配本月應付職工工資共計40,000元。其中，管理部門25,000元，專設銷售機構人員工資15,000元。

（4）計提本月辦公用固定資產折舊1,200元。

（5）結轉已銷售的3,500件甲商品的銷售成本140,000元。

（6）將本月實現的損益結轉至「本年利潤」帳戶。

要求：根據上述資料，填寫表3-37中（1）~（5）的金額。

表3-37　　　　　　　　　　利潤表（簡表）

編製單位：某公司　　　　　　201×年12月　　　　　　　　　單位：元

項目	本年金額	上年金額
一、營業收入	（1）	略
減：營業成本		
稅金及附加		
銷售費用		
管理費用	（2）	
財務費用		
資產減值損失		

項目	本年金額	上年金額
二、營業利潤（損失以「-」號填列）	（3）	
加：營業外收入	10,000	
減：營業外支出	8,000	
三、利潤總額（損失以「-」號填列）	（4）	
減：所得稅費用		
四、淨利潤（虧損以「-」號填列）	（5）	

65. XYZ 公司 201×年 9 月 20 日至月末的銀行存款日記帳所記錄的經濟業務如下：

（1）20 日，收到銷貨款轉帳支票 6,500 元。

（2）21 日，開出支票#0130，用於支付購入材料的貨款 12,000 元。

（3）23 日，開出支票#0131，用於購料的運雜費 2,500 元。

（4）26 日，收到銷貨款轉帳支票 3,200 元。

（5）28 日，開出支票#0132，支付公司日常辦公費用 4,800 元。

（6）30 日，開出支票#0133，支付下半年的房租 24,000 元。

（7）30 日，銀行存款日記帳的帳面餘額為 168,000 元。

銀行對帳單所列 XYZ 公司 9 月 20 日至月末的經濟業務如下：

（1）20 日，收到 XYZ 公司的銀行存款利息 1,523 元。

（2）22 日，收到銷售款轉帳支票 6,500 元。

（3）23 日，收到 XYZ 公司開出的支票#0130，金額為 12,000 元。

（4）25 日，銀行為 XYZ 公司代付水電費 2,900 元。

（5）26 日，收到 XYZ 公司開出的支票#0131，金額為 2,500 元。

（6）29 日，為 XYZ 公司代收外地購貨方匯來的貨款 10,600 元。

（7）30 日，銀行對帳單的存款餘額為 202,823 元。

要求：根據資料，填寫如下銀行存款餘額調節表（見表 3-38）。

表 3-38　　　　　　　　　　　銀行存款餘額調節表

編製單位：XYZ 公司　　　　201×年 9 月 30 日　　　　　　　　單位：元

項目	金額	項目	金額
企業銀行存款日記帳餘額	168,000	銀行對帳單餘額	202,823
加：銀行已收企業未收的款項	（1）	加：企業已收銀行未收的款項	3,200
減：銀行已付企業未付的款項	（2）	減：企業已付銀行未付的款項	（4）
調節后的餘額	（3）	調節后的餘額	（5）

66. 甲公司 201×年 2 月份發生下列經濟業務：

（1）基本生產車間為生產產品領用材料 6,000 元。

（2）分配工資 21,000 元，其中生產工人工資 15,000 元，車間管理人員工資 6,000 元。

（3）計提車間設備的折舊 5,000 元。

（4）結轉製造費用 7,000 元，計入生產成本。

（5）結轉完工產品成本 18,000 元。

要求：請根據上述資料編制相關會計分錄。

67. X 公司 201×年 9 月 30 日有關總帳和明細帳戶餘額如表 3-39 所示。

表 3-39　　　　　　　　　　總帳和明細帳戶餘額表　　　　　　　　單位：元

資產帳戶	借或貸	餘額	負債和所有者權益帳戶	借或貸	餘額
庫存現金	借	4,800	短期借款	貸	160,000
銀行存款	借	218,000	應付帳款	貸	52,000
其他貨幣資金	借	69,000	——丙企業	貸	75,000
應收帳款	借	80,000	——丁企業	借	23,000
——甲企業	借	120,000	預收帳款	貸	5,500
——乙企業	貸	40,000	——C 公司	貸	5,500
壞帳準備	貸	1,000	應繳稅費	貸	14,500
預付帳款	借	12,000	長期借款	貸	200,000
——A 公司	貸	3,000	應付債券	貸	230,000
——B 公司	借	15,000	一年到期的應付債券	貸	30,000
原材料	借	46,700	長期應付款	貸	100,000
生產成本	借	90,000	實收資本	貸	1,500,000
庫存商品	借	60,000	資本公積	貸	110,000
存貨跌價準備	貸	2,100	盈餘公積	貸	48,100
固定資產	借	148,000	利潤分配	貸	1,900
累計折舊	貸	6,500	——未分配利潤	貸	1,900
無形資產	借	402,800	本年利潤	貸	36,700
資產合計		2,458,700	負債和所有者權益合計		2,458,700

要求：計算 X 公司 201×年 9 月末資產負債表的下列報表項目金額：

（1）預付帳款；

（2）存貨；

（3）應付帳款；

（4）流動負債；

（5）所有者權益。

68. 甲公司 12 月份發生以下經濟業務：

（1）提取現金 500 元備用。

（2）採購商品一批，增值稅專用發票列示的價款為 10,000 元，增值稅為 1,700

247

元，貨已入庫，款未付。

（3）銷售商品1,000件，每件售價100元，每件成本50元，增值稅稅率為17%，款項已收，存入銀行。

（4）從銀行存款帳戶中歸還短期借款17,000元以及本月借款利息180元。

（5）收到其他單位所欠貨款30,000元，存入銀行。

要求：根據上述資料編制甲公司上述業務的會計分錄。

69. 某公司201×年1月1日向銀行借入一筆生產經營用短期借款，共計600,000元，期限為9個月，年利率為5%，根據與銀行簽署的借款協議，該項借款的本金到期後一次歸還，利息分月預提，按季支付。

要求：

（1）編制甲公司借入短期借款的會計分錄。

（2）計算甲公司按月計提利息的金額。

（3）編制甲公司1月末計提利息的會計分錄。

（4）編制甲公司3月末支付第一季度銀行借款利息的會計分錄。

（5）編制甲公司9月末償還借款本金及第三季度銀行借款利息的會計分錄。

【參考答案】

1.（1）購入材料時：

借：原材料	100,000
應交稅費——應交增值稅——進項稅額	17,000
貸：應付帳款——A公司	117,000

（2）以銀行存款支付購料款時：

借：應付帳款——A公司	117,000
貸：銀行存款	117,000

（3）支付電費時：

借：製造費用——電費	42,000
管理費用——電費	16,000
貸：銀行存款	58,000

（4）預收B公司貨款時：

借：銀行存款	100,000
貸：預收帳款	100,000

（5）A公司發貨並收回餘款時：

借：銀行存款	134,000
預收帳款	100,000
貸：主營業務收入	200,000
應交稅費——應交增值稅——銷項稅額	34,000

2.（1）提現時：

借：庫存現金	1,000

貸：銀行存款　　　　　　　　　　　　　　　　　　　　　1,000
（2）購進材料時：
借：原材料　　　　　　　　　　　　　　　　　　　　　　　5,000
　　應交稅費——應交增值稅（進項稅額）　　　　　　　　　　 850
　　貸：應付帳款——黃海工廠　　　　　　　　　　　　　　 5,850
（3）賒銷產品時：
借：應收帳款——廣豐工廠　　　　　　　　　　　　　　　117,000
　　貸：主營業務收入——C產品　　　　　　　　　　　　　100,000
　　　　應交稅費——應交增值稅（銷項稅額）　　　　　　　17,000
（4）借支差旅費時：
借：其他應收款——張三　　　　　　　　　　　　　　　　　 500
　　貸：庫存現金　　　　　　　　　　　　　　　　　　　　　 500
（5）領用材料時：
借：生產成本——B產品　　　　　　　　　　　　　　　　　3,000
　　　製造費用　　　　　　　　　　　　　　　　　　　　　　 500
　　貸：原材料—乙材料　　　　　　　　　　　　　　　　　 3,500
（6）賒銷產品時：
借：應收帳款——吉潤公司　　　　　　　　　　　　　　　 23,400
　　貸：主營業務收入——D產品　　　　　　　　　　　　　 20,000
　　　　應交稅費——應交增值稅（銷項稅額）　　　　　　　 3,400
（7）購進丙材料時：
借：在途物資——丙材料　　　　　　　　　　　　　　　　 8,000
　　應交稅費——應交增值稅（進項稅額）　　　　　　　　 1,360
　　貸：應付帳款——華東公司　　　　　　　　　　　　　 9,360
（8）收到前欠貨款時：
借：銀行存款　　　　　　　　　　　　　　　　　　　　 117,000
　　貸：應收帳款——廣豐工廠　　　　　　　　　　　　 117,000
（9）支付前欠貨款時：
借：應付帳款——華東公司　　　　　　　　　　　　　　 9,360
　　貸：銀行存款　　　　　　　　　　　　　　　　　　　 9,360
（10）購置電腦時：
借：固定資產　　　　　　　　　　　　　　　　　　　　 8,000
　　應交稅費——應交增值稅（進項稅額）　　　　　　　 1,360
　　貸：銀行存款　　　　　　　　　　　　　　　　　　　 9,360
科目匯總表中空格計算如下：
[1] 銀行存款貸方發生額＝（1）1,000＋（9）9,360＋（10）9,360＝19,720（元）
[2] 應收帳款借方發生額＝（3）117,000＋（6）23,400＝140,400（元）

[3] 主營業務收入貸方發生額 =（3）100,000 +（6）20,000 = 120,000（元）

[4] 應交稅費借方發生額 =（2）850 +（7）1,360 +（10）1,360 = 3,570（元）

[5] 應付帳款貸方發生額 =（2）5,850 +（7）9,360 = 15,210（元）

3.（1）2009 年尚未試行營業稅改徵增值稅，運雜費 25,000 元中的運費 20,000 元可以按 7% 抵扣作為進項稅。

原材料成本 = 500,000 + 25,000 − 20,000 × 7% = 523,600（元）

進項稅額 = 85,000 + 20,000 × 7% = 86,400（元）

借：原材料　　　　　　　　　　　　　　　　　　　　　523,600
　　應交稅費——應交增值稅（進項稅額）　　　　　　　　86,400
　　貸：銀行存款　　　　　　　　　　　　　　　　　　　610,000

（2）免稅農產品可以按收購價的 13% 計算抵扣作為進項稅額。

原材料成本 = 120,000 − 120,000 × 13% = 104,400（元）

進項稅額 = 120,000 × 13% = 15,600（元）

借：原材料　　　　　　　　　　　　　　　　　　　　　104,400
　　應交稅費——應交增值稅（進項稅額）　　　　　　　　15,600
　　貸：銀行存款　　　　　　　　　　　　　　　　　　　120,000

（3）銷售產成品時：

借：銀行存款　　　　　　　　　　　　　　　　　　　1,404,000
　　貸：主營業務收入　　　　　　　　　　　　　　　　1,200,000
　　　　應交稅費——應交增值稅（銷項稅額）　　　　　　204,000

（4）捐贈產成品時：

借：營業外支出——捐贈支出　　　　　　　　　　　　　97,000
　　貸：庫存商品　　　　　　　　　　　　　　　　　　　80,000
　　　　應交稅費——應交增值稅（銷項稅額）　　　　　　17,000

（5）在建工程領用材料時：

借：在建工程　　　　　　　　　　　　　　　　　　　　35,100
　　貸：原材料　　　　　　　　　　　　　　　　　　　　30,000
　　　　應交稅費——應交增值稅（進項稅額轉出）　　　　5,100

4.（1）借入長期借款時：

借：銀行存款　　　　　　　　　　　　　　　　　　　2,700,000
　　貸：長期借款　　　　　　　　　　　　　　　　　　2,700,000

（2）購入生產設備時：

借：固定資產　　　　　　　　　　　　　　　　　　　2,000,000
　　應交稅費——應交增值稅（進項稅額）　　　　　　　340,000
　　貸：銀行存款　　　　　　　　　　　　　　　　　　2,340,000

（3）甲公司按月計提的長期借款利息的金額 = 2,700,000 × 7% / 12
　　　　　　　　　　　　　　　　　　　　= 15,750（元）

(4) 按月計提長期借款利息時：
借：財務費用 15,750
　　貸：應付利息 15,750
(5) 按月計提生產設備折舊時：
每月計提的累積折舊 =（2,000,000 - 50,000）/10/12 = 16,250（元）
借：製造費用——折舊費 16,250
　　貸：累計折舊 16,250
5. (1) 賒銷商品時：
借：應收帳款 240,000
　　貸：主營業務收入 200,000
　　　　應交稅費——應交增值稅（銷項稅額） 34,000
　　　　銀行存款 6,000
(2) 上交滯納金及增值稅時：
借：營業外支出——罰款支出 505
　　應交稅費——未交增值稅 20,000
　　貸：銀行存款 20,505
(3) 出售材料時：
借：其他貨幣資金——銀行本票 23,400
　　貸：其他業務收入——材料銷售收入 20,000
　　　　應交稅費——應交增值稅（銷項稅額） 3,400
(4) 結轉產品銷售成本時：
借：主營業成本 144,000
　　貸：庫存商品 144,000
(5) 計提壞帳準備時：
借：資產減值損失 420
　　貸：壞帳準備 420
6. (1) 預付貨款時：
借：預付帳款——乙公司 72,000
　　貸：銀行存款 72,000
(2) 購入材料時：
借：在途物資 180,000
　　應交稅費——應交增值稅（進項稅額） 30,600
　　貸：預付帳款——乙公司 210,600
(3) 補付款項時：
借：預付帳款——乙公司 138,600
　　貸：銀行存款 138,600
(4) 材料驗收入庫時：
借：原材料 180,000

貸：在途物資　　　　　　　　　　　　　　　　　　180,000
(5) 領用材料時：
借：生產成本　　　　　　　　　　　　　　　　　　120,000
　　製造費用　　　　　　　　　　　　　　　　　　　15,000
　　管理費用　　　　　　　　　　　　　　　　　　　 9,000
　　貸：原材料　　　　　　　　　　　　　　　　　　144,000
7. (1) 領用材料時：
借：生產成本　　　　　　　　　　　　　　　　　　 50,000
　　製造費用　　　　　　　　　　　　　　　　　　　30,000
　　貸：原材料　　　　　　　　　　　　　　　　　　 80,000
(2) 結轉製造費用時：
借：生產成本　　　　　　　　　　　　　　　　　　　5,000
　　貸：製造費用　　　　　　　　　　　　　　　　　 5,000
(3) 結轉完工產品成本時：
借：庫存商品　　　　　　　　　　　　　　　　　　 30,000
　　貸：生產成本　　　　　　　　　　　　　　　　　30,000
(4) 結轉產品銷售成本時：
借：主營業務成本　　　　　　　　　　　　　　　　 20,000
　　貸：庫存商品　　　　　　　　　　　　　　　　　20,000
(5) 結轉本年利潤時：
借：本年利潤　　　　　　　　　　　　　　　　　　 20,000
　　貸：主營業務成本　　　　　　　　　　　　　　　20,000
8. (1) 銷售商品並結轉銷售成本時：
借：應收存款　　　　　　　　　　　　　　　　　　234,000
　　貸：主營業務收入　　　　　　　　　　　　　　 200,000
　　　　應交稅費——應交增值稅（銷項稅額）　　　　 34,000
借：主營業務成本　　　　　　　　　　　　　　　　120,000
　　貸：庫存商品　　　　　　　　　　　　　　　　 120,000
(2) 銷售材料並結轉材料銷售成本時：
借：銀行存款　　　　　　　　　　　　　　　　　　 35,100
　　貸：其他業務收入　　　　　　　　　　　　　　　30,000
　　　　應交稅費——應交增值稅（銷項稅額）　　　　　5,100
借：其他業務成本　　　　　　　　　　　　　　　　 23,000
　　貸：原材料　　　　　　　　　　　　　　　　　　23,000
(3) 計算分配工資時：
借：生產成本　　　　　　　　　　　　　　　　　　 80,000
　　管理費用　　　　　　　　　　　　　　　　　　　30,000
　　貸：應付職工薪酬——工資　　　　　　　　　　 110,000

(4) 計提折舊時：
借：製造費用　　　　　　　　　　　　　　　　　　50,000
　　管理費用　　　　　　　　　　　　　　　　　　　8,000
　貸：累計折舊　　　　　　　　　　　　　　　　　　58,000
(5) 出售交易性金融資產並支付交易費用時：
借：銀行存款　　　　　　　　　　　　　　　　　1,200,000
　貸：交易性金融資產　　　　　　　　　　　　　1,000,000
　　　投資收益　　　　　　　　　　　　　　　　　200,000
借：投資收益　　　　　　　　　　　　　　　　　　　490
　貸：銀行存款　　　　　　　　　　　　　　　　　　490
9. (1) 確認銷售收入時：
借：應收帳款　　　　　　　　　　　　　　　　　468,000
　貸：主營業務收入　　　　　　　　　　　　　　400,000
　　　應交稅費——應交增值稅（銷項稅額）　　　　68,000
(2) 結轉銷售成本時：
借：主營業務成本　　　　　　　　　　　　　　　280,000
　貸：庫存商品　　　　　　　　　　　　　　　　280,000
(3) 計算甲公司20×8年12月31日應計提壞帳準備金額時：
應計提壞帳金額＝應收帳款的帳面價值－應收帳款未來現金流量現值
　　　　　　　＝468,000－350,000
　　　　　　　＝118,000（元）
(4) 計提壞帳準備時：
借：資產減值損失　　　　　　　　　　　　　　　118,000
　貸：壞帳準備　　　　　　　　　　　　　　　　118,000
(5) 收回款項時：
借：銀行存款　　　　　　　　　　　　　　　　　350,000
　　壞帳準備　　　　　　　　　　　　　　　　　118,000
　貸：應收帳款——乙公司　　　　　　　　　　　468,000
10. (1) 生產領用原材料時：
借：生產成本　　　　　　　　　　　　　　　　　　6,000
　貸：原材料　　　　　　　　　　　　　　　　　　6,000
(2) 分配職工工資時：
借：製造費用　　　　　　　　　　　　　　　　　　15,000
　　管理費用　　　　　　　　　　　　　　　　　　6,000
　貸：應付職工薪酬　　　　　　　　　　　　　　　21,000
(3) 計提折舊時：
借：製造費用　　　　　　　　　　　　　　　　　　1,000

貸：累計折舊　　　　　　　　　　　　　　　　　　　　　　　1,000
(4) 結轉製造費用時：
借：生產成本　　　　　　　　　　　　　　　　　　　　　　　　7,000
　　貸：製造費用　　　　　　　　　　　　　　　　　　　　　　　7,000
(5) 結轉完工產品成本時：
借：庫存商品　　　　　　　　　　　　　　　　　　　　　　　　18,000
　　貸：生產成本　　　　　　　　　　　　　　　　　　　　　　　18,000
11. (1) 證券公司存款時：
借：其他貨幣資金——存出投資款　　　　　　　　　　　　　　　2,000,000
　　貸：銀行存款　　　　　　　　　　　　　　　　　　　　　　　2,000,000
(2) 購買股票時：
借：交易性金融資產　　　　　　　　　　　　　　　　　　　　　1,000,000
　　貸：其他貨幣資金——存出投資款　　　　　　　　　　　　　　1,000,000
12. (1) 購入原材料時：
借：原材料　　　　　　　　　　　　　　　　　　　　　　　　　2,000
　　　應交稅費——應交增值稅（進項稅額）　　　　　　　　　　　　340
　　貸：銀行存款　　　　　　　　　　　　　　　　　　　　　　　2,340
(2) 銷售商品時：
借：銀行存款　　　　　　　　　　　　　　　　　　　　　　　　5,850
　　貸：主營業務收入　　　　　　　　　　　　　　　　　　　　　5,000
　　　　應交稅費——應交增值稅（銷項稅額）　　　　　　　　　　　850
(3) 購入不需安裝的設備時：
借：固定資產　　　　　　　　　　　　　　　　　　　　　　　　20,000
　　　應交稅費——應交增值稅（進項稅額）　　　　　　　　　　　3,400
　　貸：應付帳款　　　　　　　　　　　　　　　　　　　　　　　23,400
(4) 歸還短期借款及利息時：
借：短期借款　　　　　　　　　　　　　　　　　　　　　　　　10,000
　　　財務費用　　　　　　　　　　　　　　　　　　　　　　　　500
　　貸：銀行存款　　　　　　　　　　　　　　　　　　　　　　　10,500
(5) 核銷無法支付的應付帳款時：
借：應付帳款　　　　　　　　　　　　　　　　　　　　　　　　5,000
　　貸：營業外收入　　　　　　　　　　　　　　　　　　　　　　5,000
13. (1) 該企業本年度的所得稅費用＝400×25%＝100（萬元）
(2) 確認所得稅時：
借：所得稅費用　　　　　　　　　　　　　　　　　　　　　　　1,000,000
　　貸：應交稅費——應交所得稅　　　　　　　　　　　　　　　　1,000,000
(3) 計提盈餘公積時：
借：利潤分配——提取法定盈餘公積　　　　　　　　　　　　　　300,000

	——提取任意盈餘公積	150,000
貸：盈餘公積——法定盈餘公積		300,000
	——任意盈餘公積	150,000

（4）宣告發放現金股利時：
借：利潤分配——應付現金股利　　　　　　　　400,000
　　貸：應付股利　　　　　　　　　　　　　　　　400,000

（5）企業年末未分配利潤餘額 = 150 + 400 - 100 - 30 - 15 - 40 = 365（萬元）

14.（1）單位工作量折舊額 = [300,000 ×（1 - 4%）] /800,000
　　　　　　　　　　　　　= 0.36（元/公里）

（2）該月折舊額 = 0.36 × 6,000 = 2,160（元）

15.（1）銷售商品時：
借：應收帳款　　　　　　　　　　　　　　　　585,000
　　貸：主營業務收入　　　　　　　　　　　　　500,000
　　　　應交稅費——應交增值稅（銷項稅額）　　 85,000

（2）確認壞帳時：
借：壞帳準備　　　　　　　　　　　　　　　　　50,000
　　貸：應收帳款　　　　　　　　　　　　　　　　50,000

（3）收到前欠貨款時：
借：銀行存款　　　　　　　　　　　　　　　　300,000
　　貸：應收帳款　　　　　　　　　　　　　　　300,000

（4）計提壞帳準備的金額 = 應收帳款期末餘額 × 壞帳準備計提率 - 壞帳準備的貸方餘額（或 + 壞帳準備的借方餘額）

或 計提壞帳準備的金額 = 應收帳款期末餘額 - 應收帳款未來現金流入量的現值 - 壞帳準備的貸方餘額（或 + 壞帳準備的借方餘額）

應計提的壞帳準備 =（2,000,000 + 585,000 - 50,000 - 300,000）- 1,700,000 - 250,000 + 50,000 = 335,000（元）

或 先算出應收帳款和壞帳準備的餘額。

應收帳款的餘額 = 2,000,000 + 585,000 - 50,000 - 300,000 = 2,235,000（元）

壞帳準備的餘額 = 250,000 - 50,000 = 200,000（元）（在貸方）

應提的壞帳準備 = 應收帳款的餘額 - 預計未來淨現金流入量的現值
　　　　　　　 = 2,235,000 - 1,700,000
　　　　　　　 = 535,000（元）

本期應補提的壞帳準備 = 應提的壞帳準備 - 壞帳準備的貸方餘額
　　　　　　　　　　　（+ 壞帳準備的借方餘額）
　　　　　　　　　　 = 535,000 - 200,000
　　　　　　　　　　 = 335,000（元）

（5）編制計提壞帳準的會計分錄如下：

借：資產減值損失 335,000
　　貸：壞帳準備 335,000

16. （1）生產領用材料時：
借：生產成本 15,000
　　貸：原材料 15,000
（2）計提本月工資時：
借：生產成本 15,000
　　製造費用 6,000
　　貸：應付職工薪酬 21,000
（3）計提折舊時：
借：製造費用 5,000
　　貸：累計折舊 5,000
（4）結轉製造費用時：
借：生產成本 11,000
　　貸：製造費用 11,000
（5）結轉完工產品成本時：
借：庫存商品 170,000
　　貸：生產成本 170,000

17. D公司投入資本時：
借：銀行存款 4,000,000
　　貸：實收資本——D公司 3,000,000
　　　　資本公積 1,000,000

18. （1）借：庫存現金 652,000
　　　　貸：銀行存款 652,000
（2）借：應付職工薪酬——工資 652,000
　　　　貸：庫存現金 652,000
（3）借：應付職工薪酬——工資 28,000
　　　　貸：其他應收款——代墊職工醫藥費 2,000
　　　　　　其他應付款——代扣職工房租 26,000
（4）借：生產成本——基本生產成本 560,000
　　　　貸：應付職工薪酬——工資 560,000
（5）借：製造費用 50,000
　　　　貸：應付職工薪酬——工資 50,000
（6）借：管理費用 70,000
　　　　貸：應付職工薪酬 70,000

19. （1）收到A公司投資時：
借：固定資產 3,000,000
　　貸：實收資本——A公司 3,000,000

（2）收到 B 公司投資時：
借：固定資產　　　　　　　　　　　　　　　　　　　　　2,000,000
　　無形資產　　　　　　　　　　　　　　　　　　　　　1,000,000
　貸：實收資本——B 公司　　　　　　　　　　　　　　　　3,000,000
（3）收到 C 公司投資時：
借：銀行存款　　　　　　　　　　　　　　　　　　　　　3,000,000
　貸：實收資本——C 公司　　　　　　　　　　　　　　　　3,000,000
（4）收到 D 公司投資時：
借：銀行存款　　　　　　　　　　　　　　　　　　　　　4,000,000
　貸：實收資本——D 公司　　　　　　　　　　　　　　　　3,000,000
　　　資本公積　　　　　　　　　　　　　　　　　　　　1,000,000
（5）收到 E 公司投資時：
借：無形資產　　　　　　　　　　　　　　　　　　　　　4,000,000
　貸：實收資本——D 公司　　　　　　　　　　　　　　　　3,000,000
　　　資本公積　　　　　　　　　　　　　　　　　　　　1,000,000
20.（1）銷售商品取得收入的同時結轉銷售成本時：
借：應收帳款　　　　　　　　　　　　　　　　　　　　　　936,000
　貸：主營業務收入　　　　　　　　　　　　　　　　　　　800,000
　　　應交稅費——應交增值稅（銷項稅額）　　　　　　　　　136,000
借：主營業務成本　　　　　　　　　　　　　　　　　　　　600,000
　貸：庫存商品　　　　　　　　　　　　　　　　　　　　　600,000
（2）銷售材料確認收入並結轉材料銷售成本時：
借：應收帳款　　　　　　　　　　　　　　　　　　　　　　 70,200
　貸：其他業務收入　　　　　　　　　　　　　　　　　　　 60,000
　　　應交稅費——應交增值稅（銷項稅額）　　　　　　　　　 10,200
借：其他業務成本　　　　　　　　　　　　　　　　　　　　 34,000
　貸：原材料　　　　　　　　　　　　　　　　　　　　　　 34,000
（3）確認銷售部門費用時：
借：銷售費用——工資　　　　　　　　　　　　　　　　　　 250,000
　　　　　　——折舊費　　　　　　　　　　　　　　　　　　90,000
　貸：應付職工薪酬——工資　　　　　　　　　　　　　　　 250,000
　　　累計折舊　　　　　　　　　　　　　　　　　　　　　 90,000
（4）確認行政管理部門費用時：
借：管理費用——工資　　　　　　　　　　　　　　　　　　 100,000
　　　　　　——折舊費　　　　　　　　　　　　　　　　　　35,000
　　　　　　——差旅費　　　　　　　　　　　　　　　　　　25,000
　　　　　　——業務招待費　　　　　　　　　　　　　　　　50,000
　貸：應付職工薪酬——工資　　　　　　　　　　　　　　　 100,000

　　　　累計折舊　　　　　　　　　　　　　　　　　　　　35,000
　　　　銀行存款　　　　　　　　　　　　　　　　　　　　75,000
（5）發生公益性捐贈時：
　借：營業外支出　　　　　　　　　　　　　　　　　　　40,000
　　　貸：銀行存款　　　　　　　　　　　　　　　　　　　　40,000
21.（1）將固定資產轉入清理時：
　借：固定資產清理　　　　　　　　　　　　　　　　　　58,000
　　　累計折舊　　　　　　　　　　　　　　　　　　　　42,000
　　　貸：固定資產　　　　　　　　　　　　　　　　　　　100,000
（2）收到清理費用時：
　借：銀行存款　　　　　　　　　　　　　　　　　　　　56,000
　　　貸：固定資產清理　　　　　　　　　　　　　　　　　56,000
（3）結轉清理損益時：
　借：營業外支出　　　　　　　　　　　　　　　　　　　2,000
　　　貸：固定資產清理　　　　　　　　　　　　　　　　　2,000
22.（1）A產品工資 = 20 × 200 = 4,000（元）
（2）B產品工資 = 20 × 300 = 6,000（元）
　借：生產成本——A產品　　　　　　　　　　　　　　　4,000
　　　　　　——B產品　　　　　　　　　　　　　　　6,000
　　　貸：應付職工薪酬——工資　　　　　　　　　　　　10,000
23.（1）將固定資產轉入清理時：
　借：固定資產清理　　　　　　　　　　　　　　　　　　80,000
　　　累計折舊　　　　　　　　　　　　　　　　　　　　20,000
　　　貸：固定資產　　　　　　　　　　　　　　　　　　　100,000
（2）收到清理款項時：
　借：銀行存款　　　　　　　　　　　　　　　　　　　　95,940
　　　貸：固定資產清理　　　　　　　　　　　　　　　　　82,000
　　　　　應交稅費——應交增值稅（銷項稅額）　　　　　13,940
（3）結轉清理損益時：
　借：固定資產清理　　　　　　　　　　　　　　　　　　2,000
　　　貸：營業外收入　　　　　　　　　　　　　　　　　　2,000
24.（1）用銀行匯票購入材料時：
　借：原材料　　　　　　　　　　　　　　　　　　　　　217.80
　　　應交稅費——應交增值稅（進項稅額）　　　　　　　36.72
　　　貸：其他貨幣資金　　　　　　　　　　　　　　　　　254.52
（2）收到銀行匯票餘款時：
　借：銀行存款　　　　　　　　　　　　　　　　　　　　45.48
　　　貸：其他貨幣資金　　　　　　　　　　　　　　　　　45.48

（3）用商業承兌匯票購入材料時：

借：原材料　　　　　　　　　　　　　　　　　　　196.40
　　應交稅費——應交增值稅（進項稅額）　　　　　33.32
　貸：應付票據　　　　　　　　　　　　　　　　　　229.72

（4）收到投資材料時：

借：原材料　　　　　　　　　　　　　　　　　　　1,415
　　應交稅費——應交增值稅（進項稅額）　　　　　240.55
　貸：實收資本　　　　　　　　　　　　　　　　　　1,655.55

（5）發出材料時：

借：生產成本　　　　　　　　　　　　　　　　　　　560
　　製造費用　　　　　　　　　　　　　　　　　　　192
　　管理費用　　　　　　　　　　　　　　　　　　　163
　　銷售費用　　　　　　　　　　　　　　　　　　　120
　貸：原材料　　　　　　　　　　　　　　　　　　　1,035

25.（1）會計處理正確，不需要更正。

（2）應採用的更正方法是劃線更正法。不需要做錯帳更正的會計分錄，只需按劃線更正法將帳簿中的45,000改為60,000即可。

（3）應採用的更正方法是紅字更正法，錯帳更正的會計分錄為：

借：管理費用　　　　　　　　　　　　　　　　　　7,000
　貸：庫存現金　　　　　　　　　　　　　　　　　　7,000
借：應付職工薪酬——職工福利　　　　　　　　　　 7,000
　貸：庫存現金　　　　　　　　　　　　　　　　　　7,000

（4）應採用的更正方法是紅字更正法，錯帳更正的會計分錄為：

借：製造費用　　　　　　　　　　　　　　　　　　40,500
　貸：累計折舊　　　　　　　　　　　　　　　　　　40,500

（5）應採用的更正方法是補充登記法，錯帳更正的會計分錄為：

借：應付職工薪酬　　　　　　　　　　　　　　　　58,500
　貸：庫存現金　　　　　　　　　　　　　　　　　　58,500

26.（1）支付下年度報刊訂閱費時：

借：預付帳款　　　　　　　　　　　　　　　　　　1,200
　貸：銀行存款　　　　　　　　　　　　　　　　　　1,200

（2）購入設備時：

借：固定資產　　　　　　　　　　　　　　　　　　100,000
　貸：銀行存款　　　　　　　　　　　　　　　　　　100,000

（3）計提折舊時：

借：管理費用　　　　　　　　　　　　　　　　　　8,000

製造費用	12,000	
貸：累計折舊		20,000

(4) 購入專利權時：

借：無形資產	240,000	
貸：銀行存款		240,000

(5) 購入原材料時：

借：在途物資	20,000	
貸：銀行存款		20,000

27. (1) 將建築物淨值轉入清理時：

借：固定資產清理	2,550,000	
累計折舊	450,000	
貸：固定資產		3,000,000

(2) 支付清理費用時：

借：固定資產清理	20,000	
貸：庫存現金		20,000

(3) 取得清理收入時：

借：銀行存款	2,800,000	
貸：固定資產清理		2,800,000

(4) 結轉清理淨損益時：

借：固定資產清理	90,000	
貸：營業外收入		90,000

28. (1) 購入專利權時：

借：無形資產	100,000	
貸：銀行存款		100,000

(2) 年末攤銷無形資產時：

借：管理費用	10,000	
貸：累計攤銷		10,000

(3) 轉讓專利權時：

借：銀行存款	150,000	
累計攤銷	30,000	
貸：無形資產		100,000
營業外收入		80,000

(4) 計算無形資產轉讓淨收益時：

轉讓該項無形資產取得的淨收益 = 80,000 - 7500 = 72,500（元）

29. (1) 93,500；(2) 166,500；(3) 98,000；(4) 24,540；(5) 222,540。

30. (1) 5,372,500；(2) 3,092,500；(3) 2,170,000；(4) 2,160,000；(5) 1,620,000。

31. (1) 918,000；(2) 335,000；(3) 186,500；(4) 193,000；(5) 193,000。

32. （1）劃出投資款時：

借：其他貨幣資金——存出投資款　　　　　　　　　1,000
　　貸：銀行存款　　　　　　　　　　　　　　　　　　　　1,000

（2）購入股票時：

借：交易性金融資產　　　　　　　　　　　　　　　800
　　貸：其他貨幣資金——存出投資款　　　　　　　　　　　800

（3）支付交易費用時：

借：投資收益　　　　　　　　　　　　　　　　　　2
　　貸：其他貨幣資金——存出投資款　　　　　　　　　　　2

（4）出售股票時：

借：銀行存款　　　　　　　　　　　　　　　　　　825
　　貸：交易性金融資產　　　　　　　　　　　　　　　　　800
　　　　投資收益　　　　　　　　　　　　　　　　　　　　25

（5）計算甲公司因上述交易或事項而確認的投資收益金額。

確認的投資收益金額＝投資收益貸方－投資收益借方＝25－2＝23（萬元）

33. （1）購入 A 設備時：

借：固定資產　　　　　　　　　　　　　　　　　　560
　　應交稅費——應交增值稅（進項稅額）　　　　　　93.5
　　貸：銀行存款　　　　　　　　　　　　　　　　　　　　653.5

（2）A 設備每個月的折舊費＝（560－20）/10/12＝4.5（萬元）

2 月計提 A 設備折舊額時：

借：管理費用　　　　　　　　　　　　　　　　　　4.5
　　貸：累計折舊　　　　　　　　　　　　　　　　　　　　4.5

（3）7 月 15 日購入 B 設備時：

借：在建工程　　　　　　　　　　　　　　　　　　600
　　應交稅費——應交增值稅（進項稅額）　　　　　　102
　　貸：銀行存款　　　　　　　　　　　　　　　　　　　　702

（4）8 月安裝 B 設備及其投入使用時：

借：在建工程　　　　　　　　　　　　　　　　　　3
　　貸：銀行存款　　　　　　　　　　　　　　　　　　　　3

借：固定資產　　　　　　　　　　　　　　　　　　603
　　貸：在建工程　　　　　　　　　　　　　　　　　　　　603

（5）9 月的折舊額＝（603－3）/5 ×0.072＝8.64（萬元）

或 9 月的折舊額＝（6,030,000－30,000）/50,000×720＝86,400（元）

9 月計提 B 設備折舊時：

借：製造費用　　　　　　　　　　　　　　　　　　8.64
　　貸：累計折舊　　　　　　　　　　　　　　　　　　　　8.64

34. （1）20×6 年 12 月 31 日收到出資者投入資本時：

借：銀行存款　　　　　　　　　　　　　　　　　570
　　固定資產　　　　　　　　　　　　　　　　　180
　　無形資產　　　　　　　　　　　　　　　　　 50
　　貸：實收資本——A 股東　　　　　　　　　　　320
　　　　　　——B 股東　　　　　　　　　　　　　280
　　　　　　——C 股東　　　　　　　　　　　　　200

（2）20×7 年決定分配利潤時：

借：利潤分配——應付現金股利　　　　　　　　　100
　　貸：應付股利　　　　　　　　　　　　　　　 100

（3）20×8 年 12 月 31 日吸收 D 股東出資時產生的資本公積：

D 股東出資時產生的資本公積 = D 股東出資額 - D 股東所占的股本總額
$$= 150 - 1,000 \times 10\% = 50 \text{（萬元）}$$

（4）20×8 年 12 月 31 日收到 A、B、C 股東追加投資和 D 股東出資時：

借：銀行存款　　　　　　　　　　　　　　　　　250
　　貸：實收資本——A 股東　　　　　　　　　　　 40
　　　　　　——B 股東　　　　　　　　　　　　　 35
　　　　　　——C 股東　　　　　　　　　　　　　 25
　　　　　　——D 股東　　　　　　　　　　　　　100
　　　　資本公積　　　　　　　　　　　　　　　　 50

（5）計算甲公司 20×8 年 12 月 31 日增資擴股後各股東的持股比例：

A 股東持股比例 =（320+40）/1,000 = 36%
B 股東持股比例 =（280+35）/1,000 = 31.5%
C 股東持股比例 =（200+25）/1,000 = 22.5%
D 股東持股比例 = 10%

35. （1）確認商品銷售收入時：

借：應收帳款　　　　　　　　　　　　　　　　468,000
　　貸：主營業務收入　　　　　　　　　　　　　400,000
　　　　應交稅費——應交增值稅（銷項稅額）　　 68,000

（2）結轉商品銷售成本時：

借：主營業務成本　　　　　　　　　　　　　　280,000
　　貸：庫存商品　　　　　　　　　　　　　　　280,000

（3）計算甲公司 20×8 年 12 月 31 日應計提壞帳準備的金額：

應計提壞帳準備的金額 = 應收帳款帳面價值 - 預計其未來現金流量現值
$$= 468,000 - 350,000$$
$$= 118,000 \text{（元）}$$

（4）計提壞帳準備時：

借：資產減值損失 　　　　　　　　　　　　　　　　　　118,000
　　貸：壞帳準備 　　　　　　　　　　　　　　　　　　　118,000

（5）收回款項時：

借：銀行存款 　　　　　　　　　　　　　　　　　　　　350,000
　　壞帳準備 　　　　　　　　　　　　　　　　　　　　118,000
　　貸：應收帳款 　　　　　　　　　　　　　　　　　　　468,000

36.（1）計算 A 產品應分配的製造費用：

A 產品應分配的製造費用 = 100,000/(5,000 + 3,000) × 5,000 = 62,500（元）

（2）計算 B 產品應分配的製造費用：

B 產品應分配的製造費用 = 100,000/(5,000 + 3,000) × 3,000 = 37,500（元）

（3）計算 A 產品當月生產成本：

A 產品當月生產成本 = 4,000 × 150 + 5,000 × 20 + 62,500 = 762,500（元）

（4）計算 B 產品當月生產成本：

B 產品當月生產成本 = 2,000 × 150 + 3,000 × 20 + 37,500 = 397,500（元）

（5）編制產品完工入庫的會計分錄：

借：庫存商品——A 產品 　　　　　　　　　　　　　　　762,500
　　　　　　——B 產品 　　　　　　　　　　　　　　　397,500
　　貸：生產成本——A 產品 　　　　　　　　　　　　　762,500
　　　　　　　　——B 產品 　　　　　　　　　　　　　397,500

37.（1）編制甲公司年末結轉各損益類科目餘額的會計分錄：

借：主營業務收入 　　　　　　　　　　　　　　　　　4,500,000
　　其他業務收入 　　　　　　　　　　　　　　　　　　525,000
　　投資收益 　　　　　　　　　　　　　　　　　　　　450,000
　　營業外收入 　　　　　　　　　　　　　　　　　　　 37,500
　　貸：本年利潤 　　　　　　　　　　　　　　　　　5,512,500
借：本年利潤 　　　　　　　　　　　　　　　　　　　4,860,000
　　貸：主營業務成本 　　　　　　　　　　　　　　　3,450,000
　　　　其他業務成本 　　　　　　　　　　　　　　　　300,000
　　　　稅金及附加 　　　　　　　　　　　　　　　　　 60,000
　　　　銷售費用 　　　　　　　　　　　　　　　　　　375,000
　　　　管理費用 　　　　　　　　　　　　　　　　　　450,000
　　　　財務費用 　　　　　　　　　　　　　　　　　　 75,000
　　　　營業外支出 　　　　　　　　　　　　　　　　　150,000

（2）計算甲公司 20×9 年應交所得稅金額：

甲公司 20×9 年應交所得稅金額 = 652,500 × 25% = 163,125（元）

（3）編制甲公司確認並結轉所得稅費用的會計分錄：

確認所得稅費用分錄為：
借：所得稅費用　　　　　　　　　　　　　　　　　　　　　163,125
　　貸：應交稅費——應交所得稅　　　　　　　　　　　　　　163,125
結轉所得稅費用分錄為：
借：本年利潤　　　　　　　　　　　　　　　　　　　　　　163,125
　　貸：所得稅費用　　　　　　　　　　　　　　　　　　　　163,125
（4）編制甲公司將「本年利潤」科目餘額轉入「利潤分配——未分配利潤」科目的會計分錄：
借：本年利潤　　　　　　　　　　　　　　　　　　　　　　489,375
　　貸：利潤分配——未分配利潤　　　　　　　　　　　　　　489,375
（5）編制甲公司提取盈餘公積和宣告分配利潤的會計分錄：
借：利潤分配——提取法定盈餘公積　48,937.50（489,375×10%）
　　　　　　——提取任意盈餘公積　24,468.75（489,375×5%）
　　　　　　——應付現金股利　　　500,000
　　貸：盈餘公積——法定盈餘公積　　　　　　　　　　　　48,937.50
　　　　　　　　——提取任意盈餘公積　　　　　　　　　　24,468.75
　　　　應付股利　　　　　　　　　　　　　　　　　　　500,000

38.（1）7,123；（2）245,673；（3）13,240；（4）12,000；（5）245,673。

39.
（1）營業收入＝主營業務收入＋其他業務收入
　　　　　　＝500×80＋1,000×100＋200×25
　　　　　　＝145,000（元）
（2）營業成本＝主營業務成本＋其他業務成本
　　　　　　＝500×50＋1,000×70＋200×20
　　　　　　＝99,000（元）
（3）營業利潤＝營業收入－營業成本－管理費用－銷售費用
　　　　　　＝145,000－99,000－8,000－5,000
　　　　　　＝33,000（元）
（4）利潤總額＝營業利潤＋營業外收入－營業外支出＝33,000（元）
（5）淨利潤＝利潤總額－所得稅費用
　　　　　＝33,000－33,000×25%
　　　　　＝24,750（元）

40.（1）A；（2）C；（3）B；（4）ABCD；（5）C。
41.（1）AC；（2）A；（3）A；（4）B；（5）BCD。
42.（1）銷售A產品並結轉銷售成本時：
借：應收帳款　　　　　　　　　　　　　　　　　　　　　　187,200
　　貸：主營業務收入　　　　　　　　　　　　　　　　　　　160,000

	應交稅費——應交增值稅（銷項稅額）	27,200
借：主營業務成本		100,000
貸：庫存商品		100,000

（2）銷售 B 產品並結轉銷售成本時：

借：銀行存款		93,600
貸：主營業務收入		80,000
	應交稅費——應交增值稅（銷項稅額）	13,600
借：主營業務成本		56,000
貸：庫存商品		56,000

（3）支付運輸費時：

借：銷售費用	5,000
貸：銀行存款	5,000

（4）發放職工工資時：

借：應付職工薪酬——工資	45,000
貸：庫存現金	45,000

（5）銷售材料時：

借：應收帳款		11,700
貸：其他業務收入		10,000
	應交稅費——應交增值稅（銷項稅額）	1,700
借：其他業務成本		8,000
貸：原材料		8,000

（6）本月應交企業所得稅 =（160,000 − 100,000 + 80,000 − 56,000 − 5,000 + 10,000 − 8,000）× 25% = 20,250（元）

43.

（1）從銀行借入資金時：

借：銀行存款	2,700,000
貸：長期借款	2,700,000

（2）購買設備時：

借：固定資產	2,000,000
應交稅費——應交增值稅（進項稅額）	340,000
貸：銀行存款	2,340,000

（3）按月計提利息時：

借：財務費用	15,750
貸：應付利息	15,750

（4）計提折舊時：

借：製造費用	16,250
貸：累計折舊	16,250

（5）計算固定資產帳面價值：

帳面價值 = 購置成本 - 累計折舊
$$= 2,000,000 - 16,250 \times 11$$
$$= 1,821,250 \text{ （元）}$$

44.
(1) 借：在建工程   508
   應交稅費——應交增值稅（進項稅額）   85
  貸：應付票據   593
(2) 借：在建工程   2
  貸：銀行存款   2
借：固定資產   510
 貸：在建工程   510
(3) 借：固定資產清理   280
   累計折舊   120
  貸：固定資產   400
(4) 借：固定資產清理   1.2
  貸：庫存現金   1.2
  借：其他應收款   150
   貸：固定資產清理   150
(5) 借：營業外支出   131.2
  貸：固定資產清理   131.2

45.
(1) 借：在建工程   130,000
  貸：銀行存款   130,000
(2) 借：管理費用   330,000
  貸：銀行存款   330,000
(3) 借：管理費用   39,000
  貸：庫存現金   39,000
(4) 借：製造費用   19,000
  貸：累計折舊   19,000
(5) 借：應付職工薪酬   300,000
  貸：庫存現金   300,000

46. (1) 45,500；(2) 70,000；(3) 18,750；(4) 104,250；(5) 401,000。
47. (1) 17,000；(2) 3,400；(3) 57,800；(4) 1,400；(5) 23,800。
48. (1) 18,000；(2) 30,000；(3) 42,000；(4) 30,000；(5) 5,000。
49. (1) 735,000；(2) 411,000；(3) 285,000；(4) 280,500；(5) 210,375。
50. (1) 25,000；(2) 100；(3) 3,800；(4) 500；(5) 178,100。
51. (1) 10,000；(2) 15,000；(3) 10,000；(4) 40,000；(5) 30,000。
52.
(1) 借：銀行存款   100,000

　　　　　貸：預收帳款　　　　　　　　　　　　　　　　　100,000
（2）借：勞務成本　　　　　　　　　　　　　　　　　67,500
　　　　　貸：銀行存款　　　　　　　　　　　　　　　　　67,500
（3）2014年的完工百分比＝67,500/180,000×100%＝37.5%
2014年應確認的收入＝300,000×37.5%＝11,250（元）
（4）2014年應確認的成本＝67,500（元）
（5）2015年的完工百分比＝90,000/180,000×100%＝50%
2015年應確認的收入＝300,000×50%＝150,000（元）

53.（1）53,240；（2）11,360；（3）1,300；（4）63,300；（5）67,000；（6）12,100；（7）15,800；（8）63,300。

54.（1）500；（2）11,270；（3）6,538；（4）2,570；（5）3,206；（6）14,770；（7）13,000；（8）7,374；（9）2,210；（10）3,640；（11）100；（12）48,804。

55.（1）480；（2）86,500；（3）32,150；（4）355,000；（5）18,000；（6）48,050；（7）60,250；（8）119,000；（9）13,000；（10）4,500；（11）681,930；（12）681,930。

56.（1）480；（2）30,000；（3）94,000；（4）28,500；（5）30,000；（6）6,500；（7）10,000；（8）24,700；（9）104,480；（10）79,000；（11）450,980；（12）450,980。

57.（1）402,000；（2）250,000；（3）138,000；（4）133,000；（5）33,250；（6）99,750。

58.（1）1,670,000；（2）845,000；（3）364,000；（4）368,000；（5）92,000；（6）276,000。

59.（1）83,500；（2）266,000；（3）346,000；（4）366,000；（5）204,000；（6）284,000；（7）550,000；（8）650,000；（9）65,500；（10）9,500；（11）52,000；（12）28,000；（13）318,000；（14）328,000；（15）650,000。

60.（1）982,000；（2）79,000；（3）60,500；（4）1,185,800；（5）2,307,300；（6）2,941,700；（7）3,432,300；（8）5,739,600；（9）93,000；（10）27,500；（11）325,100；（12）560,000；（13）1,410,100；（14）40,000；（15）4,329,500。

61.（1）75,050；（2）27,000；（3）59,350；（4）171,400；（5）283,500；（6）75,000；（7）358,500；（8）529,900；（9）77,950；（10）10,000；（11）8,650；（12）96,600；（13）33,300；（14）433,300；（15）529,900。

62.（1）918,000；（2）335,000；（3）186,500；（4）193,000；（5）48,250；（6）144,750。

63.（1）196,700；（2）200,000；（3）300；（4）396,400；（5）408,100；（6）3,300；（7）15,000；（8）396,400。

64.（1）3,223,000；（2）376,200；（3）886,800；（4）888,800；（5）666,600。

65.（1）12,123；（2）2,900；（3）177,223；（4）28,800；（5）177,223。

66.

(1) 借：生產成本　　　　　　　　　　　　　　　　6,000
　　　貸：原材料　　　　　　　　　　　　　　　　　　　6,000

(2) 借：生產成本 15,000
　　　製造費用 6,000
　　貸：應付職工薪酬 21,000
(3) 借：製造費用 5,000
　　貸：累計折舊 5,000
(4) 借：生產成本 7,000
　　貸：製造費用 7,000
(5) 借：庫存商品 18,000
　　貸：生產成本 18,000
67. (1) 38,000；(2) 194,600；(3) 78,000；(4) 328,000；(5) 1,696,700。
68.
(1) 借：庫存現金 500
　　貸：銀行存款 500
(2) 借：庫存商品 10,000
　　　應交稅費——應交增值稅（進項稅額） 1,700
　　貸：應付帳款 11,700
(3) 借：銀行存款 117,000
　　貸：主營業務收入 100,000
　　　　應交稅費——應交增值稅（銷項稅額） 17,000
借：主營業務成本 50,000
　貸：庫存商品 50,000
(4) 借：短期借款 17,000
　　　財務費用 180
　　貸：銀行存款 17,180
(5) 借：銀行存款 30,000
　　貸：應收帳款 30,000
69.
(1) 借：銀行存款 600,000
　　貸：短期借款 600,000
(2) 按月計提的利息金額 = 600,000×5%/12 = 2,500（元）
(3) 借：財務費用 2,500
　　貸：應付利息 2,500
(4) 借：應付利息 5,000
　　　財務費用 2,500
　　貸：銀行存款 7,500
(5) 借：短期借款 600,000
　　　應付利息 5,000
　　　財務費用 2,500
　　貸：銀行存款 607,500

國家圖書館出版品預行編目(CIP)資料

基礎會計學習指導書 / 林雙全，李小騰 主編. -- 第二版.
-- 臺北市：財經錢線文化出版：崧博發行, 2018.11

　面 ； 公分

ISBN 978-957-680-250-8(平裝)

1.會計學

495.1　　　　107018104

書　　名：基礎會計學習指導書
作　　者：林雙全、李小騰 主編
發行人：黃振庭
出版者：財經錢線文化事業有限公司
發行者：崧博出版事業有限公司
E-mail：sonbookservice@gmail.com
粉絲頁　　　　　　網　址：
地　　址：台北市中正區延平南路六十一號五樓一室
8F.-815, No.61, Sec. 1, Chongqing S. Rd., Zhongzheng Dist., Taipei City 100, Taiwan (R.O.C.)
電　　話：(02)2370-3310　傳　真：(02) 2370-3210
總經銷：紅螞蟻圖書有限公司
地　　址：台北市內湖區舊宗路二段121巷19號
電　　話：02-2795-3656　傳真：02-2795-4100　網址：
印　　刷：京峯彩色印刷有限公司（京峰數位）

　本書版權為西南財經大學出版社所有授權崧博出版事業有限公司獨家發行電子書及繁體書繁體版。若有其他相關權利及授權需求請與本公司聯繫。

定價：500元

發行日期：2018年11月第二版

◎ 本書以POD印製發行